U0245988

牙齿

的

证言

[美] 塔尼亚·M. 史密斯/著

(Tanya M. Smith)

程孙雪子/译

The
Tales
Teeth
Tell

中信出版集团|北京

图书在版编目（CIP）数据

牙齿的证言 /（美）塔尼亚·M. 史密斯著；程孙雪
子译 . —北京：中信出版社，2022.6
　　书名原文：The Tales Teeth Tell: Development,
Evolution, Behavior
　　ISBN 978–7–5217–3965–7

　　I. ①牙⋯　II. ①塔⋯ ②程⋯　III. ①牙－关系－人
类进化－普及读物　IV. ① Q111.2-49　② Q981.1–49

中国版本图书馆 CIP 数据核字（2022）第 021610 号

牙齿的证言
著者：　　　[美] 塔尼亚·M. 史密斯
译者：　　　程孙雪子
出版发行：中信出版集团股份有限公司
　　　　（北京市朝阳区惠新东街甲 4 号富盛大厦 2 座　邮编　100029）
承印者：　　宝蕾元仁浩（天津）印刷有限公司

开本：880mm×1230mm　1/32　　印张：8.75
彩插：15　　　　　　　　　　　字数：210 千字
版次：2022 年 6 月第 1 版　　　印次：2022 年 6 月第 1 次印刷
京权图字：01–2019–3328　　　　书号：ISBN 978–7–5217–3965–7
　　　　　　　　　　　　　　　定价：59.00 元

版权所有·侵权必究
如有印刷、装订问题，本公司负责调换。
服务热线：400–600–8099
投稿邮箱：author@citicpub.com

目 录

为什么是牙齿？

每当告诉别人我是专门研究牙齿的生物人类学家时，对方总会表现出一点儿礼貌的怀疑。可能是怕我突然检查他们的口腔护理情况吧，有些人很快就会把话题转移到其他方面，例如我教哪些班级，或者人类是否仍在演化等。我也会快速回避很多问题，例如牙齿包含着一切有关生长、健康及饮食历史的信息，以及我们的演化历史等。（对了，我们确实仍在演化，书中后面的内容会讲到。）不可思议的是，我们童年中的每一天都像化石一样在牙齿形成的过程中保存了下来。这份记录从出生前开始，能够持续数百万年。当然，前提是我们的一生中不会对牙齿造成任何磨损。过去的人类会迅速磨损门齿，它们会在中年期甚至青年期表现出严重的损耗。

那么，牙齿到底讲述了怎样的故事呢？法国古生物学家乔治·居维叶曾提出一个很著名的观点："让我看看你的牙齿，我就能说出你是谁。"[1]作为比较解剖学之父，居维叶帮助建立起了结构形态与功能的联系。狮子尖利的牙齿在刺穿动物猎物时非常有用，而以种子为食的猴类则长有钝平的臼齿，能够有效压碎并研磨坚硬的物体。古生物学家能利用现生动物的解剖结构和行为来推断已灭绝物种的饮食结构，从而仅从牙齿就能判断其主人的身份。

由于个体生命早期的细节都永久地保存在牙齿中，居维叶还无意中指出了牙齿更深层次的真相。和其他任何身体结构不同的是，牙齿能够记录下生物体各种各样的生理节律，其周期可短至8~12个小时，也可长达季度或年。现在，小学生都了解树的年轮，但很多牙医和口腔健康专家却不知道，他们赖以为生的对象其实是一台复杂的时间机器。我倒不是贬低树的年轮的重要性，何况它们确实包含大量关于历史气候的线索，但我们的牙齿里其实隐藏着更多的秘密。

这听起来可能像热门电视剧《识骨寻踪》里面的情节，但我和同事们真的会潜入远古儿童的牙齿内部，以确定他们的年龄。我们竭尽所能地从远古的牙齿遗迹中汲取秘密，那时候可还没有出生证明这类东西。测量并计数这些微小的时间线比法医的其他鉴定年龄方法都更加精准。然而，这种方法也有限制，因为它只能测量一定时间范围内的年龄。一旦齿根生长完成，日生长线就会停止增加，这些独特的童年记录便会随着一餐一饭或夜间的无意识磨牙而逐渐消失。现代人大约在20岁，即智齿萌出时停止这种记录。一小部分生物人类学家正是通过不断挖掘这个信息宝库，来认识我们的祖先如何成长、人类如何演化，以及在文字历史之前的文化转变如何影响我们的健康。在之后的章节中，我们会探索牙齿的生长节律，了解它无与伦比的准确性、惊人的美感和综合的力量（见彩插图引言-1）。

书中还会涵盖在牙齿表面意外保存了数千年的行为记录。例如，保健专家认真帮我们去除的牙菌斑会捕获食物碎屑、细菌，以及我们身体细胞中的DNA（脱氧核糖核酸），形成一层黏黏的物质，随着时间固化为牙结石。尽管牙结石并不能保存牙釉质和牙本质那样的时间记录[2]，但它能在牙齿停止生长后持续捕捉人类的活动，继续讲述成年和老年期的个体行为和健康故事。我们会了解到，细微的线索是如何引起人类食性演化的激烈争论的，例如人在咀嚼食物时形成的微小划痕和细坑。同时，我们还将看到牙齿的证据如何展示出人类的独特之处，包括漫长的童年期、极其多样的食物和复杂的行为。

关于人类过往的科学

1859年，查尔斯·达尔文在《物种起源》一书中详细论述了自然选择下的演化理论，永远地改变了生物学的面貌。尽管当时多名博物学家和地质学家都已认识到，地球上的生命是在不断演化的，随着时间不断变化，但达尔文整合出了一套优美的演化机制，并不断地接受证据检验。达尔文论证道，种群中的部分个体比其他更适合所处的环境。在它们更成功的繁殖成果下，演化就发生了。这个过程随后被称为"适者生存"。有些结构、生理和行为特征能使生物体更好地生存和繁殖。如果这些特征可以遗传给后代，那么适者生存的过程就能使拥有优势特征的个体比例得到提升。达尔文把这种机制称为自然选择，与园艺及畜牧业中通过选择性繁殖进行的人工选择相区分。在之后的章节中，我们会进一步探索这些文化发展，看它们是如何在史前人类的牙齿上留下自己的印记的。

很多生物领域学生对演化论的理解都是从达尔文世界旅行中遇到的加拉帕戈斯雀开始的。长期研究表明，具有特定特征的雀类会占领不同的岛屿，并且在环境变化的时期存活下来。适合当地食物储备的喙部大小和形态是具有适应性的特征，能使具备该特征的个体将基因传递给下一代。相反，喙部与食物不匹配的鸟类就无法做到这一点。因此，当具有基因决定的适应性特征的加拉帕戈斯雀个体变得比亲代更多时，种群就发生了演化。

托马斯·赫胥黎是达尔文的朋友，也是其忠实的拥护者。在其1863年备受争议的经典著作《人类在自然界中的位置》一书中，赫胥黎对演化理论进行了拓展，用以解释人类演化。随后，达尔文又在1871年创作完成了《人类的由来及性选择》，进一步论述了这一观点。这些著作开辟出古人类学领域，成为现代生物人类学的一个分支，专门研究人类的起源和演化。令人吃惊的是，赫胥黎和达尔文在发展出这些观点时，都没有关于人类祖先的直接证据。在那之前，虽然已有数具原始人类（即人类和他们已灭绝的亲戚）的化石遗骸被发现，但由于它们的发现者并不知道演化的概念，所以将其认定为现代人类，并尘封于博物馆的仓库中。最早的一批化石在1829—1830年发现于比利时的一个洞穴中。[3]该发现包括一枚巨大的头骨，一件很小的上颌骨，还有一名尼安德特人婴儿的牙齿。尼安德特人是我们的近亲，生活在北部地带，体型更加强壮（见彩插图引言–2）。后面我们还会再讲到这名婴儿的故事，因为先进的牙齿成像技术为我们揭示出它死亡时的年龄。（提前剧透一下：它比所有人预想的都要年幼！）

研究原始人类牙齿的古人类学家比研究其他部位的要幸运得多。在20世纪，已有数千枚原始人类的牙齿被发现，并保存在欧洲、亚洲和非洲的博物馆中。很多时候，牙齿化石都是已灭绝物种能留存下的唯一遗骸。[4]这是由于它们极其坚韧——牙釉质中95%的成分都是矿物质。称它们是人类口腔中的化石并不为过，不过接受过根管治疗的人们一定知道牙齿其实富含生命力。每年，古生物学家都会在野外发现新的化石，有时就包含原始人类儿童的原始牙齿。2006年，我的朋友泽拉伊·阿莱姆塞吉德宣布，他在埃塞俄比亚发现了一具300万年前的婴儿遗骸（见彩插图引言–3）[5]，从而一跃成为"明星"。他花费数年时间，仔细地将这具非比寻常的化石从坚硬的砂岩中取出。媒体将其称为"露西的孩子"，致敬同样为阿法南方古猿（*Australopithecus afarensis*）的另一具著名女性骨骼——露西。

今天的科学家们拥有一套厉害的设备和方法，用来研究珍稀的化石。泽拉伊就向我的合作者保罗·塔福罗求助，来探究这名儿童的历史。保罗在位于法国格勒诺布尔的欧洲同步辐射光源（ESRF）任职，是使用高能X射线的专家。我们已经共事了10多年，致力于在不把化石切割开的情况下显示牙齿上的细微结构。在数万亿字节的X射线数据及最新工程软件的帮助下，我们的团队花了数月时间来确定"露西的孩子"去世时的年龄。在后面一章，我们会再来讲述最新同步成像技术如何彻底改变了原始人类发育的研究。

什么是人类

1925年，年轻的解剖学家雷蒙德·达特公布了一种新的原始人类——非洲南方古猿（*Australopithecus africanus*）[6]。矿工们在南非汤恩的灰岩峭壁上发现了一枚儿童头骨（见彩插图引言–4），而达特对该化石的解释却引发了激烈的学术争论。科学家在正式描述化石时，要采用居维叶的比较学方法，来确定化石与其他近亲物种的相似之处和不同点。达特将汤恩小孩与黑猩猩、大猩猩和人类都进行了对比，认为它的演化位置介于现生猿类和人类之间。这个结论引起了当时首屈一指的解剖学家和人类学家的质疑，他们认为该头骨更贴近猿类，而非人类，并反对它是人类祖先的观点。尽管在汤恩小孩之前也有其他原始人类化石出现，但这是首枚与现生人类具有明显差别的化石，能够自成一属——南方古猿属。正是由于这样独特的位置，科学家起初难以确定它与现生人类及大猿的演化关系，倒也情有可原。在科学界经历相当久的两极分化之后，达特的主张才被逐渐接受。从那之后，人们又发现了大量南方古猿物种的化石。接受达特的这一发现还证实了查尔斯·达尔文一个非常激进的主张，即现代人的祖先应该生活在非洲。在本书第5章，我们将了解到比南方古猿更古老的化石，我会再展开讨论这点。

达特对汤恩小孩的描述中包含一项对牙齿的重要观察："这枚标本是一名幼儿，因为第一恒臼齿刚刚从上下颌两侧分别发出，也就是说，它在解剖学上相当于6岁的人类儿童。"[7]达特是对的；现代人的第一臼齿大约在6岁萌生。重要的是，他还发现了一个身体发育的标尺，即第一臼齿的发生时间，能够用来与其他幼年个体进行比较。相对棘手的部分，是判断汤恩小孩死亡的绝对年龄是否和猿类及人类一样。想想那句话，人类的1年相当于狗的7年。也就是说，大部分哺乳动物的成长都非常迅速，它们达到性成熟及进入其他生命阶段的绝对时间也早于人类。我们的第一臼齿在约6岁发出，而非洲猿类在约3岁就会出现。如果汤恩小孩死亡时是6岁，长有刚出现的第一臼齿，就说明它的发育模式和现代人一样。但如果它更接近3岁，其齿系发育就更类似于大猿。了解化石的准确年龄能够帮助我们判断它颅脑发育的速度，以及它是否具有较长的童年和较晚的成年时间。学界就这一发育谜题进行了热烈的辩论。我们在后续章节中会看到，这场争论持续了60年之久，直到两名年轻有为的生物人类学家利用牙齿上细小的时间线才使得争论尘埃落定。

汤恩头骨还复原出一枚精美保存的内表面模型，激发了大量关于人类脑部演化的研究。我们的脑部通常被描述为一个"三位一体"结构，建立在三个关键的演化转变之上。原始的爬行类内核控制着我们的反射性战斗或逃跑反应；深层的哺乳类中心辅助着对哺育行为及群体生活都很重要的情绪依恋和调控；而最外层的灵长类新皮质则赋予我们敏锐的认知能力，以掌握复杂的社会行为。这最后一个演化里程碑使生物人类学家们大为好奇，希望了解人类为何成为现在的模样，以及这样的转变发生于何时。今天，现代科学已经屈服于达尔文和赫胥黎起初亵渎神灵的观点，接受了对自身解剖结构和行为的演化解释。关于人类演化的观点还吸引了裸足跑步爱好者的关注，并启发出现今很流行的"原始人饮食法"。新兴的演化医学已帮助我们在演化历史的框架中解释了很多健康问题，例如肥胖和糖尿病等。很多强烈抵触人类来自猿类祖先的观点令部分公众困惑不已，而这些发展可以很好地帮助他们解开困惑。

学者会用相似的演化视角来探究牙齿的疾病。当已灭绝的人属成员开始使用工具，并学会处理食物后，进食变得简单起来。由于我们的肌肉和骨骼受到压力和张力的影响，所以咀嚼力量的减弱会导致颌部肌肉缩小，而它们的骨骼支撑也会一代代减小，与之匹配。当人类在1万—1.5万年前从狩猎采集转变为农业生产时，其下颌就变得更短更宽。[8]第三臼齿阻生在现代人中的发生率很高，不得不经过手术去除，而该现象经常用这种面部和颌骨的缩小来解释。我们将在第3章着重介绍几项研究，它们的结果都表明，在过去的一万年中，臼齿阻生在颌骨较小的个体中变得更为常见。如今，这种具有潜在危险的疾病正在影响1/4的人群。

另一个观察人类独特之处的角度就是行为。随着我们的近代祖先不断完善各种切割、腌制和烹煮食物的方法，他们不再需要完美协调的门齿，就能满足每日的能量需求。现代人极速攀升的牙齿咬合不正发生率就表现得尤其明显，因为人们极度依赖处理过的食物，并不需要咀嚼表面完全重合。研究人员在很多方面都对牙齿寄予厚望，包括史前社会的集群和分层状况，以及我们对符号交流的偏爱。在本书最后一部分，我将回溯牙科学的起源，并展示最早一批牙齿匠人的作品。原来，并不是只有现代人才喜欢洁牙和剔牙。喜欢将牙齿做成项链，也不是我们独有的特征。在过去，可没有什么能阻止人类追求美丽的牙齿。有一种全球人类共有的现象能将我们和已灭绝的灵长类区分开来，那就是改变自己的牙齿，例如上色、补牙，甚至拔牙。这可能是为了融入群体，也可能是为了与众不同！

我在哈佛大学做过几年教师，最喜欢的课程是每年一次的研讨课程，只有少数认真且感兴趣的学生会前来参与。我们会花3个月的时间，利用从牙齿上收集到的证据，来研究人类及其灵长类亲属的发育、演化和行为。或许更重要的在于，学生们有机会开展研究，来满足自己的好奇心，追逐自己的兴趣。这是他们未来研究生涯的第一次。他们会从哈佛大学比较动物学博物馆精美的藏品开始，来探索现生的灵长类，仔细观察第4章中会讲到的怪异特征，例如用于梳理毛发或啃食树皮的"齿梳"。在此基础上，我会解释牙齿的大小是怎样与个体的饮食和体型相关的。喜食昆虫、脊椎动物和树脂的灵长类通常体型较小，而那些超过一定重量的种类则要依靠果实、树叶和种子为生。这种差异是新陈代谢和消化作用造成的。小型灵长类需要更高能量的食物，才能在较短的消化道中将食物加工完毕。大型灵长类可以食用大量低能量的食物，在长长的消化系统中慢慢处理它们。

人类的脑部十分巨大，生长缓慢，还对新陈代谢有很高的要求。因此，人类选择了与众不同的道路。饥饿的脑部和活跃的生活状态需要高能量的饮食，所以我们可以摄入并消化多种多样的食物。我们的牙齿就像藏在口腔里的瑞士军刀，包含一套从哺乳类祖先处适应而来的工具。门齿能帮助咬开果实，尖利的犬齿和紧贴其后中等尖锐的前臼齿能够刺穿并撕碎肉类和植物，而齿冠低平的臼齿则帮助我们研磨坚硬的食物，如坚果和种子。人类齿系最厉害的一点就是，它代表着在高效和过度特化之间的平衡。专食果实的灵长类门齿很宽，像铲子一样；食用树叶、昆虫或动物的灵长类具有较尖的前臼齿；以种子为生的灵长类长有扁平盆状的臼齿；而人类的各种牙齿都不像它们那样极端。这种牙齿结构说明，通过保持杂食状态，我们在演化上采取了对冲策略。

在之后的章节中，我们将从独特的角度探究人类的演化历程。我们会从发育开始，延伸到演化，并最终讲到行为，从各方面理解牙齿如何能讲述其他身体结构无法讲述的历史。在某些时刻，这些故事将使我们更好地欣赏自己卓越的演化历程。

我认为，显微镜技术人员通过观察个体的牙釉质能够得到的个人史信息要远远多于目前的理解。

——牙科博士阿尔弗雷德·居西，1928 年（牙科博士乔治·伍德·克拉普在《成年牙釉质的新陈代谢》一文中提到）

发育

第一篇

显微镜、细胞和生物节律

　　深入探究牙齿发育的某些特征，可以让化石以新的方式吐露秘密。我在大学时做过生物人类学研究，还在显微成像的领域中浸淫许久，都对这一点有直接的深刻认识。显微镜使我们能够观察到微小的牙齿形成细胞以及它们的矿质分泌物。因此，我们对牙齿的很多认识都是由显微镜的发展而推动的。显微光学成像还告诉我们，牙齿中包含着生物节律信息，即记录下我们童年中每一天的内部时钟。这些发现反过来为人类学家打开了一扇大门，使其能通过牙齿遗迹化石来计算古代幼年个体的年龄。在本章中，我将着重介绍几种观察牙齿表面细微特征的方法，尤其是高能同步X射线成像，能看到肉眼看不到的细节。这种相对较新的技术使众多领域都产生了突破性的成果，例如艺术保护和工程。我们在后文中会看到，认识牙齿的生长过程还能讲述很多关于人类演化和行为的故事。例如在第6章中，我们会把牙齿发育和X射线成像的知识结合起来，来探究人类漫长童年的起源。

探索显微镜的秘密

很多人都是在小学或中学的生物课上第一次接触到显微镜，用它简单地观察洋葱表皮，或者我们自己口腔内拭下的细胞。或许我们还有幸目睹到水螅的再生过程，或者某个单细胞生物在玻璃片上的一滴"池塘"中怪异地游过。像大多数中学生一样，我当时也觉得复式显微镜的物镜和目镜都没什么稀奇。我像完成任务一样记住了每个部件的名称，只为通过实验课的测验，却并没有认真想过它的重大意义。10年后，我进入了一个三维的显微世界，还成了第一个探索化石灵长类的童年生长奥秘的人。当时的我根本无法想象这个奇妙的世界，更无法想象作为开创者的兴奋之情。

17世纪，这些简单的工具为新生的生物学领域注入了希望。[1]显微镜由一群意大利学者引入，意为"显示细微之镜"。这其中还包括著名的伽利略，他用"眺望远方之镜"——望远镜进行的天文观测为他迅速积累下声望。数十年后，英国显微学家罗伯特·胡克提出了"细胞"一词，用来描述他在动植物组织中见到的这种生命单元。在他1665年出版的经典图集《显微图谱》中，胡克绘制出了蜗牛在显微镜下的锯齿状牙齿，相当引人注目，他还注明："这些牙齿的主人是一种奇异的生物。"[2]现代科学已经证实，蜗牛确实非比寻常，因为它们能够持续不断地生成新一代牙齿，并且不断改变新牙齿的形状，以应对食物的变化。[3]更引人注目的是海生蜗牛，又称帽贝。它们微小的牙齿是目前已知最坚硬的生物材料。这种设计使之能磨碎岩石，同时觅食石头上附着的微生物。工程师们正在研究这些坚固的牙齿，以发明更强的人工材料。

与胡克同一时代的荷兰人安东尼·列文虎克可能是首个用显微镜观察牙釉质结构的人。他发现了一种精细的透明管，从末端看呈球形。列文虎克用当时的学术语言报告道："我判断，六七百根这样的管道加起来也不会超过一根男人胡须的宽度。"[4]列文虎克对釉柱的描述相当准确。考虑到他使用的是很基础的显微镜，这一发现便显得尤为惊人。这些长长的棒状结构在横剖面上为圆形，直径约为0.005毫米，由于高度矿化所以几乎透明。在后文讨论牙齿为何坚固持久时，我会再来讨论这些重要的建筑材料。

由于童年时期一直被自然世界深深吸引，我决定在纽约州立大学杰纳苏学院攻读生物学学士学位。大学一年级的导师建议我修读一门生物人类学课程。尽管从未听说过这个学科，我仍然选择了这门课。从演化视角探索人类和灵长类的生物学特征立刻将我深深吸引。我意识到，我找到了兴趣所在。就像很多阅读黛安·弗西和珍·古道尔自传的年轻女性一样，我梦想着前往非洲研究山地大猩猩的行为。为此，我辛勤地准备着。

在接下来的两年里，我在中美洲研究了野生吼猴，追踪了马达加斯加诡秘难寻的狐猴，上了海量的生物学与生物人类学的课程，这样的学术之旅带我重新回到了那个我曾经被过早开除的微观世界。

为什么一个充满冒险精神的女性会放弃野外研究大猩猩的梦想，转而在昏暗的实验室中无休无止地盯着显微镜呢？就像罗伯特·胡克和安东尼·列文虎克那样，我很快就沦陷在这个大多数人都看不到的鲜活世界中了。这份情愫开始于大学的最后一个学期，我天真地选修了一门电子显微镜的课程，它和我的时间表刚好匹配。授课老师是另类且充满激情的哈罗德·霍普斯。他是一名秃顶的显微镜学家，每节课都会穿着实验室的白大褂。在他的带领下，我加入这群学生，开始学习制备、放大并拍摄小鼠细胞的内部结构。霍普斯细心地教我们如何使用有毒的化学物质，它们能在切片和染色的过程中保护器官组织。还有打造自己的玻璃刀，再将染色的组织切割成超薄片，这些过程都将我深深吸引。我们会把薄片轻轻地放在透射电子显微镜下，这绝对是别人放心让我操作的最复杂的仪器。随着电子束穿过小鼠脾脏的薄片，一股力量开始在我体内蠢蠢欲动。

显微镜监测仪上显示出一个颗粒状的黑白的世界，是我以前只在生物学教科书上见过的。细胞膜、染色很深的细胞核、线粒体，还有其他可见的奇妙结构都呈现于屏幕之上。我捕捉到数十张细胞的图像，随后让自己沉浸在暗房冲洗照片的艺术中。这门显微摄影的入门课程激发了我对微小生物结构的欣赏和热爱。在过去的20年里，我的大学学位证书旁一直挂着一张被我放大78 900倍的黑白小鼠细胞照片，它早已褪色。作为我家里第一个从大学毕业的人，我无法让家人们理解为何这张照片比那纸学历还要重要，也无法解释为何从那之后我就一直在追求一张物镜下的完美图像。答案就在科学与艺术的界线交融之处，也是我大脑左右半球完美结合的地方。

在我能和同学一起穿戴上黑色的帽子和长袍庆祝毕业之前，霍普斯教授让我们用电子显微镜独立设计并完成一个研究项目。我的导师名叫鲍勃·阿内莫内，来自人类学学院。他建议我研究他在怀俄明州收集的牙齿化石的显微结构，这可不是一个小任务。我完全不知道如何为显微成像准备牙齿，也不知道自己要寻找怎样的特征。当时，我模糊地知道灵长类的牙齿具有细微的生长线，代表着生长节律。然而，人们对其他哺乳动物的牙齿结构或发育尚知之甚少，对于 6 000 万年前牙齿只有针头大小的食虫类更是所知无几。我在生物楼无人问津的地下室中度过了很长时间，操控着电子显微镜寻找那难以捕捉的生长线。

连续很多天，我坚持不懈地扫描着被极端放大的牙齿表面，希望能找到它们发育的痕迹。终于，一处不同寻常的磨损进入了我的视线。我立刻认出了又长又薄的釉柱，而它们的横切面呈现平行线，与灵长类牙齿的日生长线类似（见图1–1）。我成功了！在真空泵和电子枪的武装下，在这个没有窗子的房间里，我终于进入了一个秘密的世界。我捕捉到一系列不同角度和放大幅度的偏光显微图像，然后飞奔着穿过校园给鲍勃看。捕捉到以前从未有人见过的结构只是一项微小的科学发现，但它却是我学术生涯中第一次激动人心的体验。一年后，我开始读研究生，正式开始探究灵长类的牙齿，希望揭露它们在显微世界的秘密。

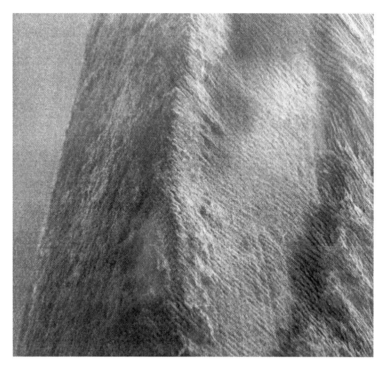

图1-1 扫描电子显微镜下，一颗牙齿化石牙釉质的显微结构。图片中部微弱的竖直生长线与斜的釉柱相交。化石来自鲍勃·阿内莫内

构成我们非凡牙齿组织的基石

要研究已灭绝的脊椎动物，包括研究原始人类，牙齿和骨骼是最主要的化石证据。在化石化的过程中，这些部位会进一步矿化，因此具有相对较强的抗分解和抗风化能力。为了探究古老灵长类的生活，我首先要认识了解牙齿的构成、发育和功能。齿冠包含

牙齿的咀嚼面，其中高度矿化的白色牙釉质外皮盖在坚硬的牙本质和柔软的牙髓之上（图1–2）。牙髓由细胞、血管和神经组成。这里有时会发生感染，就要采用令人闻之色变的根管治疗。牙本质将这层柔弱的组织包围起来，并勾勒出牙根的形状。随后，外层的牙骨质将每个牙根牢牢地粘在颌骨的凹槽中，形状刚好吻合。牙釉质、牙本质和牙骨质都是骨骼系统的组成部分，该系统主要由骨骼构成，是身体中另一种高度矿化的"硬组织"。

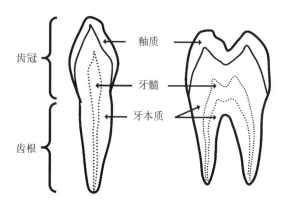

图1–2　牙齿剖面图。图中绘有一颗单齿根的犬齿（左）和一颗多齿根的臼齿（右）。牙骨质见后文的彩插图1–3

　　人类的牙齿发育在出生前就已开始，启动于胎儿生长的前三个月内。[5]口腔内表面分布着很小的细胞团，叫作上皮细胞。在收到信号分子传递的重要信号后，上皮细胞便会移入正在发育的颌骨中。这些细胞开始刺激深层的间叶细胞在周围聚集，形成致密的细胞芽。很快，这个位置就会开启一场壮观的工程。随着细胞分裂和增殖，细胞芽逐渐增大，形成一个钟状的结构，描绘出未来齿冠的轮廓。这幅图景由脆弱且寿命短暂的细胞绘成，预示着某种几乎坚不可摧的结构即将产生。

最让我惊叹的是，身体是如何知道要在颌骨前方形成门齿和犬齿，而在口腔后侧形成前臼齿和臼齿的呢？[6] 40多年前，妙手生花的生物学家们设计了一系列极具创意的实验，来破解这一过程。科学家开始分解并重组小鼠胚胎中的活体上皮和间叶细胞，密切监测有哪些结构随之形成。当早期牙上皮细胞和身体其他部位的间叶细胞配对后，牙齿就会开始形成。若是身体其他部位的上皮细胞（如皮肤或四肢）与早期的牙间叶细胞结合，就不会发生该过程。没有牙上皮，就没有牙齿。然而，牙上皮细胞启动牙齿形成的能力是暂时的，在小鼠中只能持续几天。当这种潜能丧失后，牙间叶细胞就会成为这支细胞两步舞的主导。此外，间叶细胞还能决定牙齿的形状。移植的臼齿间叶细胞在门齿上皮细胞下会形成臼齿，而门齿间叶细胞也会在臼齿上皮细胞下建造门齿。这是因为，间叶细胞中的基因会在特定的时间点开启信号分子，告诉上皮细胞要形成何种形状。

上皮细胞中有很多极小的信号中心，叫作釉结。一旦牙齿类型被确定下来，釉结就要开始工作了。它们要在不可逆转的硬组织分泌活动开始之前，保证未来的齿尖数量和位置都准确无误。随着上皮和间叶细胞在不同的层次就位，新的信号便会指导它们重塑自身，成为牙齿发育的主力——成釉质细胞和成牙本质细胞。在之后的数月乃至数年内，这些细胞会完成身体中最艰巨的任务，在运动中不断分泌各自的组织。这个过程会一直持续到整个三维的齿冠都完成。最终成釉质细胞留在表面，而成牙本质细胞则被困在牙腔中。至此，这就是齿冠的配方了！这个过程只有一次机会，如果中途出现意外，是绝无可能重来的。由于牙齿一旦形成便不会重塑，所以任何发育异常和严重的营养不良都会被永久地记录下来。[7]在第3章里，我们将了解最常见的牙齿问题，它们能提供有关童年时期压力、营养不良和疾病的重要线索。

我和同事们经常把牙釉质分泌比作一边挤牙膏一边往后退，这样就会留下一条长长的细线，能反映出退行的速度和方向。不过，成釉质细胞可不是像一管牙膏那样的封闭系统，它们持续不断地吸收水和营养，同时合成蛋白质。这些蛋白质从细胞的一侧分泌出来，帮忙把又长又细的微晶聚结为独立的釉柱。这样的矿化生长轨迹是细胞活动的永久记录，能以惊人的精确度捕捉牙釉质的产生过程。除了是一名强大的细胞历史学家之外，这些釉柱还具有极其优美的结构。它们的长度可达2.5毫米以上，是其宽度的500倍。釉柱还能承受很高的咬合力，并阻止微小裂隙的扩大。[8]它们交织的波状几何结构有点儿像胶合板，也就是多层交替叠加的设计。当它被尖利的物品（如钉子）刺出裂隙后，这种结构能够防止木板裂开。

齿冠的形态塑造完毕后，成釉质细胞就会停止分泌牙釉质，然后变换装备，开始排出多余的水和蛋白质，以及多余的矿物组分。这是牙釉质钙化的最后一步。成熟的牙釉质是身体中最坚硬的组织，95%以上都由矿物构成，其余的一点儿为蛋白质和水。相反，下伏的牙本质和周围的骨骼在发育完全后只有60%~70%矿化，保留有更多的蛋白质和液体，使其具有牙釉质所缺乏的结构灵活性。科学家会利用各种元素和蛋白质来探究童年时期的饮食状态和古老的人类迁移历史，我们会在第7章和第8章更深入地探讨这些。在本章最后一节，你将看到矿化作用的差异是如何影响物质对X射线的吸收的，这对放射影像研究和计算机断层扫描研究都十分重要。

成牙本质细胞也会分泌由水、蛋白质和矿物组分构成的混合物。细胞会将这些有规律的分泌物堆积起来，向内靠近牙髓，而向下靠近齿根，最终把自己包围在牙腔中。这些细胞会喷射出细长的尾部，标示出细胞的路径。这些喷出物藏在细微的管道中，而正是这些管道使坚实的牙本质变得疏松多孔。齿冠在口腔中长出后，成釉质细胞很快便会被磨掉，而成牙本质细胞则不同，能一直保持活性。它们会以数周甚至数月内都几乎无法察觉的速率继续分泌牙本质，沿着牙腔的内壁以及细胞尾所在的牙本质小管填充。因此，在较老的个体中，牙腔较小，而且牙本质小管也很细。这也是后面章节中将会深入讨论的年龄指示特征。

齿根周围的成熟组织叫作牙周组织，其中包括牙骨质、牙龈、骨骼和韧带。牙周病就是得名于此。牙骨质是第三种，也是最后一种牙齿硬组织，是特殊的生物胶。起初，成牙骨质细胞会附在生长中的齿根表面，将蛋白质纤维堆积到正在矿化的牙本质中。这使牙本质与齿根表面的后续堆积物之间形成紧密的联系。接下来，成牙骨质细胞会分泌一层层很薄的蛋白质和矿物，并逐渐远离牙本质。最终，牙周韧带的纤维会插入齿根表面的矿化牙骨质中，形成第二重固定，将牙骨质夹在齿根和韧带之间（见彩插部分图1–3）。人们认为，牙骨质在某些部位可以持续生长。到生命靠后的阶段，牙齿在强有力的反复使用后需要巩固，牙骨质还可以增厚。例如，在第8章中，我们将讨论成年尼安德特人前牙的牙骨质极端增厚现象，以及这一点是如何指示出它们在牙齿承担的繁重工作中的作用的。

自然的钟表：生物节律

差不多每一个听我谈起我的研究内容的人都知道树具有能够反映时间的年轮，但没多少人知道我们自己的牙齿也有[9]，我不该对此感到惊讶。同样，大部分人也不知道，牙齿中的硬组织只是自然界精妙绝伦的计时系统的一部分。大量动植物都会形成长有规律性时间印记的结构，包括骨骼、外壳、鳞片、昆虫骨架、淀粉粒和棉纤维。你好奇过树木为何长有年轮吗？这是由于树木长有一层会不断扩张的细胞，受到日照长度、温度及降雨的影响，叫作形成层。树的年轮就是形成层的季节性活动所引起的。自然世界充满各种节律，包括月亮的盈亏和潮水的涨落。随着地球生命的演化，它们也创造出了自己独特的内部节律。在大多数生物体中，都有微小的分子钟稳定且持续地摆动。基因、信号分子和其他蛋白质间的互动使细胞按照既定日程工作，与彼此和环境都保持协调。我们在20世纪就已经了解，组成牙齿和骨骼的细胞都能挤出一层层的细胞，就像钟表一样。[10]

要读懂牙齿中的时间地图，科学家必须要首先确定每种线或层代表多长时间。在20世纪30年代末到40年代初，一个日本团队率先完成了这项针对硬组织节律的开创性研究。[11]冈田昌宏和三村崇发明了一种强大的方法，用来研究哺乳动物的生长线。他们在几天内给实验室动物数次注射小剂量的乙酸铅和氟化钠。接下来，他们将动物处死，把它们的牙齿制成薄片后放在显微镜下观察。注射的生物标记物会呈现暗线，成为一种独立的外部标识。团队将注射相隔的日子与期间形成的生长线进行对比，找到了一一对应的关系，证明牙齿具有日生长节律。

尽管冈田昌宏和三村崇完成了细致的工作，但人们对于如何解释这些显微结构仍然存在巨大的争议。有些人还会质疑，有些特征是否真的每24个小时就会形成。我在石溪大学读博期间，生物人类学家乔伊丝·西里安尼借给我很多用荧光标记物标记的猴类牙齿。她在数十年前就做过有关它们骨骼生长的实验研究。幸运的是，这些标记物也在牙齿中出现了，使我能够确认不同牙釉质生长线的形成时间。我的论文评议委员会认为，这是深入研究任何化石材料之前很重要的一步。在暗房里弯着腰对着显微镜无数个小时之后，我再次体会到了无法言说的喜悦，因为标记物之间的生长线十分清晰。在两个相隔8天注射的标记物之间，我数出8对明暗条带，证明它们确实是每日形成的。该项研究的发表及英国同事进行的同期研究终于使牙齿是否具有时间线的争议圆满落幕。

牙齿显示出日节律是很容易理解的，因为我们生理周期的很多方面都以日为基础。激素水平、新陈代谢活动、血液pH值、体温和睡眠周期都会在24个小时内上升或下降。日本团队猜想，牙齿中的日生长线是由于血液中的二氧化碳水平导致的，这一指标在睡眠时上升，而在清醒时降低[12]。他们相信，这种周期引起血液中酸碱平衡的变化，从而导致元素在牙齿中沉积的日变化。冈田昌宏提出，当血浆在日间酸性上升时，血液中的钙含量会升高，限制钙在硬组织中的沉积，形成白色贫钙的线。他继而论证，夜间的状态正好相反，会形成暗色的、富钙的线。后期的研究已经证实，牙釉质每日的元素沉积和结构特征都有微小的差别，从而会形成典型的明暗条带特征，该特征用于鉴别和计数。

人们后来发现，牙齿也有比熟知的24个小时生长线间隔更长和更短的节律[13]。受冈田昌宏和三村崇工作的启发，实验研究已证明每8~12个小时也会形成牙釉质和牙本质。这些紧密相隔排列的生长线很难用光学显微镜清晰地看到，而且我们还不完全明白它们形成的原因。每天循环超过一次的生理节律包括我们的心跳、体温和激素浓度。另一个日本的研究团队发现，新生啮齿类的牙齿发育出短于一天节律的时间早于日节律的出现，这说明它们的形成受另一种机制的控制。目前我们最好的猜测就是，每天重复的激素或新陈代谢会导致牙釉质和牙本质形成细胞在日生长线之间形成更微小的细线。[14]

其他难以理解的结构以长于一天的时间重复出现，因此被称为长周期线。[15]一般来说，它们的间隔时间可通过对牙釉质中相邻两条长周期线之间的日生长线计数来确定。人类最常见的节律是8天，不过不同的个体可能有所差异（6~12天）。我们正在验证这么一个猜想：个体每颗恒牙在牙釉质和牙本质中的长周期节律是一样的，和骨骼也一样。对于这些结构的形成原因和控制因素，我们仍然困惑不已，因为极少有生理周期与之频率相同。一种民间的解释称，人类牙齿差不多每周一次的节律是由于这些线代表了"欢宴日"，也就是文化中允许人们放纵宴饮的日子。[16]尽管这从近一个世纪以前就与西方文化习俗相符，但我们在第3章中将看到，这个观点实在毫无正确之处。

同事们和我注意到，灵长类的长周期节律似乎和体型大小有关。[17]小型灵长类的节律时间较短，最短可达2天一条线，而较大的灵长类在相邻长周期线之间的天数就比较多。我们还不清楚不同体型的人类之间是否也有类似的关系，由于大多数数据都来自体重和身高不明的个体。即便不知道原因，确定牙齿的长周期节律仍十分重要，因为它提供了估算牙齿生长长度和幼年个体死亡年龄的捷径。我在后一章中会详细说明。

牙骨质的生长比牙釉质和牙本质缓慢得多，能够在哺乳动物牙齿的根部记录季度和年度的节律[18]。一根年牙骨质环由一对明层和暗层构成（见彩插图1–3）。这样的对比是由于每层结构蛋白的矿化和方向不同所致。目前，人们已就其外表和形成时间提出3种机制，包括饮食结构的季节性变化、食物硬度的季节性变化，以及激素水平的季节性变化。丹尼尔·利伯曼用山羊进行实验研究，为前两种机制提供了支持。食物营养价值和硬度发生变化的动物展现出牙骨质环，而食物稳定不变的则没有。然而，这并不能解释为何生活在工业社会的人类会出现年度节律，我们的饮食并不因季节发生太大的改变。我们会再回到这个话题，因为骨质环可能会加大成年人遗骸的年龄。

对于同事和我来说，探索牙齿生物节律的原因就像某种"圣杯"。牙齿距离脑部的节律控制中心较远，在生长过程中只能收到间接的激素和神经信号，使得探索过程更具挑战性。20世纪的实验将动物放置在恒定的明或暗环境下，并控制温度应力和不同的喂食周期，以测试外部条件对生物节律的影响。如果你体验过严重的时差反应，一定会认同当不同的器官在新时区以不同节奏运作时，人会感到很不协调！有些科学家记录过冬眠动物的生长线，它们的新陈代谢会发生显著变化。这些研究达成共识，尽管环境因素可能会改变牙齿增生特征的时间，或者削弱其表现程度，但它仍是非常顽强的生物节律。也就是说，控制它们形成的时钟来自生物体自身。

或许只有骨骼生物学和时间生物学的专家会重视这个系统的细节，但自然界的生物节律还有助于多个研究领域的发展。[19] 例如，气候学家要对树木的年轮进行计数以回溯数百上千年的环境状态。田野生物学家会用骨骼和牙齿中的年生长线来探究野生动物的生长、繁殖、迁徙规律和年龄。古生物学家要对珊瑚化石中细小的日生长线计数来记录古气候的变化，同时记载地球相对太阳的位置如何变化。而对于像我这样的生物人类学家来说，牙齿中的节律提供了一个强大的工具，能够计量生长的速度和持续时间，探索发育压力，还能研究幼儿化石在非正常死亡时的年龄。

21世纪的牙组织研究

我们对生物学的认知不断发展的过程令我十分着迷，尤其当强大的探索工具使发现的步伐加快时。从数百年前列文虎克在17世纪的观察开始，科学家就已开始用显微镜探究微小的结构。[20]随着标准的光学显微镜在19世纪大规模普及，欧洲的学者让我们对牙齿结构有了基本的认识。在这段时期，牙齿要制成磨片才能供显微镜观察。这个过程包括锯、碾磨和打磨薄片，随后再将薄片粘在显微镜载玻片上，其精细的内部细节才能展现出来。

19世纪60年代，偏光显微镜开始流行，为牙齿的矿物特征带来新的信息。这种技术的基础是能够阻挡具有特定波长信息的光学滤镜，这在现代的防眩光墨镜中很常见。偏光在通过复杂的晶体结构时会产生明显的对比，在硬组织和地质样品上呈现出鲜明的颜色和图案。近一个世纪后，人们研发出聚焦电子束用于成像。这些电子显微镜能对普通光学显微镜的信息予以补充，进一步加深了我们对牙齿发育的认识。这种技术呈现出成釉质细胞与所形成釉柱的关系，以及釉柱晶体的大小和形状。电子显微镜的另一个重要优势在于它能达到更高的放大倍数，甚至看到原子尺度。

牙齿由于坚固持久且数量丰富，所以在鉴别化石物种中扮演着关键角色。然而，由于我们必须要将其打破、切成两半，或者浸在酸液中才能进行深入的发育研究，大多数原始人类的牙齿化石都已被禁止使用。博物馆的馆长和看护有责任保护稀有的材料，而要把化石切开的请求通常都得不到什么好脸色。幸运的是，新的X射线成像技术能使我们以虚拟方式看到硬组织内部。现在，我们已经能无损地揭秘细微的结构细节和生长过程了。

大多数接受过牙医治疗的人应该都熟悉放射影像，也就是用来看清牙齿和颌骨内部的X射线成像技术。骨骼和牙齿这类的致密结构会将X射线挡住，而软组织则允许X射线通过并打到辐射探测器上。由此，在放射照片上，两者就可以清晰地区分开来。计算机断层扫描一般被称为CT，就是基于这一原理。当医生利用CT扫描来诊断疾病时，X射线从多个不同的角度聚焦在身体的某个部位上，数码照相机会捕捉到这些放射影像，然后传给计算机。接下来，软件程序会将这些放射影像结合起来，生成近似该部位的横切片虚拟照片。相比普通的放射影像，CT影像的重要优势在于它能从不同的角度拍摄人体，其中包括普通放射影像无法实现的方向，使诊断的准确性大幅提高。

医学CT技术善于快速拍摄大型的物体，例如必须在窄小的桌子上平躺着的可怜病人，但对很小的物体来说，它的效果就要大打折扣了。在过去的几十年间，人们开发出了性能强大的微型CT扫描仪，能够观察到大型和小型物体中的海量细节。生物人类学家热切地接受了这一技术，用它坐在电脑前探究颅骨的形态、骨架的内部结构，以及牙齿的微小细节。有些人用微型CT影像来定位结块土壤中的重要化石，这样就能将其小心地取出，或者对在化石化过程中破碎或变形的颅骨进行虚拟重建。博物馆也在采用微型CT影像技术来建立藏品的电子数据库，令全世界的科学家得以共享并研究这些藏品。随着这项技术越来越平价，研究机构和高校逐渐能够负担其费用，对各种化石生物的研究正在向前迈出重要一步。

我曾有机会在现场目睹这一发展。在纽约读完博士学位后，我搬到德国的莱比锡，在马克斯·普朗克演化人类学研究所带领一个牙齿硬组织研究小组。我们的团队在短短几年内用微型CT扫描了数千颗牙齿，很好地展示出该技术如何帮助科学家鉴定化石物种。在遇到欧洲同步辐射光源的保罗·塔福罗后，我的事业出现了另一次激动人心的转机。同步辐射光源成像技术使用的光源不同于商用X射线发生器。这些光束的波长范围较广，长可达无线电频率，短到高能X射线，由电子束的运行速度决定。原来，要看到牙齿的显微细节还需要大量能量呢！

我和保罗在同一年完成毕业论文，而且恰巧都研究有关生物节律和牙齿发育的相似问题。在邮件来往几次后，他邀请我去欧洲同步辐射加速器参与一项初期实验。在之后的10年间，我多达20次前往格勒诺布尔进行科学的朝圣。随着对来自世界各地的牙齿化石的不断研究，我对往返里昂机场与设备中心的机场大巴也变得了如指掌。同步加速器成像技术比医疗或实验室用的CT扫描仪更加强大，但缺点是操作并不容易，甚至设备本身就很难找到。大部分工业化的国家有一两台能够工作的同步加速设施，因为它们的建设和维护费用比较昂贵。科学界和工业界对设施使用的竞争更是十分激烈。我们的实验通常会不间断地持续3~6天。我俩中有一个在很长的扫描间隙中睡在控制室里的情况时有发生。最终，保罗找到了远程控制实验的方法，让他能在家多睡一会儿，只要有人在光束下更换样品就行。

欧洲同步辐射光源的科学家会使用一种叫作相衬法的技术，最初是为了观察普通的显微光源无法看到的微小细节。[21]保罗的论文就是用这种同步影像的方法展现牙齿结构的细部特征的。这是大多数微型CT扫描仪都无法实现的，尤其是对牙齿这样的致密物体来说。第一次见面时，他就很快地说服我，不需要将样品切开就能观察到牙齿的生长线。我们很明确地知道，没有几家博物馆的馆长会允许我们将化石切开分析。所以，对于这项技术将如何彻底改变我们的研究领域，保罗和我都异常兴奋。我们渴望能够验证该方法的有效性，还设计出各种方法将其与标准的微型CT扫描以及我在德国实验室中制备的牙齿切片相对比。我们的工作重心就是，要最终证实在未经切割的牙齿上能够看到日生长线，这将开启对化石进行精细研究的大门。

我们都真心热爱研究牙齿生长的过程，花了很长时间一同观察照片、绘制牙齿结构，并对结论的解释争论不休。当保罗和我开始合作时，我们知道人们对牙齿发育的知识还有很大欠缺，也相信很多缺口都可以通过同步影像来填补。在欧洲工作几年后，我搬回美国，开始在哈佛大学任助理教授。在那里，我有幸能够辅导很多优秀的学生。我很快就招收到一名很有天分的本科生——约翰·策梅诺（我们一般喊他JP），和我们一起对牙齿的生长过程进行三维建模。JP花了数月时间，艰难地在数千张模糊的同步加速照片中寻找釉柱的轮廓。在共同的努力下，我们发现成釉质细胞在釉质分泌过程中会沿复杂的路径移动，这在其他形式的显微照片中都不明显。[22]或许更重要的是，同步X射线影像让我们终于能够接触上一章中提到的著名幼年个体化石了。

我经常和学生们开玩笑说，上过我有关牙齿发育的"入门"

课程之后，他们学到的相关知识比去上牙科学校还要多。打下了坚实的基础，我们便能够开始在牙齿硬组织实验室中工作。短短几周之后，他们将学到如何制作牙齿薄片，还能自行鉴定其中微小的结构。第一次在显微镜下观察自己制备的薄片，看到只在书中或者我课堂材料上见过的特征时，那种兴奋的时刻令我十分享受。为下一代提供这样的机会，就像是对耐心鼓励我探索牙齿显微世界的导师致敬。

在之后的章节中，我们将学到科学家如何识别出童年的重要事件，包括出生、生长速度，还有各种各样的疾病和伤痛。了解牙齿的发育还能为后续对人类演化和行为的研究奠定坚实的基础。举例来说，刚刚出现的演化发育生物学就要用到这些知识来对哺乳类牙齿的演化进行建模。通过牙齿中的元素，科学家还能探究我们祖先的活动范围，以及他们获取的食物。在更广泛的层面上，牙齿结构与工程师也息息相关。他们会参考生物设计来发明更坚韧的材料。修复牙医学的研究人员正在努力整合牙齿形成的遗传和细胞细节，来培育替换的牙齿。这些潜力巨大的研究领域在很大程度上都要归功于早期的学术先驱，是他们艰难的技术工作和仔细的观察为我们奠定了对自然世界的现代认识。

02.

纵观全局：出生、死亡，以及中间的一切

　　对于大多数哺乳动物（包括人类）来说，牙齿的生长和松动都是不可避免的事情。我们甚至将乳牙掉落与牙仙子这样的神话人物和金钱奖赏联系起来①。然而，这些小小的牙冠中其实隐藏着更多的秘密。我们的乳齿和第一臼齿中包含着"生物学出生证"，能令科学家判断出史前孩童的年龄。由于牙齿的生长和发出都遵照一定可预测的日程，我们还能利用它们确定现生幼体的年龄。这种方法还被多个领域的口腔测试采用，例如征兵、移民和就业核查等。牙齿大约在我们20岁完成发育，也就是第三臼齿发出并停止齿根生长的时候，日生长线的增多也随之结束。随着我们进入成年，牙齿也会不断老化。它们会磨损，添加薄薄的牙骨质层，与牙龈和骨

---

① 在西方国家，父母会告诉儿童牙齿掉落时会有牙仙子来访，并留下若干金币。——译者注

骼的连接也会逐渐松动。了解牙齿如何随着时间推移而变化可以帮助我们确定已故成人的年龄，还能估计同一个埋藏地点的社会组成。在后文中你将了解到，牙组织包含着纵贯一生的重要线索，为研究过去的生命和死亡提供了独特的视角。

口腔里的出生证

即便专业研究牙齿很多年后，你仍然很少有机会能指着牙齿中的一条线说："我知道那天我做了什么。"但是我的运气很好。那时，我刚刚在哈佛大学建立起牙齿硬组织实验室，一位老朋友给我送来了她儿子刚刚掉落的乳牙，鼓励我进行切片和牙齿成像。我将那颗小小的犬齿冠放在保护性的有机玻璃中烤制了几天，然后用旋转的金刚石锯小心翼翼地将其切了两下，截取出一片薄片，把它贴在显微镜载玻片上放置了一整夜，再对其进行打磨和抛光，直至薄片只有0.1毫米厚。我在薄片上加上盖玻片，再把它放在新买的偏光显微镜下。我打开光源，将放大倍数调整到100倍，然后向目镜中望去，立刻看到在接近齿尖的牙釉质中有一条暗线。这条线将牙齿分为两个区，一侧是透明、矿化完好的牙釉质，而另一侧则多有畸变和扰动（见彩插图2–1）。吉米牙齿上的这条暗线代表了他的出生。那是我永远都不会忘记的一天，因为我就在现场迎接他的到来。我的朋友让我做她的分娩教练，所以那天，我在她身边守候了好几个小时，鼓励她用力，直到吉米最终到来。他牙齿上的暗线将我带回到大约7年前的神奇时刻。我还萌发出一种新的感动，因为每人的口腔中都带着微小的出生记录呢。

乳牙在我们还在子宫里时就已经开始矿化，同时发育的还有第一恒臼齿（图2-2）。这些牙齿保存下的生长线能指示出生时成釉质细胞和成牙本质细胞的位置。科学家们研究了数百颗人类儿童的乳牙，在大多数牙齿的相似位置都观察到了暗淡加重的新生线。[1]牙科研究员艾萨克·绍尔首次提出，这种显微扰动是由于出生时的生理过渡引起的。之后，其他科学家又记录下幼年个体后续的生长线，发现它与个体年龄紧密相关，证明这条线确实是在出生时形成的。在显微镜下，我们经常能够看到釉柱在穿过新生线时会出现微小的偏斜。相邻的牙釉质也会表现出矿化状态的差异，形成一条明显的暗线。有人提出，这些线之所以在婴儿的牙齿中出现，是因为出生时的钙水平发生了变化。[2]对于婴儿来说，出生显然是一段十分艰难的时期，他们在之后的一周左右通常会出现体重下降。[3]在出生后，牙釉质的分泌可能会立刻减缓，研究人员会在牙齿上看到紧密排列的日生长线。

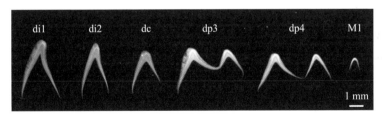

图2-2 人类齿系在出生时的硬组织形成过程。通过微型CT扫描技术生成的虚拟切面。非恒牙用d和其他小写字母表示，如门齿（i）、犬齿（c）和前臼齿（p）。恒臼齿则用大写字母表示（M1）。该人类颌骨来自哈佛大学的皮博迪考古学和人类学博物馆

大多数个体的新生线都很宽，说明这件对牙齿形成发生扰动的事件的持续时间超过了一天。科学家们很想知道，难产会不会导致更深且更宽的新生线。目前的证据正反参半。[4]有项研究对比了经3种不同方式生产的147名婴儿，包括顺产、剖宫产和产钳或助产器助产的。结果表明，剖宫产婴儿的牙齿的出生线最细，次细的为顺产。由于并发症而经手术干预生产的婴儿出生线最粗。然而，另一项针对100名儿童的研究，没有发现不同生产方式下婴儿的出生线有任何差别。我的想法是，这两项研究的差异可能与制备显微分析薄片的难度有关，这可是一件需要技术和运气的事。[5]

我一直十分好奇婴儿对出生过程的敏感性，以及他们在这个陌生的新世界中度过的最初几天到几周。这些能帮我们解开远古人类牙齿差异的密码。原来，非人灵长类以及其他哺乳动物的婴儿牙齿中也有新生线。灵长类的新生线出现在第一臼齿上，无论它们是生活在自由的野外，还是被人工圈养着。很多个体还表现出很明显的生长线。这个现象很有趣，因为非人灵长类的分娩过程并没有人类这样剧烈。相比脑部巨大的人类婴儿，其他灵长类婴儿穿过产道的过程要容易得多。综合多种证据来看，仅凭新生线来判断现代人类婴儿的出生方式几乎是不可能的。

不过，这条线确实能帮科学家判断个体是否在生产过程中存活下来。有项研究对迦太基的人类祭祀仪式进行了深入调查，那是非洲北部一座古老的腓尼基城市。[6]研究对陶瓷骨灰瓮中50具婴儿遗体的牙齿进行了显微镜观察和分析，以判断他们是胎死腹中，还是出生后存活了一段时间——足够保存下新生线后的生长记录。结果显示，一半的个体都没有保存这样的标记，说明他们不太可能存活了一段时间才被当作祭品。研究小组的结论是，尽管这种可怕的仪式偶有发生，有可能影响了历史研究报告，但古代地中海墓葬中出现的大量婴幼儿可能是死胎，或者是在很小的时候病亡的。

新生线的另一个绝妙用途是判断婴儿是否早产。[7]在某项研究中，世界知名的组织学家克里斯托弗·迪安与他过去的学生温迪·伯奇合作，对双胞胎的牙齿分别进行了切片，以确定其新生线的位置，并记录下这些牙齿在出生前生长的天数。双胞胎两人的该项计数结果分别为75和74天，比第三前白齿的产前平均发育时间分别短了65和66天。他们由此推断，这对双胞胎大约早产了2个月。研究结束之后，他们从医疗记录中得知这对双胞胎比预产期早产了58天，证实了之前的推论。这种方法可以成为一种强大的法医工具，用来调查身份不明的幼年个体遗骸。

不可思议的是，并不是只有婴儿会在生产时形成牙齿上的细线，年轻的母亲也会。我们在上一章中提到，几名日本研究人员发明出这套定龄系统。他们还仔细观察了生产过的年轻雌兔牙齿，才得出这一结果。[8]他们的研究表明，牙本质在分娩前几天内会出现一个较宽的浅色区域，之后会立刻转换为暗带。他们将这一结构称为分娩线，并提出它是由于血液中二氧化碳浓度和酸性的变化所致。后续的实验证实，分娩线也出现在其他哺乳动物中，包括海豚和地松鼠。

这意味着，在人类牙齿中也可能找到相似的线。这样激动人心的前景促使克里斯托弗·迪安与一名苏丹的牙医——法迪勒·埃拉敏组成了团队。他们共同研究了在20岁以前生产过的苏丹女性的牙齿，那时她们的第三臼齿还未完全发育。还记得吗？在那之后，牙齿就不再增加生长线了，所以选择低龄生育的女性非常重要。迪安和埃拉敏在4位女性的第三臼齿上发现了数条较宽的线，与其他哺乳动物的分娩线很像。他们认为，有近一半的分娩线都与生产事件匹配。这些结果展现出很大的潜力，但该研究同样突出了在人类样本上确切鉴定出分娩线的复杂程度。尽管第一臼齿在稳定的位置呈现新生线，使我们能够估算样品的年龄，但第三臼齿在个体出生数年后才开始发育，也就很难将其形成与准确的年龄联系起来。此外，记忆测验还证明，大多数人都无法准确回忆出过去发生的事情。我们并不知道这些苏丹母亲提供的生产时间是否准确，因为无法通过医院记录来证实这些信息。最后还有一个问题，我们几乎不可能完全排除其他导致牙齿在新生线后形成类似生长线的原因。在后面的章节中，我会讨论另外几种会干扰牙齿形成的潜在因素，可能导致与分娩线十分相似的结构。

类似的问题也困扰着在圈养猕猴中分娩线的首次发现。[9]雅基·鲍曼在一只年轻雌性猕猴的第三臼齿中发现了一条线，恰好与它产下一名死婴的年龄相近。然而，这位母亲当时的健康状况并不理想，需要注射麻醉剂，并且在生产之后不久就去世了。因此，鲍曼很难确定导致这些生长线加重的原因究竟是疾病、医疗干预，还是生产过程。我和同事在分析另一只圈养雌猴时也遇到了类似的困难。[10]它在生命的最后6个月中出现了多条加重的生长线，在那段时间，它曾多次接受医院治疗。它还在怀孕仅50天后就产下一名死胎。不幸的是，我完全无法确认这些加重的生长线是否对应这只雌猴的生产或受孕。

尽管这些研究乍一看有些残忍，但研究人员并没有伤害这些猴子来制造它们牙齿中的变化。这都是副产品，来自它们的疾病、治疗或者生产。我把这些写在这里，是因为它们很好地证明，在有条件的时候采用医疗记录来解释个体牙齿中的事件是非常重要的。这一点我们会在下一章继续讨论。到目前为止，我们还无法仅从牙齿中的生长线来重建缓慢生长物种的繁殖历史，例如人类或非人灵长类。拥有确定分娩事件的可靠方法能够帮我们揭开人类繁殖演化的未解之谜。我们会在后续章节中讨论到，将牙齿中元素的分析和它们的形成时间结合起来，或许能为我们提供前进的方向。

看，是牙仙子！

有小孩的父母可以作证，长牙通常是婴儿在出生后需要难受的大事。在生命的最初几个月到几年间，随着小小的白色肿块和尖脊破出，婴儿的牙龈会发肿并被撑开。当牙齿从牙龈里露出后，婴儿的出牙过程便可以从外部观察到了。这可是从颌骨内抵达口中最终位置的一场漫长旅程。婴儿的牙齿又被称为乳牙，因为它们在儿童的哺乳期内萌出，全部20颗牙齿会在两岁半左右全部长出。这些牙齿比成年人的恒牙要小，数量也少一些。乳牙萌出几年后，它们会像落叶树的叶片那样掉落，因此又被称为"暂牙"。

在5或6岁时，儿童就要开始更换他们的小门牙了。牙齿会在他们不耐烦地摆弄已经松动并且感觉奇怪的牙冠时脱落，或者在咬到什么东西时意外掉落。这通常是我们首次有意识地发现，牙齿并不是身体上永久的一部分。传说中，牙仙子可能会带来礼金，来交换我们珍贵的牙齿。据调查，牙仙子在过去几年似乎挺慷慨的。2013年，美国儿童平均每颗牙可以收到3.70美元。人们认为，小礼物或金钱奖赏可以安抚儿童的失落感，引入了货币交换的文化规范。这个传说在美国的版本可以追溯到20世纪早期，不过纪念第一次掉牙的传统要比这个特定的习俗早得多。[11]在很多文化中，都是某种动物象征性地负责更换掉落的牙齿，如老鼠或乌鸦。有些欧洲风俗甚至曾经让父亲或母亲乃至儿童本人吞下掉落的牙齿，以预防牙疼。而美国的父母显然更愿意花几美元，把牙齿收起来！

事实是，我们的乳牙并不会随机掉落。随着恒牙开始从下面长出，特殊的细胞要先分解乳牙的小齿根。如果你仔细看自然掉落的乳牙根，就会注意到它们通常只剩下一小点儿或一小圈牙本质。这为下一代门齿、犬齿和前臼齿创造了空间，让它们开始进入口腔。我们的恒臼齿是唯一没有对应乳牙的牙齿类型。这很好理解，因为婴儿小小的颌骨内根本没有空间发育臼齿。随着我们的面部和颌骨在青少年期增长变宽，内部会出现更多空间容纳臼齿，通常使最终的恒牙数量达到32颗。

现代人的牙齿萌出时间基本可以预测，除了第三臼齿，它们有时候会缺失，或者卡在颌骨中（表2–1）。在大约6岁时，第一臼齿和门齿出现。接下来，犬齿、前臼齿和第二臼齿一般在12岁前依次长出。我们的第三臼齿大约在18岁开始长出，所以也被称为

表2-1　人类牙齿越过牙龈线（牙龈出牙）的平均年龄[12]

牙齿	年龄（上颌）	年龄（下颌）
di1	10个月	8个月
di2	11.4个月	1.1岁
dc	1.6岁	1.7岁
dp3	1.3岁	1.3岁
dp4	2.4岁	2.2岁
I1	6.8岁	6.2岁
I2	8.0岁	7.0岁
C	11.4岁	9.8岁
P3	9.9岁	10.0岁
P4	10.8岁	10.6岁
M1	6.4岁	6.3岁
M2	12.6岁	11.8岁
M3	16.5~20.5岁	16.5~20.5岁

乳牙用d和小写字母表示：其中有门齿（i）、犬齿（c）、前白齿（p）。恒牙则用M和大写字母（I、C、P）表示。此表采用欧洲谱系男性与女性的平均年龄

智齿，作为进入成年期的牙齿标志。这个名称来自一个古希腊词语，倒是和希腊人的哲学倾向很相配[13]。亚里士多德在关于博物学的著作曾经提到智齿，还准确地写到它们有时可以在很老的个体中长出，如果没有正常萌出会导致强烈的不适。在没有口腔外科的年代，这种慢性的牙齿阻生一定非常痛苦。在第3章中，我会解释智齿阻生是怎样在过去的1万年间随着我们的饮食变化而越来越常见的。不过幸运的是，当臼齿阻生发生时，很多人已经拥有了更先进的牙齿护理技术。

科学家们尚不完全了解牙齿在萌出过程中是如何在颌骨中移动的。拉长的齿根产生的压力、牙周韧带和牙齿下方的软组织肯定都发挥了作用。[14]当牙齿超过颌骨的边缘时，它们已经完成了齿槽出牙的过程。现生个体的这一过程可通过放射性影像来观察。要使牙齿进入口腔，覆盖牙齿的骨骼要被特殊的细胞分解并重吸收。该过程会在颌骨上打开一个洞，使牙齿得以穿过。我们可以在骨骼遗骸上清楚地看到这一点。很多已灭绝的原始人类幼年个体在死亡时，牙齿正在穿过颌骨。正如雷蒙德·达特在汤恩幼儿头骨上注意到的，像出牙这样的重要事件可以在不同个体间横向对比，用来推断它们的年龄。这能帮助我们判断它们的生长速率。我会在第6章进一步说明。

在通过颌骨中的这些临时窗口后，牙齿会刺穿牙龈。这一过程被称为牙龈出牙，可能持续数月之久。婴儿和照顾他的人都希望这一步能够尽快结束！当牙齿开始切割牙龈时，齿槽出牙正在如火如荼地进行（见彩插图2–3）。正如你在这张猴类牙齿的对比图中所见，大约一半的牙齿都已经穿过骨骼，但只有两个臼齿齿尖越过了牙龈线。我们很难从远古遗骸中估算牙龈出牙的时间。在人的一生中，牙龈以几毫米厚的组织覆盖在牙齿之上，而这部分组织在人死后会迅速分解。这一点尤为重要，因为我们经常被迫用变成骨架的颌骨来与拥有健康牙龈的活体对象进行对比。我们目前认为，齿槽出牙和牙龈出牙之间要相隔数月时间。对于不同的牙齿类型或不同的灵长类来说，这个时间很可能存在差异。这个现象使得要对比已死亡和活体的对象变得更复杂了。

当齿冠达到口腔中其他已发出牙齿的高度时，就会碰到相对的上牙或下牙。从此，延续一生的牙齿磨损的过程正式拉开序幕。在大量使用后，磨损会导致牙齿缩短。身体想出了一种优雅的解决方案来维持牙和牙之间的长时间接触，那就是以更缓慢的速率继续生长。将牙齿固定在齿槽中的韧带张力同时使之与相对的牙齿接触，而齿根底部缓慢的牙骨质堆积则提供了双重保障。[15]这种持续的牙齿生长在过去尤为重要，因为早期原始人类和靠野外食物为生的现代人磨损牙齿的速率要远远高于依赖柔软和工业化加工食物的人类。尽管这看上去是一件好事，但我们新的饮食习惯也导致了很多口腔问题。下一章将着重介绍这一内容。

我不想长大：估算儿童年龄

在见到小孩子时，人们经常率先提出的问题之一就是他们的年龄。年龄可以告诉我们某个人看待世界的方式，比如他是否还相信牙仙子，以及他还要生长多长时间。后者一直是生物人类学家热切关注的问题。关于人类生长模式何时在祖先中出现的争论几乎和人类学一样久远。不幸的是，我们无法询问原始人类儿童他们的年龄。但我们可以向他们的牙齿寻求这一信息。

相比骨骼发育的其他方面，牙齿的生长受童年营养和健康波动的影响较小，尽管它也并不是坚不可摧的。这意味着，牙齿发育在预测人类儿童的年龄方面比其他数据更加准确，包括身高、体重和骨骼大小。我们的牙齿在相对稳定的年龄、按照基本符合规律的顺序矿化。这个过程从成釉质细胞和成牙本质细胞建造很小的锥形硬组织结构开始。这些结构会扩大为标志性的牙冠形态，随后开始齿根的分泌及矿化。要知道有多少牙齿开始钙化，以及它们的发育程度，我们可以观察牙齿放射影像（见彩插图2-4）。这些照片揭示了还未进入口腔的牙齿状态，还有已萌出牙齿的齿根。这些细节都是仅仅通过检查某人的口腔或观察颌骨所无法得到的。

生长标准是根据西方国家的儿童构建的，他们已经使用临床放射影像数十年。该标准将很多不同年龄儿童每颗牙齿的矿化阶段进行分类，从而生成一个数据库，能够通过阶段来预测儿童的年龄。[16]例如，图2-4顶部显示的幼年个体在已发出的乳牙上下都已经形成数颗恒牙，埋藏在骨骼中，相邻的"M型"第一下臼齿齿冠轮廓也几乎完成，这些都发生在3岁左右。这名男孩的实际年龄是2岁零10个月。

另一种判断年龄的方法就是对活体对象的口腔或骨骼对象的颌骨进行简单的肉眼检查。在这个过程中，检查者观察哪颗牙齿已经萌出，哪颗还没有，以及是否有牙齿正在萌出。举例来说，图2-4底部的下颌已经长出全部乳牙，但没有恒牙。随后，我们要将这一信息与参考群体的平均出牙年龄（表2-1）进行对比。在这个例子中，该个体很可能超过2.2岁，即最后一颗下乳牙前白齿长出的年龄，但小于6.2岁，因为第一恒门齿和第一恒白齿都未出现。尽管这种方法比获取和研究放射影像更简单，但它的准确性也比评估每颗牙齿的矿化程度要低。我们无法得知，一颗没能萌出的牙齿究竟是因为它根本没有形成，还是仍在生长，抑或生长受阻。正如我们看到的，牙齿阻生在第三臼齿中是很常见的问题，所以在年龄判断上不太可靠，除非我们用放射影像去观察表面之下的情况。

儿科牙医已经花了数年时间研究牙齿矿化和萌出的过程，制作出了十分有用的图表，能用来判断牙齿未成熟的个体年龄。估算年龄与实际年龄的对比表明，这些生长标准大约可以精确到一岁之内，尤其是针对15岁以下的儿童。[17]在我们这个男孩的案例中，我们掌握的信息表明他应该为2.5~3.5岁，他的真实年龄确实位于这个区间内。

这种年龄标准一个使用案例是在19世纪初的"工业革命"时期。[18]那时候，西方国家经济体从农业生产迅速转变为以机器为基础的工业生产。年幼的儿童经常被迫在工厂、磨坊和煤矿工作。最终，英国议会通过了一项法律，要求儿童必须年满9岁才能在某些行业工作。然而，由于当时出生证还不普及，年龄经常是通过主观观察来判断，非常容易修改。1837年，在某项超过1 000名儿童的牙齿发育研究之后，一名英国牙医提出，牙齿萌出的状况可以用来判断儿童是否达到合法工作的年龄。这种方法很快就被采用了。

类似的童工现象在今天的印度十分普遍。尽管法律规定，儿童必须年满14周岁才能工作，但剥削低龄儿童的现象仍很常见，尤其是很多儿童都没有出生登记。[19]人权主义者正在在法律层面施压，要求政府保证对印度儿童以出牙标准来判断年龄。我们只能希望这一信息能给人权主义者更强的力量，从而更好地保护世界各地的儿童。

最晚也是从罗马帝国时期开始，判断未成年人的年龄就在社会环境中十分重要了。[20]那时，男童大约在12岁长出第二臼齿，可以服兵役了。当时的当权者还经常要对无证件的外国人（如寻求政治避难者）进行评估，判断他们应属于青少年还是成年人。《石板》杂志的一名作者曾经联系到我，问我能否确定抓捕到的索马里海盗是不是未成年人。我解释道，简单的放射影像图就能告诉我们他的第三臼齿发育情况。由于第三臼齿在青少年期通常都不完整，所以它能用来确认大致年龄。然而，虽然放射影像和肉眼观察能够确认某人是否已经成年，很多能够更精确地确认活人年龄的方法却出于合理的伦理原因被禁止。例如，我们不能用普通的显微镜进行观察，因为这需要去除健康牙齿并切片。我们也不能对人体使用致死强度的同步X射线扫描来展示生长线。因此，拍摄牙科X射线片是目前判断现生儿童年龄最合适的方法。

当研究人员要探究已故未成年个体的牙齿遗迹时，我们可以用可靠的生物节律来得到更准确的年龄。还记得那些记录下齿冠和齿根形成过程的每一天的细胞吗？要读懂这份显微地图并计算个体的年龄，我们必须先确定在新生线后形成牙釉质和牙本质的时间。[21]这个过程可能非常漫长，尤其是对于比较年长的儿童，你可能要数几千条细线！好消息是，有些捷径能够帮我们避免计算每一条线。我来给你们讲一讲这里的逻辑，可能需要一点儿基础的数学知识。要估算形成齿冠第一部分的时间，我们要先将成釉质细胞在分泌时的移动距离（釉柱长度）除以每天的分泌速率。你要时刻记得速率的数学定义，它指的是距离除以时间。由于每对亮线和暗线都形成于24小时内，分泌速率就是两条线的平均间隔除以一天。在显微镜下，我们可以轻松地放大并测量牙釉质日生长线的长度（见彩插图2-5）。要确定剩余牙齿的形成时间，我们需要数出牙齿表面长周期线的数量，然后乘以相邻两条长周期线之间的天数。[22]把这两条捷径结合起来，我们就能得到形成整个前牙，以及前臼齿或臼齿齿尖的时间。

下面这个故事可能比实际的研究案例更好理解。几年前，我测量了一只野生黑猩猩的臼齿生长过程，它是该物种中首个被确认的埃博拉死亡案例。[23]给它进行牙齿移除并制备薄片有一点儿令人不安，不过我被一再保证，它的骨骼在被运送到科特迪瓦之前已经被彻底消毒过。在实验室准备好一张薄片后，我在高倍显微镜下找到了它的新生线，并判断它形成于臼齿齿尖开始钙化后的第31天（见彩插图2-6）。

接下来，我测量了牙釉质的日分泌速率，用一条中心釉柱的长度除以该速率，估算出新生线与齿尖之间共有166天的生长历程。然后我又在齿尖之后的牙釉质中数出105条长周期生长线，相当于525天。之后，我将166与525相加，得出这部分牙冠在个体出生691天后生长完成。[24]要估算齿根的形成时间，我数了牙本质中的长周期线，大约有141条。将它乘以5天的重复间隔，就能得出在动物死亡前，齿根大约生长了705天。将出生后齿冠生长的691天和齿根生长的705天相加，我估算出这只黑猩猩死于1 396日龄，也就是3.82岁。同事核查了他的野外记录，告诉我这只动物很可能死于1 372日龄，和我的估算仅相差24天——误差只有2%。

对圈养动物进行的类似分析甚至达到更高的准确度，而对近期人类遗骸的研究也得出了可靠的结果。[25]作为对细节十分执着的人，我必须要承认，这种方法在有些案例中没有成功。牙齿必须在死亡后保存完好，而且薄片的切割必须恰当、准确。该方法需要特殊的装备、大量的经验以及充足的时间。牙齿很难解读的复杂案例可能需要几周时间去分析，而在某些案例中，根本就无法确定个体的年龄。这些难题解释了为何这一方法对确定年轻个体的遗骸价值重大，但法医专家却不愿意过多地使用它。类似的法医学研究鲜有发表，其中有一项从牙齿生长线、历史记录和DNA分析方面对一具婴儿遗骸进行了评估。[26]生长线分析显示，这名儿童在4.8~5.1月龄，与历史记录中的一名5月龄女婴吻合。这种耗时的方法主要被用来确定非人灵长类和化石原始人类幼年个体的年龄。在这些案例中，显微研究尤为宝贵。这是由于我们无法用人类牙齿钙化或发出的标准得出准确年龄，因为不同物种都按照自己特有的日程生长发育。

说真的：老爷爷，你多大了？

了解牙齿发育过程对于判断幼年个体年龄至关重要，但我经常被问到，我们是否有可能通过牙齿来推断成年人的年龄。这比确认儿童年龄更具挑战性，但与之同等重要。对于发掘坟场或古代墓穴的人类学家来说，确定人们生活过的时间以及社会群体中老年个体的数量能打开探究过去的重要窗口。法医学家一般通过评估骨骼特征来确定成人的年龄，例如骨盆关节的形态，但这些方法通常并不精确。[27]数十年来，我这个领域的学者一直在努力探求更有效的方法。

说牙齿会"老化"并没有错，这就像身体的其他组成部分会随时间老化一样，但成年人牙齿的变化方式并不像未成年人牙齿的生长那样符合规律。例如，牙齿会在打磨下发生变化，又称磨损。这一点很容易观察到，却极难测量。在咀嚼过程中，齿尖会与食物和对侧牙齿不断接触，最常用到的区域就会表现出明显的接触点。随着这些接触表面的扩大和加深，下伏的牙本质便会露出。人类学家迅速检查一下已萌出牙齿的数量以及后萌出牙齿的磨损程度，就能大概确定个体是否成年。举例来说，如果一具人类颌骨上的所有牙齿都已发出，而且第三臼齿上出现磨损表面，那他几乎一定是成年人。不过，我们能判断个体的准确年龄吗？

英国牙科学者艾伯特·爱德华·威廉·"洛马"·迈尔斯在了解牙齿发育的基础上提出了一种估算成年人年龄的新方法。牙龈出牙的年龄基本可知，这使迈尔斯得以估算臼齿磨损的时间和速率。我们还记得，第一臼齿大约在6岁萌出，第二臼齿大约在12岁萌出，而第三臼齿平均在18岁萌出。通过观察一组正在萌出第二臼齿的个体，迈尔斯估算出第一臼齿在6年间大致的磨损量，也就是从它们萌出（6岁）到第二臼齿萌出（12岁）的时间。类似地，他又比较了正在萌出第三臼齿的人群的第二臼齿，大概认识到第二臼齿在经过6年磨损后的形态。接着，迈尔斯根据第一和第二臼齿的规律推断出第三臼齿的状态。例如，如果第三臼齿表现出12岁个体第一臼齿的形态，就说明它已经使用了6年。因此，该个体就接近24岁左右，即第三臼齿发出时间（18岁）加上估计的磨损时间（6

年）。科学家对已知年龄的个体采用该方法进行试验，发现它基本上是准确的，估算年龄与实际年龄只差几岁甚至更少。[28] 如你所想，这种方法对估算较年轻的成年人的年龄来说效果最好。对年龄超过50岁的人来说，我们远没有这么自信了。

另一种方法建立在齿根牙本质结构变化的基础上（图2-7）。[29] 还记得那些贯穿于新形成牙本质上的细长通道吗？慢慢地，随着尾状的细胞喷射物向牙髓退去，也就是大量成牙本质细胞聚集的地方，这些通道会逐渐被矿物质和蛋白质填满。当这些通道被填满后，牙本质会变得更加均一，光线也就更容易穿过。刚刚形成的牙本质一般会使光线在穿过通道时发生散射，看起来就像细长的纤维排列在不透明的牙本质中。相反，年老的牙本质通道已经被填满，

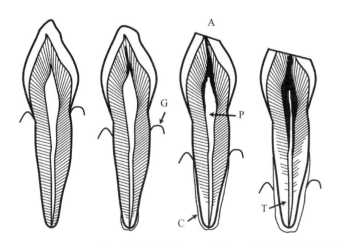

图2-7 利用牙齿估算成年个体年龄的方法。图中自左至右依次为老化的各个阶段，其中包括牙龈退缩（G）、磨损（A）、牙腔填充（P）、牙骨质增厚（C）和牙本质齿根透明（T）。本图重绘自G. 约翰松发表的文章《利用人类牙齿判断年龄》。原文于1971年发表于《牙科学杂志》第22卷、补充材料第21卷：1–126

所以看起来像透明纯净的玻璃。在图1-3中的黑猩猩齿根下半部分，你就能看到这个现象。这种半透明状态会慢慢从齿根底端扩展到齿冠。科学家能令光线穿过完整的牙齿或薄片来测量半透明的齿根，从而估算成年个体的年龄，误差范围为4~7年。

更年老的人还会表现出更多变化，包括牙腔会被成牙本质细胞填充，还在整个成年期持续沉积少量牙本质。[30]这个过程也表现出和年龄的关系，不过在估算年龄方面并没有测量半透明齿根有效。用来固定齿根的牙骨质也会随时间增厚，被用来估算年龄。不过，该方法比其他方法的准确性更低。牙骨质可以在直接压力作用下增厚，例如咀嚼，但它也经常在其他地方消失。因此，牙骨质厚度的测量结果可能会非常令人迷惑。

更明显的一项年龄相关变化就是牙龈线的高度，会随着年龄退缩。这倒解释了"牙齿长了"那句俗语①，因为齿根在牙龈退缩作用下露出得更多，所以牙齿显得更长。不过，仅仅测量牙龈退缩并不能可靠地估算年龄，因为慢性牙龈炎或牙周疾病都可能导致提前且不均匀的牙龈退化，这已成为现代人的常见问题。[31]研究人员试图综合使用多种不同的方法，以提高年龄预测的准确性。这比单独使用任何一种技术都更加有效。这有一个重要的警示：饮食结构、口腔健康、基因和牙齿的非饮食使用都会影响牙齿的结构和形态，在确定个体年龄时控制所有的影响因素几乎是不可能的。

判断成年人年龄的最后一种方法建立在计数牙骨质线的基础

---

① 英语中long in the tooth字面意思为"牙齿长了"，实际指"年老"。——译者注

上，它们在牙齿萌出后每年都会形成。这种方法在确定哺乳动物年龄时可能十分有效，尤其是经历季节变化的动物，但运用于人类时的成功率却不甚稳定。[32]有项影响很大的研究检验了80名已知年龄个体的牙骨质环。[33]其中73人被认为适合进行分析。他们的估算年龄与真实年龄平均相差6岁。这些早期结果启发了更多科学家，包括人类学家厄休拉·维特韦尔-巴科芬。她对433颗已知年龄的人类牙齿展开了一项宏大的研究。她的团队采用化学处理和图像分析软件来提高计数的准确性。[34]共有363颗牙齿得出了很有希望的结果，其中大多数计算得出的年龄都与实际年龄相差在3岁以内。然而，有超过15%的牙齿无法计数，因为得到的图像质量太差。她和同事得出结论，由于可能出现计数错误的情况，每名个体至少需要评估两颗牙齿，而且计数过程要结合齿根透明度一起分析，以得到更可靠的结论。

这种方法的一个问题在于，不同观察者对同一颗牙齿的计数结果可能相差达8年之久，说明它可能并不比其他更省力的定年方法准确多少。[35]著名牙齿人类学家西蒙·希尔森说到，起初看来大有希望的方法可能对长寿的人类来说过于乐观了。牙骨质环的排列极其紧密，这使得与其他形成更快的节律性特征相比，牙骨质环在光学显微镜下更难分辨。更大的问题是，牙骨质并不是按照稳定的速率均匀堆积的，这导致齿根表面不同区域各有差异。希尔森提及："有些牙齿的计数完全不规律。"[36]我也曾努力记录已知年龄人类和大猿身上的这种烦人的年际生长线数据，所以对他的话产生了很大的共鸣。

尽管结果并不统一，但牙骨质分析仍持续受到生物人类学家、考古学家和野生动物学家的关注。[37]目前的研究重点在于，通过正规的分析流程和提升图像质量的软件来优化这种方法，也希望使用无创的同步影像来达到更好的效果。改进判断成年人年龄的方法不仅能告诉我们他们活了多久，还能帮助我们估算古代原始人类能够抚养的儿童数量，他们的寿命何时延长，以及他们的家庭群体结构。在那之前，我们必须要依靠其他类型的牙齿证据来研究人类发育的演化。我在第6章将着重讨论。

我们已经讲过细小的生长线如何帮我们判断某人何时出生、牙齿以怎样的速度生长，以及童年夭折个体的年龄。这种痛苦的分析只是几种确定年龄的方法，其他方法则采用大量儿童数据，来计算牙齿钙化和萌出的时间。年龄预测表能帮助法医和人类学家判断骨骼遗骸的年龄，不过这些标准很大程度上来自工业化国家的儿童。在下一章中，你将了解到像营养和疾病这样的因素都能影响牙齿的形成。使用这些表格来估算年龄所面临的一大问题在于，不同种群的人类牙齿形成时间可能并不相同。这种"一刀切"的牙齿形成模式或许过于简单了。目前对于全球各地人类的研究可能会改进年龄的估算方法。放射性影像和肉眼观察都能对牙齿的显微结构研究进行补充。接下来，我们将探索后一种方法如何揭示个体历史中更多的秘密。

危机四伏：压力、疾病和演化失调

　　在之前的章节中，我们已经讨论过牙齿是如何在口腔中形成、生长并萌出的，而这之后，它们就要开始磨损，并随着年龄发生变化。在齿冠和齿根发育的过程中，身体的损伤可能会导致微小的瑕疵，甚至有时使牙齿无法正常形成或长出。一旦牙齿萌出，口腔中的细菌和饮食因素就会引发龋齿和牙龈感染。这些现象可能自古就有，但也有人认为它们是现代文明特有的疾病。农业的发明以及最终的工业规模的食品生产，都对我们的生理和解剖学特征产生了深远影响，当然也包括对牙齿的影响。在这一章中，我们会从发育、演化和行为方面来探索牙齿的损伤和疾病。

微小的童年疾病和营养记录

　　出生、出牙和换牙都是人类儿童十分脆弱的时期。婴儿出生时没有牙齿，所以在最初的几个月内必须完全依赖母亲获取营养。在小型的传统社会中，婴儿在大约6个月开始添加柔软的食物，这与第一颗牙齿萌出的时间接近。[1]之后的几年内，他们似乎想把所有东西都放进嘴里尝一尝。在这段时间里，婴儿不仅仅要认识食物，还要面临新的免疫挑战。他们的消化和免疫系统正在迅速发育，所以忍受胃部不适和疾病在所难免。从母乳喂养过渡到成人食谱的这段时间，新的食物会进一步测试婴儿的消化和免疫系统，尤其是在洁净水源和污水处理系统都不甚发达的国家。[2]

大多数恒牙的齿冠会从出生到6岁间在颌骨中钙化，成为探究幼童健康状况的有力渠道。正如我们之前所见，牙齿能记录下比生命中其他日节律更多的信息。出生时发生的深刻变化会在婴儿的牙齿上留下永久性印记，而之后的疾病和伤痛也是如此。严重的损伤会引起发育不全，也就是因为细胞过早停止分泌而导致的部分牙釉质和牙本质退化或缺失，在牙齿上形成小坑、平面或环（见彩插图3–1）。牙齿内部还会出现更细微的破坏，我们一般将其统称为"加重线"。由于这些牙釉质或牙本质结构上的变化能永久地记录下当时正在分泌的细胞的位置，它们可以用来确定某个干扰事件的发生时间（见彩插图3–2）。在前一章中，我们认识了两种特殊的加重线，分别在出生时形成于婴儿（新生线）和母亲（分娩线）的牙齿中。

在显微镜中观察史前人类的牙齿，我们会发现童年期通常都面临很大的压力，这一点在古代很可能更为显著。[3]很多人类学家都记录下了原始人类、大猿和前工业化时期的现代人的化石身上表现出的发育不全特征和加重线。那么，这些看似无处不在的特征究竟能告诉我们哪些有关童年的信息呢？很多很多。事实上，或许太多了，因为它们可能由多种状况引起（表3–1）。我们可以将其归纳为几个宽泛的类型，包括具体疾病或症状、营养不良以及生理或心理压力。很多原因是通过动物实验或观察有相关医疗记录的圈养灵长类推断而来的。对具有发育缺陷和文字记录的人类进行研究是非常罕见的，却极具启发意义。

在上一章中，我们讨论过一对人类双胞胎。他们在出生前的日生长线数量过低，说明是早产儿。[4]这项研究的作者还数出双胞胎出生后的日子，确定出一系列加重线的形成时间。他们把估算的时间与医疗记录进行对比，发现大约1/3的加重线都与某个事件对应。例如，有一天双胞胎两人都接受了三针常规疫苗，与牙齿上的加重线就几乎完全匹配。当双胞胎从重症监护室出来时，当其中一人出院时，以及当另一个要重新进行手术时，牙齿上都出现了类似的对应情况。肠胃疾病、眼部问题和呕吐现象都与加重线估计的年龄相符。这些线都在症状出现的同一周形成，在个别案例中甚至出现在同一天。这些双胞胎生命早期的故事为牙齿中的记录系统提供了惊人的例子。

表3–1　可能导致发育缺陷的原因（发育不全和加重线）

类型	具体原因
营养方面	营养不良 维生素A缺乏 维生素D缺乏

类型	具体原因
疾病	水痘 糖尿病 白喉 麻疹 新生儿溶血性贫血（免疫性血液疾病） 寄生虫感染 肺炎 风疹 猩红热 坏血病 天花 梅毒 百日咳
症状	过敏 骨骼炎症 惊厥 腹泻 发热 呕吐
事件	抗生素治疗 出生 出生损伤 电烧伤 居所转变 眼部损伤 摄入荧光染料（生物标记） 入院情况（住院或出院） 接种（有病原性病毒或细菌） 电离辐射 分娩 创伤 断奶（停止哺乳）

对圈养灵长类幼体的研究发现，它们的牙齿发育过程也会受到类似的影响。[5]例如，一只不幸的大猩猩就有和眼部损伤及手术时间完美重合的牙齿加重线。后续的入院治疗和转移住所都与它意外死亡前形成的加重线时间匹配。几年后，我针对一颗幼猴的臼齿展开一项有关发育压力的研究，发现了数条牙齿加重线，分别与一次居所转变、一次腿部损伤和一次尾部截肢重合。其他线则标志着多次导致入院治疗的脱水和腹泻。另一项针对猕猴的研究也在牙齿中发现不少证据，分别代表着与母亲分离、麻醉和常规身体测量。令我深感意外的是，仅仅是将幼年灵长类转移到新的房间或住所中都能在牙齿中产生如同疾病一般的加重线。这样的经历显然对幼崽的发育产生了可见的影响，意味着其看护者可能并不清楚幼崽对环境的敏感程度。

20世纪对实验动物的人为控制为更严重的牙齿表面缺陷提供了重要信息。[6]那时，人们对佝偻病有很强的兴趣，这种疾病会损害儿童的骨骼发育。佝偻病在北部城市中很常见，那些地方的阳光更加匮乏。在工业革命的鼎盛时期，由于空气污染极端严重，佝偻病也越发麻烦。研究人员用狗作为试验对象，通过减少它的维生素D摄入来模拟佝偻病。他们意外地发现，这种缺乏竟导致牙齿发育不全。对小鼠进行类似的营养和激素控制也导致了牙齿上的缺陷，而过量补充氟化物和人为的寄生虫感染同样对绵羊产生了影响。另一个例子就是出生就带有梅毒的人类儿童。梅毒是一种潜在致命的疾病，会从感染的母亲通过胎盘途径感染发育中的胎儿，导致极端的发育不全和牙齿畸形（见彩插图3-3）[7]。

对现生个体的这些缺陷进行研究能帮助我们解读已灭绝的物种。我很喜欢和学生分享的一个例子是对土耳其发现的化石猿类牙齿进行的研究。[8]在调查保存下的牙齿遗迹时，杰伊·凯利在10枚中央上门齿上都发现了相似的发育不全现象，环绕在齿冠上。由于猿类和人类都只有两颗中央门齿，他认为这些牙齿一定属于至少5只不同的个体。当凯利在显微镜下仔细观察时，他发现有两圈发育不全在每颗门齿齿冠的相同位置均有出现。这可是指示它们形成时间的重要线索。凯利数出两圈发育不全之间的长周期生长线，发现所有的牙齿上数目都相同，说明形成这两圈发育不全的时间间隔相等。他将这些证据结合起来，认为这些猿类都处在相同的成熟阶段，而且同时经历了两次压力颇大的事件。他由此推断，这些动物可能属于同时出生的一个群体。这就意味着，它们的母亲拥有特定的繁殖季节。这种行为在温带环境的现代猴类中很普遍，在现生猿类中却很少见。最后，由于这些门齿表现出了相同程度的磨损，他推测那些个体死于同一时间。对化石发现地的重建支持了凯利的解释。地质特征显示，这些化石堆积得十分迅速，很可能是洪水所致。凯利的研究表明，这些不断累积的牙齿特征不仅能捕捉"个体的私密历史"[9]，还能讲述几百万年前猿类群体的故事。

生物人类学家和考古学家对于利用这些发育缺陷来研究古代原始人类和现代人的哺乳行为尤其感兴趣。[10]探究母亲何时给婴儿断奶能够帮助我们理解生长和繁殖在一生中对能量的消耗。我们将在第6章继续讨论这些。从断奶婴儿的角度来看，断奶可以说是压力巨大，因为营养和来自母亲的抗体都停止了，心理安慰和照顾也大打折扣。如果断奶过早，由于缺乏足够的资源，婴儿可能出现营养不良。摄入非母体的食物还可能感染食源病原体。虽然断奶经常被认为是导致牙齿发育不全的原因之一，但来自人类的这方面证据其实并不完备。例如，在来自27名非裔美国人儿童的骨骼遗迹上，发育不全出现在1.5~4.5岁，但文献记录却表明，它们应该在9~12个月断奶。我们并不确定导致他们之后几年间牙齿损伤的原因，不过可以想象的是，他们一定经历了很大的困难。我还研究过拥有文字记录的非人灵长类，但并没有发现能证明断奶过程会导致发育不全的证据。然而，判断古代的断奶年龄还是有希望的，我们将在第7章了解到牙齿如何实现这一点。

解释发育不全和加重线麻烦重重，因为即使两件事物同时出现的频率比我们预想的高，要证明它们之间的因果关系仍然十分困难。这听起来可能不怎么重要，但观察结果间的明显关联导致人们错误地认为两者有因果关系的例子简直数不胜数。举例来说，我们知道近代以来很多人类社会都有每周的"欢宴日"，而人类牙齿上确实长有相同频率的长周期节律。相似的时间让很多人猜测，"欢宴"是导致长周期节律的原因。现在我们知道，吃一顿大餐并不能在牙齿硬组织或骨骼上留下印记。没有每周大吃一顿的人仍然会形成周期近似每周的节律，而来自每周欢宴群体的人也经常会表现出短于或长于一周的节律。类似地，尽管牙齿经常在1~4岁出现发育不全，与很多社会中母亲停止哺乳的时间重合，但这种联系并不能证明直接的因果关系。

人类学家还对营养不良是否会导致发育缺陷进行了研究。[11]在这方面，我们发现了更多的证据，值得进一步探究。例如，服用营养品的墨西哥和危地马拉的乡间儿童比没有参加营养研究的儿童表现出更少的发育不全现象。在重大的文明转折时期，科学家记录了更多的发育不全现象，并指出这些种群的营养或健康状况可能存在缺陷。[12]农业大约在1万—1.5万年前开始出现，是我们人类历史中最为极端的营养和健康转变。在那之前，我们的祖先通过狩猎和采集来获取野生食物。在最初的"农业革命"期间，人们开始种植谷物、稻类和其他植物。他们为照看庄稼开始永久性定居，逐渐开始以更稳定的方式生活。这些早期的农业者减少了食用食物的种类，转而食用更多的碳水化合物，并生活在更大的群体中，而这使得疾病更容易传播了。不出所料，他们的牙齿比狩猎采集者表现出了更严重的发育不全。

可能在牙齿中体现出来的其他文明转折还包括社会分层时期，以及不同种群间的接触。生物人类学家朱迪丝·利特尔顿记录了在1890—1960年间出生的澳大利亚原住民儿童的牙齿发育不全现象。[13]随着与欧洲人的社会接触变得频繁，澳大利亚原住民的牙齿缺陷也开始增加。这种趋势在"二战"期间尤为明显，因为部分原住民群体被转移到政府安排的聚集区，被迫停止狩猎采集的生活。尽管政府提供了食物和用品，但有限的营养质量和拥挤的居住环境使得他们的健康状况欠佳。相比与欧洲人发生接触之前的种群，他们的发育不全出现得更早，而且更加频繁。至于其他保持了传统生活方式的原住民群体是否展现出类似的牙齿记录，值得我们一探究竟。

然而重要的是，这些例子并不能证明较差的营养条件会导致发育缺陷。营养不良的儿童的免疫系统会较弱，所以更容易被感染。[14]鉴于发育中的牙齿十分敏感，我们需要更多的研究来理清生活方式、饮食质量和免疫功能之间的潜在联系。要想破解化石原始人类或史前人类在童年期发育不全的秘密，这是很重要的一步。在那之前，在没有更多证据的时候不轻易相信任何一种解释才是明智之举。尽管这没有得出确切结论那样令人满意，但这些个体生活在几千甚至上百万年前，能在他们死后记录下其基本健康状况正是相当重要的第一步。

烦人的智齿

我们齿系完成的最后一件大事就是形成并长出第三臼齿。还记得吗？这些牙齿在18岁左右我们即将成人时出现，所以才有"智齿"这个昵称。几个世纪以来，两种第三臼齿的疾病一直折磨着我们：第一种是无法形成，被称为智齿缺失；另一种是无法正常发出，被称为智齿阻生。[15]智齿缺失比阻生更容易诊断，它就是指整颗牙齿完全缺失。如果我们怀疑智齿发生阻生，必须要先排除其他可能性，例如导致整颗牙齿不见踪影的究竟是因为它还未长全，还是因为它压根就没有形成。如果牙齿没能按时发出，要想知道究竟出现了什么问题，用X射线影像来评估就至关重要（图3-4）。这些牙齿问题影响着1/4的当代人，不过在某些群体中出现的比例更高。第三臼齿缺失在亚洲、中东和美国原住民群体中非常普遍，而非洲和澳大利亚原住民的智齿缺失比例要低得多。类似地，智齿阻生在中东和亚洲人中的发生频率也比非洲种群更高。欧洲人的智齿缺失和阻生比例介于中间水平，不过来自同一地区不同背景的个体间也展现出了极大的差异。

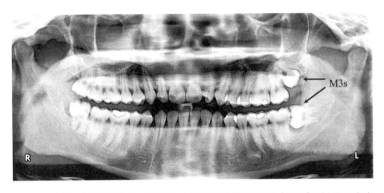

图3-4　全景X射线展现出一名现生人类的阻生第三臼齿（M3s）。其他牙齿中的亮色区域是填充的材料。图片来源：楚家豪（Ka-ho Chu）。修改自：http://en.wikipedia.org/wiki/Wisdom_tooth#/media/File:Impacted_wisdom_teeth.jpg

　　智齿缺失或阻生被认为是较新的发育缺陷。[16]除了远古时期个别可能的案例，这些病症极少困扰我们之外的原始人类。那为什么它们在现代人中这么普遍呢？凯特·卡特是我以前在哈佛大学的研究生，她对几种长期以来的猜想进行了试验，以期回答这个问题。一种比较常见的推测认为，在演化过程中，我们颌骨缩小的速度比牙齿更快，导致第三臼齿的发育受到限制。这个想法认为，相比坚硬的古代食物，柔软质地的现代食物需要的咀嚼力量更小，成为导致颌骨缩小的主要原因。我们还记得，农业革命和工业革命是两次影响最深远的人类饮食结构转变时期，都发生在比较近代的时候。另一种猜想则指出饮食的大规模改变减轻了牙齿磨损的程度，从而导致牙齿发育更为多变。最后一个猜想则认为，自然选择会使第三臼齿缺失，因为阻生会带来很大的健康风险。这个理论坚称，在现代医疗干预之前，保留智齿的成年人会因为感染等问题比从未形成智齿的人群死亡率更高。

凯特想梳理清楚这些猜想，便带着便携式牙科X射线设备来到了欧洲国家、日本和美国的博物馆，研究生活在农业和工业发展时期的人类骨架。她花了数月时间收集有关牙齿和颌骨大小、牙齿磨损以及第三臼齿是否缺失或阻生的信息。凯特很快就确认，智齿缺失和阻生现象在她的6个考古种群中都没有现代人这么高发。然而，确认造成这种现象的原因才是更大的挑战。

如人所料，第三臼齿更容易在颌骨较小的个体中发育受阻。换句话说，如果没有足够的空间，智齿就无法正常发出。这种病症在过去的几百年间深深困扰着人类。凯特发现，现代人的第三臼齿阻生频率是早期农业社会人群的5倍。另有研究者则估计称，自工业革命开始以来，智齿阻生的可能性是过去的10倍。阻生现象对颌骨较小的女性影响也比男性更多。各种牙齿的阻生还经常出现在圈养的家畜中，它们的食物通常也比对应的野生种更加柔软。[17]我们的逻辑是，骨骼会对机械压力产生反应，所以如果童年期的食物较硬，就会形成更大、更强壮的颌部。第三臼齿阻生的增多可能发生在人类放弃狩猎采集生活而选择农业之时，大约在几千年前的中东和亚洲开始出现。随后，在采用工业化生产食物的种群中，它达到了更高的水平。因此，智齿阻生似乎真的是现代文明产生的疾病，或者说是现代文化与生物学不匹配的产物。这个现象被称为

"退行演化"或"演化失调"。不过，第三臼齿可不是唯一与演化设计脱节的身体部位。[18]

曾经亲身感受过智齿阻生痛苦的人一定能理解，为什么很多牙医或口腔外科医生经常建议将它们全部拔除。我在20岁的时候患过一次剧烈且痛苦的下颌感染，于是拔掉了4颗智齿。一想到未来牙齿都不会有问题了，我就无比放心。牙龈或颌骨的感染能够扩散到头部、颈部或血管，如果不治疗可能是致命的。[19]记者玛丽·奥托在《牙齿》一书中记录称，这种疾病对不能负担牙科保健费用的人产生了不成比例的影响。这本书扣人心弦地记述了美国当前面临的口腔健康危机。曾经，手术移除第三臼齿也会带来巨大的风险。一篇发表于1936年的综述文章发现，在622个智齿阻生案例中，有42人死于手术后的并发症。现代的临床治疗已经安全得多，这可是一个好消息，因为阻生的智齿很可能在之后的很多年内不断地折磨患者。

理解第三臼齿缺失现象竟然比探究阻生现象为何变得普遍更加困难。凯特意外地发现，在农业转型时期，颌骨较大的个体比颌骨较小的个体更容易缺失第三臼齿，恰恰与智齿阻生和颌骨大小的关系相反。这说明抑制牙齿形成的并不仅仅是缺乏空间那么简单。然而，在工业转型时期，颌骨较小的个体更容易缺失第三臼齿。凯特由此推断，第二个结果支持了自然选择会偏爱第三臼齿缺失个体的理论，因为保留智齿的小颌骨人群发生阻生、感染甚至死亡的风险都更大。未来针对农业和工业化发展时期个体整体健康水平的研究应该能帮助证实这些结论。例如，牙龈和牙齿感染通常会在牙齿周围的骨骼上留下标志性的特征，我们在下一节将深入分析这些线索。

龋齿、牙龈疾病和牙齿脱落：文明进程的附带疾病？

当牙齿慢慢进入口腔后，天然的微生物会形成一个非常不友好的环境。[20]细菌群落被潮湿的环境吸引而来，很快就包裹在初始的齿冠上，形成"绒毛状"的表面。你如果尝试过一大早用指甲或牙签划过门牙，就能注意到前一晚形成的黏黏的斑块。这层"生物膜"就是由细菌、唾液中的蛋白质和微小的食物残渣构成。如果长时间不予理睬，斑块的最内层会开始矿化，形成牙石，或称牙结石，需要专业护理才能安全去除。虽然过多的牙菌斑和牙结石会威胁我们的口腔健康，但它们在很多方面却是人类学家的福音。在第7章中，我会讲述有关牙结石的研究，介绍它是怎样帮助我们加深了对古代饮食习惯的认识的。牙结石还会捕获细菌，使我们得以对某些疾病在有文字记载的历史之前的状态一探究竟。[21]

牙菌斑是造成龋齿的元凶。牙菌斑中的细菌从唾液、牙龈分泌液和摄入的糖中获得营养，然后分泌酸性物质，从而破坏牙齿的硬组织。某些细菌菌株在分解特定碳水化合物和产生乳酸方面尤为高效，如变形链球菌，能够降低牙菌斑的pH值（氢离子浓度指数）。当酸性增强导致周围的矿物质流失时，牙齿上就会出现一个脆弱的区域，叫作病变区，龋齿便开始形成。随着病变区越来越多地暴露在酸性环境中，下伏的牙釉质和牙本质就会开始分解，最终形成一个空洞，也就是龋齿（见彩插图 3-5）。如果不加治疗，整颗齿冠都会被破坏掉，齿根也会受损严重，使其与骨骼的连接逐渐松动，导致整颗牙齿脱落。

龋齿经常被称为属于现代生活方式的疾病，不过人们对于它究竟起源于现代还是属于古代疾病的遗留仍争论不休。[22]认为它起源于近代的学者通常会提到克里斯蒂·特纳的研究工作。他对不同生活方式的古代人群中龋齿的普遍程度展开了细致研究。[23]特纳发现，狩猎采集者的龋齿发生频率很低（47 672 颗牙齿中有 2%），在混合生活方式群体中略高（58 137 颗牙齿中有 4%），而在农业种群中更高（504 095 颗牙齿中有 9%）。[24]对链球菌现代菌株的遗传学研究提供了更多的证据。科学家估算，导致龋齿的变形链球菌在 3 000—14 000 年前开始流行。这段时间涵盖了农业的起源，而正是这种饮食结构的转变在早期农民的口腔中创造了适合变形链球菌生长的环境。

另一项研究调查了过去几千年的欧洲人，得出的结论略有不同。在 4 000—7 600 年前的 12 名个体中，他们的牙结石样品都没有包含变形链球菌。链球菌的菌株只出现在更近代的几名个体中。鉴于变形链球菌在现代人群里十分普遍，论文作者认为它在工业革命之后才传播开来。尽管这些研究结果指向不同的文化过渡时期，但它们都将变形链球菌的普遍程度和饮食结构转变联系了起来，强调了其在龋齿形成中扮演的角色。

持与之对立观点的学者则注意到，龋齿的出现比农业和工业活动都要早。在古代的狩猎采集者、化石原始人类以及我们最近的现生亲属——喜欢吃果子的黑猩猩中，龋齿就都已经存在了（见彩插图3–5）。[25]一个令人震惊的例子来自非洲发现的第一具原始人类化石，它是人属的一员，生活在12.5万—30万年前。这件化石被称为布罗肯希尔头骨（Borken Hill skull）。在它仅存的11颗上牙中，有10颗都长有龋齿。更近代的狩猎采集者也深受龋齿的困扰。在第9章中，我们会讨论一名1.4万年前的狩猎采集者，他是目前已知的最古老的接受牙齿钻孔的人类。另一项针对古代北非人的研究发现，他们的龋齿发生率异常高。在52名成年人中，51%的牙齿都表现出龋齿症状，与工业化种群的水平相当。[26]这些1.37万—1.5万年前的人类的食物很可能以高淀粉为主，包括橡子和松子，这导致他们的口腔健康较差。研究这些古代狩猎采集者的牙结石中是否存在变形链球菌可能对研究者大有帮助，或许能证实上述的猜想。

无论龋齿源于何时，它在现代儿童和成年人中的发生率都极速飙升，尤其是在工业革命时期出现了糖果的商业化生产之后。[27]英国是第一个糖果的主要进口国。1874年，"糖果税"降低，普通大众越来越能承受糖果的价格。过去几百年内的英国个体遗骸显示，儿童龋齿的发生率比祖先升高了5倍，而成年人则升高了3倍。

还有一个令人震惊的例子，来自两个同时代的墨西哥玛雅人群体。[28]一个村庄依靠传统的农业经济，主要种植玉米，而另一个村庄已进入全球食物市场，其中包含加工过的食物和人工甜味饮料。科学家对比了来自两个村庄的个体，发现在12对性别和年龄层相同的比较对象中，有9对中生活在加工食品村庄的个体都长有更多龋齿。需要明确的是，两个村庄都有超过一半的成年人受到龋齿的困扰，但论文作者认为，全球市场村庄里几乎普遍存在的龋齿是由于精糖和苏打饮料的流行。不幸的是，随着更多传统农业社会加入全球经济体，这种现象正在横扫全世界。

这些比较研究和众多实验都表明，特定的饮食结构会导致龋齿，但其他因素也会发挥作用。[29]举例来说，女性比男性更容易患上龋齿。有一句俗语称"生一个孩子掉一颗牙"，很好地说明了人们相信怀孕会对女性的口腔健康产生特殊的负面影响。传统食物采集和准备的分工差异使女性会更喜欢零食。此外，女性的雌激素也比男性更高，而这种激素会影响唾液的产生。唾液是人体抵御细菌的重要部分，能帮助牙齿免受糖果的侵袭，缓冲酸的影响，还能使牙齿浸润在抗微生物的化合物及矿物质中，从而变得更加坚硬。男性从唾液中得到的保护更多，而这种差异在怀孕女性身上体现得更加明显，因为细菌水平通常会在孕期升高。每三个月，孕妇饮食结构和口腔卫生的变化对于变形链球菌来说都是一场完美的风暴，会导致或加速龋齿的形成，当女性怀有多名胎儿时尤甚。这样看来，传统的俗语似乎得到了现代科学的验证。

好消息是，对于能享受到现代医疗的人来说，龋齿极少会置人于死地。最坏的情况也不过是在牙髓和周围的支撑组织中引起痛苦的感染，并致使牙齿脱落。[30]不过，龋齿并不是唯一令牙齿脱落的原因。长时间的牙龈发炎也是导致牙齿掉落的一个主要因素，这可能是由于牙菌斑或牙结石堆积、高糖饮食、压力、吸烟、遗传因素或特定的细菌所致。[31]入侵的细菌会引发免疫反应，产生炎症，并逐渐导致周围牙周组织的退化，尤其当上述因素存在时。对现代成年人牙周疾病的诊断在很大程度上取决于对它的定义。一种估算认为，炎症早期阶段——牙龈炎大概影响着全球90%的成年人。[32]像许多30岁以上的美国人一样，我也被提醒过要注意口腔护理，因为我的牙龈已经开始表现出炎症和退化，这可能导致牙周疾病，并最终致使牙齿脱落。

更令人担忧的是，牙周疾病与很多威胁生命的疾病息息相关，包括糖尿病、心脏病和癌症。尽管这些病症通常不会在化石中留下印记，但病变的骨骼是健康状况不佳的重要指标。生物人类学家也思考过牙周疾病是否有古老的根源。[33]原始人类化石记录中的可能案例能追溯到180万年前的欧亚大陆，包括在西班牙发现的数名个体，他们所属的时间跨越100万年。[34]在这些案例中，齿根周围的骨骼表现出重吸收现象或缺失。我们认为这是长期牙龈发炎的结果。对近代人类的研究表明，自农业引入时起，与牙周疾病相关的细菌菌株一直相对稳定。但考古挖掘中发现的牙齿遗迹却显示，工业革命之前的牙周疾病要比现代种群少得多。我们再一次看到，牙齿疾病应该是由多种因素导致的。

要想认清目前牙周疾病水平与细菌普及度及饮食变化的关系，我们还需要更多的研究。某个国际研究团队受邀去监督一项极具创意的实验，涉及古代的口腔健康问题。[35]实验招募了10名具有冒险精神的瑞士人，让他们按照原始的石器时代的生活方式在根据考古信息复原的环境中生活4周——居住在简陋茅屋中，穿着原始的衣着，食物也几乎是野生的。在实验前后，科学家对他们的健康状况分别进行了评估。这群勇敢的人会得到基本的全谷物供应，以及盐、香料、蜂蜜、牛奶和新鲜的生肉，他们还可以在当地采集食物来补充配给的份额。他们必须在没有现代设备的情况下自己做饭。由于缺乏现代的牙刷、牙线或牙签，有些人试图用树枝来清洁牙齿。有趣的是，成员的牙龈并没有比4周前实验开始时出现更严重的炎症，不过他们的牙菌斑状况都有所恶化。尽管很多学者都对实验的设计持怀疑态度，特别是因为它建立在一档瑞士真人秀的基础上，但不再摄入精糖很可能补偿了他们原始的口腔护理方式的负面影响。在4周内，参与者的口腔细菌群落发生了改变，某些与牙龈炎有关的菌株减少，而其他微生物则更为繁盛。研究团队认为，缺乏口腔护理并不一定会导致牙龈发炎，尤其在没有加工食品的情况下。不过，我可不知道我最喜欢的口腔卫生专家会不会同意这一点！

古代原始人类和史前人类最后一个明显的口腔健康问题就是牙齿脱落。在农业出现之前，牙齿由于严重磨损而脱落是很常见的。[36]随着农业生产日益密集化，牙齿的磨损有所减轻，但龋齿增多了，成为牙齿脱落的主要原因。当磨损或腐烂深入到齿冠内的髓腔时，软组织就会很容易受到细菌的侵袭和感染。牙髓发炎后，它的血管、神经和成牙本质细胞都会随之死亡。随后，感染可能沿着根管扩散，进入周围的韧带，使齿根和骨骼凹槽之间的连接松动。如果不加以治疗，感染还可能会损伤周围的骨骼，留下很明显的空洞（见彩插图3-6）。

一旦牙齿脱落，身体就会对齿根周围的骨骼进行重吸收，颌骨的上下长度就会变短（见彩插图3–7）。缺失牙齿的颌骨可用"缺齿"（edentulous）来形容，意思是"没有牙齿"。随着时间的流逝，我们越来越不可能判断出牙齿缺失的原因，究竟是重度磨损、龋齿和牙髓感染、牙周疾病还是人工拔除。我们在第7章会继续讨论。目前，我们已经发现多名部分缺齿的古代原始人类，包括一名180万年前的个体，在死亡时只剩一颗牙齿。[37]一个经典的例子是来自拉沙佩勒欧圣的"老人"，一名患有关节炎的法国尼安德特人，仅剩一颗门齿。这些缺齿的古代原始人类的发现激发了很多关于古代原始人类是否照顾老人的讨论，因为没有牙齿的个体很难食用未经软化处理或烹调的野生食物。尽管近代富含碳水化合物的饮食给我们的口腔健康带来了负面的影响，但这些狩猎采集者的日子也并不好过！严重的磨损、感染、牙疼和牙齿脱落都是原始人类生活的一部分，而且对我们智人来说尤为严重，因为我们比早期的人类更易存活到"老年"。[38]

　　最近一项关于生产力损失的经济学研究将牙齿脱落列为全球最昂贵的牙齿问题。[39] 2010年，牙齿脱落大约在全球造成了630亿美元的损失，这一数字超过牙周疾病的540亿美元和成人龋齿的250亿美元。临床医生和牙科研究人员一直在努力发明更廉价的替代方式。尽管人造牙齿（包括现代的牙桥和假牙）提高了数百万人的生活质量，但牙齿替换其实有过一段相当可怕的历史。在18世纪，穷困潦倒的人向牙医销售自己的健康牙齿十分普遍。医生会把牙齿拔出，然后种植到有钱人的口中。[40]维克多·雨果曾在小说《悲惨世界》中描述过这种声名狼藉的业务。这一操作其实也不成功，因为牙齿需要完整的血管、神经和韧带才能正常工作。此外，移植的牙齿通常携带梅毒，会在新主人的身上引发危险的感染。在最后一章，我们将了解科学家为了发明全新的卫生牙齿在生物工程方面的最新进展。

不用则废：口腔正畸学的演化和行为视角

在整个职业生涯中，我有机会观察数百只大猿和化石原始人类的齿系。除了偶尔出现龋齿或牙齿缺失外，这些群体通常都拥有十分整齐的牙齿。然而，如果向镜子里瞥一眼，或者看看喜剧演出下面微笑的人群，牙齿整形医师大概都会心生希望。大约2/3的美国人都有咬合不正的问题，也就是牙齿排列不整齐——又一种现代文明的疾病。[41] 很多人的年幼时光都与笨拙的金属牙箍相伴，而更年轻的人可能会选择用可拆卸的隐适美牙套来矫正牙齿。你会惊讶地发现，20世纪对于咬合不正的治疗其实深受有关牙列拥挤的演化理论影响。近期，这些理论却受到了质疑。

在20世纪20年代，崭露头角的牙齿整形医师珀西·雷蒙德·贝格对澳大利亚本土的狩猎采集者开展了一项极具影响力的研究。他们的牙齿较大，而且磨损严重。[42] 贝格注意到，咬合不正在他们中间的发生率要远远低于同时代的其他族群。于是他推测称，大量的牙齿磨损能帮助减轻齿列拥挤的情况。这是由于牙齿并不仅仅在咀嚼表面上磨损，也随着相邻的牙齿互相摩擦而发生在两者之间，导致整排牙齿缩短。这为牙齿创造了空间，使之能在萌出过程中略微向颌骨前侧移动。贝格由此推论，食用软质食物的人类咀嚼表面过大，从而导致成年期颌骨内过于拥挤，因为他们的食物没能产生足够的磨损。他认为教科书上未经磨损的完美咬合牙齿是很不自然的。作为一名刚刚崭露头角的临床医师，持有这个观点可谓十分大胆而且备受争议。这种信念让他开始拔除病人的前臼齿或臼齿，好在口腔中制造空间以让其他牙齿更好地排列。这种操作直到今天仍然十分普遍。

有关咬合不正的另一种演化猜想来自对农业革命时期面部、颌部和牙齿大小的观察。对古埃及人的比较显示，随着人们对农业的依赖日益加深，面部骨骼正在逐渐缩小，并且向脊柱方向后移。[43]正如我们讨论过的，很多农业时代的人的饮食都不如狩猎采集者多样，会摄入大量加工为柔软易消化状态的谷物及淀粉类植物。科学家通过埃及人和化石祖先推断，是咀嚼压力减小导致了面部缩小。因此，现代人的问题并不在于对牙齿的磨损不够，而是由于颌骨太小，无法容纳所有的牙齿。

比较不同代际现代人的牙齿和饮食之后，这个观点得到了进一步支撑。[44]如果将食用较坚硬、更传统食物长大的年老个体和使用软质加工食物的年青一代比较，我们会看到年轻人的咬合不正问题更为严重。对比传统饮食的农村印度儿童与在城市环境长大的儿童，也能看到类似的趋势。此外，如果将食用软质食物的动物与它们的野生同类对比，它们也表现出了面部减小，而且牙齿更为拥挤的特征。[45]这些对比说明，排列不整齐的牙齿是由于发育过程中咀嚼力量较弱引起的。由于颌骨较小的个体更容易发生第三臼齿阻生，所以该结果还与颌骨大小和牙齿阻生的关系相一致。现代儿童颌骨不足以容纳牙齿的概念正逐渐在临床和演化领域获得关注。[46]目前，有牙齿正畸实验在组织一些儿童接受下颌强化练习。我们这一代人小时候戴牙箍时可没有这些选择。我很想知道这种对过去的新解释是否能帮助我们克服现代文明的疾病，让像我一样的人不用再遭受牙齿矫正带来的生理痛苦和社交痛苦。

有了这些关于人类牙齿发育、老化和患病的基础知识，我们就可以探索它们的起源和演化了。我们将从大约5亿年前开始，先把人类定位为脊椎动物，然后是哺乳动物，最后是最狭隘的灵长类。演化辐射在牙齿类型和功能方面展现出了惊人的多样性。在后面的章节中，你将学到很多重要的适应性特征，是它们导致了神秘的原始人类演化出现，并在过去的700万年间遍及全球。我们还将看到牙齿是如何为生命周期和复杂的文化提供重要标记的。也正是这些特征使我们区别于祖先，令我们成为星球上唯一幸存的人亚族。

我对演化的转变过程更感兴趣，而非其分支过程。

——珀西·M. 巴特勒博士，1996 年（引自作者接受辛普森奖章时的公开演讲，刊登于《脊椎动物古生物学期刊》1997 年第 17 卷，第 248-250 页）

第二篇

演化

04.

从鱼到灵长类的转化

　　要深入了解人类进化史，尤其是从牙齿发育和解剖学的角度
了解，我们需要回到脊椎动物起源的时刻。科学家发现，那时候
就已经出现最早的适应性特征，最终演化成了贝齿。我给牙齿起
了个昵称，叫作口腔里的瑞士军刀。它的演化就像人类的大脑，
是我们行为的终极驱动力。简单来说，我们的脑部具有反射性的
爬行动物内核、哺育性的哺乳动物中层，以及社会性的灵长类外
皮。我们的牙齿从简单的钉状结构演化而来，它们的出现使最初
的鱼类和爬行类能够捕食更简单的生物，或者互相猎食，在海洋
及陆地上繁衍生息。接下来，哺乳动物齿系的发育和设计开始发
生变化，并随之细化为现在的杂食性猿类模式。我们将回溯这些
重大的演化步骤，了解它们是如何导致了我们缓慢生长的贝齿的
演化。当然，我们中途也会偶尔开个小差，到奇怪的牙齿世界中
看一看。虽然牙齿的起源十分久远，但它们仍然在不断地为发现

新物种的生物人类学家带来惊喜，他们的发现颇为多样，从美国怀俄明州现代沙漠中娇小的灵长类，到中国各地灰岩洞穴中的巨型猿类。

最早的牙齿：弱肉强食

最早的牙齿出现在黝黑的海底。那里生活着最早拥有内骨骼的动物，即脊椎动物。现代的脊椎动物涵盖了那些会被我们立刻认为是"动物"的大型生物，包括大部分深受人们喜爱的宠物。然而，在脊椎动物出现之前，海洋世界就已经充斥着很多其他动物了。现代蜗牛、水母和昆虫的祖先早在我们祖先出现的1亿年前就已经生活在地球上了。

脊椎动物因其互相连接的脊椎骨（又称椎骨）得名。这些骨骼为肌肉及其他保护脑部、心脏和消化系统的骨骼提供坚固的支撑。最早的骨骼进一步改进，就演化出肌肉附着点。这些肌肉或辅助鲨鱼等鱼类的流线型泳姿，或驱动四肢使四足动物在陆地上爬行。脊椎动物的另一个优势，就是颌部拥有了骨骼和肌肉支持。在这之前，海底世界全部采用被动的进食方式，而颌部的出现为动物碾碎食物实现了重大突破。

你大概认为，颌部出现后就该有牙齿了，但其实不一定。这取决于你怎样定义牙齿。[1]我们已经知道蜗牛是没有颌部的，但它们的嘴部附近长有简单的尖状结构，能帮它们铲下石头上的食物。

蜘蛛等昆虫[1]演化出尖牙和其他"牙齿"，使其能刺穿猎物。但是，这些牙齿的形成机制与第1章中讨论的不同，而且具有另外的演化起源。蜗牛、蜘蛛和其他无脊椎动物利用特定的元素组合来增强它们的进食结构，这与灵长类和其他脊椎动物牙齿中坚硬的矿物质不同。无脊椎动物通常采用碳酸钙或有机化合物使牙齿坚硬无比，如角质或几丁质。几丁质不仅仅能坚固牙齿，还构成了动物软体外覆盖的复杂骨骼。我们在后文中将看到，无脊椎动物为很多动物提供了富含能量的零食，使之得以向新的陆地拓展。

外骨骼并不仅在无脊椎动物中流行，有些早期的无颌鱼也身披坚硬的骨板，或"甲皮"，因此又被称为"甲胄鱼"。它们的头部被坚硬的骨骼包围，很可能是最早的真正牙齿的来源。[2]这是因为盾皮的表面有很多坚硬的小钉，这是一种防御性的适应特征。很多学者都认为它是口腔内部牙齿的前身。这些"皮肤牙齿"的内部结构与现代口腔中的牙齿惊人地相似，都是柔软的髓状内核外包裹着类似牙本质的坚硬表面，并和骨骼基底相连。内部的细线会揭示其生长规律，就像我们牙齿中的生长线一样。有些鱼类物种的钉状结构上甚至覆盖有类似牙釉质的物质。现代鲨鱼和其他现生海洋生物同样在鳞片上长有类似的牙状结构。

一个影响颇大的牙齿演化理论认为，在后来演化出的有颌鱼中，外皮上的牙齿向内转移，具有了切咬食物的功能。发现于瑞典的一块4.24亿年前的鱼类化石支持了这一理论。安鳞鱼

---

① 此为原文错误，蜘蛛其实不属于昆虫。——译者注

（*Andreolepis*）颌部外侧的鳞片上长有覆盖着釉质的突起，位于具有牙本质的口腔牙齿旁边。[3]这些外侧的鳞片和内部的尖牙中间还有一个过渡区，长满了鳞片状的锥状结构。这些锥体有一定的破碎和裂痕，这说明它们曾被用来啃咬食物。不过它们并不会像内部的口腔牙齿那样脱落和替换。

你应该记得我们在第1章中讲到，口腔中一层特殊的上皮细胞是现代牙齿形成的关键。这层细胞和其他上皮细胞的不同之处在于，有些重要的基因会发生表达，将开始形成牙齿的信号传递到下面的间充质细胞中。另一个牙齿演化理论认为，外部的皮肤牙和内部的口腔牙的演化来源是不同的。这种观点认为，制造牙齿的配方更加灵活，这使类似的牙状结构在多个早期脊椎动物类群中分别出现。选择不同理论的部分困难之处就在于，这些脊椎动物头部都具有不同的外形和演化[4]。此外，4亿—5亿年前是一段关键的时期，而来自那时的证据却极为残缺。

有时候，化石记录可能把人引入歧途。一个经典例子就是一种已灭绝的鳗鱼状脊椎动物，人们称之为"牙形石"。[5]牙形石的牙齿是已知化石记录中最古老的。当它们刚被发现时，人们认为这就是完整的微小生物体（见彩插图4-1）。最终，科学家们发现了长有类似牙齿的细长软体印痕化石，才意识到这些牙齿只是某种更大生物体的一部分，类似现代的七鳃鳗或盲鳗。它们排列在这些无颌类动物的喉部，在食物经由此处进入消化系统时对之进行加工和处理。现生的鳐鱼仍然在以这种方式进食，它们喉部扁平的坚硬牙齿甚至能够碾碎贝壳。古生物学家菲利普·多诺霍是一名牙形石专家。他认为这些喉部牙齿并没有演化为有颌类脊椎动物的牙齿，因为它们的结构、功能和发育都不相同。[6]如果多诺霍是正确的，那就说明脊椎动物的咬合牙齿至少演化出两次：一次在无颌的牙形石中，还有一次是有颌的鱼类。对于后者来说，同时拥有牙齿和颌部使这些脊椎动物相比甲胄鱼和牙形石拥有很大的优势，因为它们能够积极地攫取并刺穿猎物。这些适应特征引发了一场演化的"军备竞赛"，产生了极其多样的史前鱼类，还有很多凶猛的现代捕食者，例如梭鱼、水虎鱼和鲨鱼等。

人类和其他哺乳动物长有不同形状的牙齿。相比之下，现代鱼类的牙齿看上去要原始得多。标准的鱼类牙齿是统一的锥形钉状齿或倒钩齿，具有单一的齿根，可能沿着齿列逐渐增大。就像很多牙齿演化的故事一样，特例总是大量存在的，例如某些淡水和海水鱼类的前牙就长得很像人类牙齿，而鲨鱼牙齿上则长有像刀片那样的锯齿状脊。[7]有些海洋脊椎动物的舌头上长有尖牙，或者在口腔内部拥有多排或整版牙齿。毕竟，进食是动物最重要的行为之一。在这个竞争激烈的世界上，任何能使进食变得更快或更轻松的微小变化都能带来实际的优势。通过自然选择产生并传播的齿系形态之多简直无法想象，而探索化石和现生脊椎动物的牙齿让我对它们充满好奇。

鱼类另一项重要的适应特征就是能不断形成替换的牙齿。[8]很多鱼类终生都在缓慢生长，所以自然会随着颌部增大以及牙齿的损毁和钝化不断添加牙齿。在有些鱼类中，早期形成的牙齿还会多次被更复杂的"成年齿"替代。人们在某些最原始的化石鱼类中都发现了换牙的现象。这些鱼类能将与颌骨连接处的齿根吸收掉，使旧的牙齿脱落，同时为新形成的牙齿留出空间。哺乳动物在使更小、更简单的乳牙脱落时也会经历相似的过程，不过它们通常只能替换一副牙齿。相反，鲨鱼牙可以在没有去除任何组织的时候自然折断或掉落，而且不断地形成新牙齿（图4–2）。

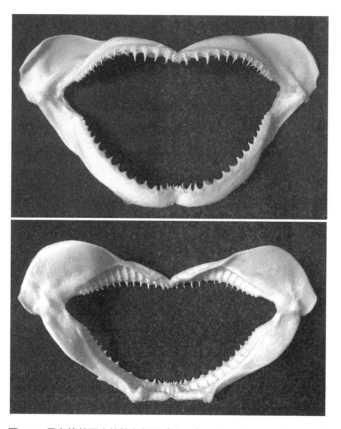

图4–2　具有简单牙齿的鲨鱼颌骨（上图），从内部可清晰地看到后续的替换牙齿（下图）

可以这么说，有新牙齿随时待命是为了维持一副致命的齿系。电影《大白鲨》中的主角——大白鲨口中随时都拥有近百颗8厘米长的锯齿状牙齿！[9]这个持续换牙的过程引起了科学家的关注，希望能通过生物工程为人类患者制造新的牙齿。很多控制我们牙齿形成的发育信号都能追溯到4亿多年前共同的那张基因蓝图。如果能了解早期脊椎动物是如何适应演化的，我们或许也能调整自身的牙齿形成过程，以获得更多的优势。

登上陆地！

在有颌鱼演化和多样化的时期，海洋一定是个艰苦的环境。记录表明，当时的氧含量降低，而且在3.6亿—4亿年前还发生了集群灭绝事件。[10]大约在这一时期，一群勇敢的鱼类在浅水地带发现了更安全的环境，为四足动物的演化铺平了道路。动物从水中走上陆地的过渡涉及它们水生身体构型和呼吸系统的彻底重组。虽然大多数鱼类都是从通过鳃部的水中获取氧气的，但现代的肺鱼却能同时用鳃和肺来呼吸，这令其有机会探索浅水塘和海岸地带。

肺鱼的祖先是向陆地过渡的重要角色，有些还长有覆盖着牙本质的巨大牙板，能够碾碎在海岸边获取的坚硬食物。某些古老的鱼类还表现出前鳍的重要重构，在3.6亿—3.8亿年前尤为突出。这种过渡化石的一个经典例子就是提塔利克鱼（*Tiktaalik*）。它们出现了新的适应特征，能够脱离水环境生活，是十分奇妙的动物。[11]提塔利克鱼的头部又长又扁，头骨和身体之间长有关节，使其拥有类似颈部的结构。它的前鳍还长有可活动的关节，与现代四足动物的肘部和腕部类似。它的发现者们认为，这些关节使提塔利克鱼能够完成类似俯卧撑的动作，使之能有效地将头部抬起，离开水面。然而，它的牙齿、颌部和鳞片仍然与鱼类有大量共同点，所以一名发现者也称其为"鱼足动物"。

在提塔利克鱼之后出现的化石逐渐表现出更多的四足动物特征，包括保护肺部免遭压毁的强壮肋骨，还有增强身体并增加灵活性的四肢和骨盆。这些四条腿的生物开始探索古老陆块的边缘，但仍保证能轻易回到水中，有点儿像两栖类的蝾螈。如果你见过蝾螈行走，或许会注意到它们成对的前后肢会斜向或两侧相对，从而来回摇摆身体。比提塔利克鱼更早的足迹化石显示，大约在3.95亿年前，有更古老的四足生物曾以这样的姿态在浅水潟湖或潮间带的软泥地上爬过。[12] 在3.6亿年前左右，化石记录中出现了最早的真正的四足动物。尖尖的钉状牙齿和简单铰合的颌部使它们能够食用小型的鱼类和陆栖昆虫，不过它们的进食姿态大概不太优雅。

在之后的6 000万年间，陆地上新出现的森林里充满了昆虫和各种各样的四足脊椎动物。它们中的很多都没能留下现生的后代。而其中存活至今的两个类群可以通过其繁殖方式区分开来。现代的两栖类，也就是蛙类和蝾螈类，需要水环境来产卵，这是它们的水生祖先遗留下的特征。[13] 像大多数更早的水生脊椎动物一样，两栖类也会不断更换它们的牙齿。这些牙齿细小，呈钉状，不过也可能展现出某些精巧的设计，尤其在成年蝾螈中。两栖类以昆虫和其他无脊椎动物为食，一般会将猎物整个抓住并吞下，所以并不需要特别高效的齿系。事实上，现代的蟾蜍已经完全失去了牙齿，靠黏黏的舌头来抓捕猎物，再将其送入食道。在脊椎动物的演化历程中，牙齿的丧失反复出现过多次。在多种动物中，牙齿都发生了缩小，或者整体消失。

第二个现代四足动物类群包括爬行类、鸟类和哺乳类。它们能在身体里携带幼儿，或在陆地上产下特殊的卵，又被称为羊膜动物。[14]古生物学家迈克尔·本顿将羊膜卵称为私家池塘。它们能够脱离水环境，所以为羊膜动物打开了全新的世界。但是到了孵化的时候，羊膜动物要如何从钙化或皮质的束缚中破出呢？原来，很多爬行类和鸟类的头部前方都长有一颗特殊的"卵齿"，能用来获得自由。在成功孵化后，这颗卵齿也会随之脱落，仿佛是在致敬远古那些头部坚硬的水生甲胄鱼。

羊膜动物会哺育后代，开启了照顾子女的演化趋势，这也是哺乳类，尤其是灵长类演化的重要里程碑。和羊膜动物相比，鱼类和两栖类倾向于产下尽可能多的卵，以保证至少有部分后代能在危机四伏的水底世界存活下来。相反，羊膜动物产卵较少，但它们会在更高的水平上保护且照顾幼崽。生物学家通常把动物分为两类：一生苦短、寿命不长的动物会尽可能快地产下后代，而生长缓慢、寿命较长的动物则会更用心地哺育幼儿。人类可以说是"直升机父母"①的极端。我们将在第6章继续讨论这种繁殖策略。

最早的羊膜动物化石出现在大约3.1亿年前，与爬行动物类

---

① 指高度干预子女生活和成长的父母。——译者注

似，具有扁长的头骨和尖利的钉状牙齿。[15]这些细长的四足生物最初可能靠食用马陆虫和其他昆虫为生，随后逐渐统治陆地，演化出了各种各样的肉食和植食性类群。一切原本都十分顺利，直到6 000万年前发生了一场前所未有的集群灭绝，使超过1/2的羊膜动物从地球上消失。尽管这场灭绝的原因还不完全清楚，但火山喷发肯定导致温度升高，大气中的氧含量降低，还引发了持续数千年的腐蚀性酸雨。这些重大的环境变化很可能造成了陆地植物、浮游生物和海洋无脊椎动物的大规模消失，在化石记录中十分明显。无论如何，羊膜动物都经历了食物供给的重大损失！

那之后的5 000万年被称为三叠纪，以恐龙、现代爬行动物谱系以及小型恒温哺乳动物的出现著称。尽管三叠纪开始时的陆生脊椎动物数量比前一个时期少，但适宜的环境条件使动物迅速演化，在进食、繁殖和行动方面都产生了大量新的适应特征。拥有刀状牙齿的大型肉食爬行动物统治着世界，长有巨大连锁牙齿的鳄鱼状生物游走在海岸地带，而外表凶猛的海洋爬行动物则驰骋在海洋之中。有一种特殊的爬行动物叫作楯齿龙（*Placodus*），意为"扁平的牙齿"。它们突出的门齿能够将贝壳从岩石上撬下来，内部还长有牙釉质很厚的大型扁平牙齿，能将贝壳碾碎（见彩插图4-3）。楯齿龙就像三叠纪的海獭，不过要和今天以牡蛎为食的哺乳类海獭比起来，它们远没有那么可爱。

三叠纪出现的运动方式变革包括两足站立和行走模式，以及一种新的四足姿势——四肢都位于身体下方。这使动物能够更高效地行走和奔跑，例如现代的马和猎豹。[16]这些变化为恐龙、鸟类和哺乳类的演化铺平了道路。恐龙与其他爬行类的区别就在于它们头部以下的骨骼结构，尤其是骨盆和后腿的构造。它们的牙齿和颌部很大程度上维持着早期爬行类的简单设计及结构，但有些肉食类群也具有特化的锯齿边缘，有些则完全丧失了牙齿。你应该记得，鱼类和化石四足动物倾向于不咀嚼就将食物整吞下去。大多数恐龙也是这样的。

有一个植食性恐龙类群演化出了使牙齿像剪刀那样相互旋转剪切的能力，与哺乳动物区别于其他脊椎动物的特有咀嚼方式类似。[17]这些植食性恐龙具有特殊的颌关节，还有多种形状的牙齿，如钉状、匕首状或钻石状。在同一排长有不同形态的牙齿是另一个哺乳类的特征。这是一个平行演化的例子，也是看上去相似的特征出现于不同的类群身上，但这并非遗传自共同的祖先。另一个例子就是龟类、鸟类和须鲸都丧失了牙齿。随着演化的过程，每个类群的齿系都以相同的方式，或者说平行地适应了环境。由于这些类群的祖先拥有牙齿，所以这个"不用则废"的过程在每个谱系中都是独立出现的。显然，不同的进食机制使其比有牙齿的祖先拥有优势。

恐龙是高度多样化的群体，统治陆地将近2亿年，也给一代代人类儿童带来了无尽的想象。研究人员已经在恐龙骨骼中发现生长线，并测量了它们牙齿的化学成分，来推测它们究竟是恒温动物，即能像哺乳类和鸟类那样在内部调节体温，还是更接近冷血的爬行动物，具有缓慢的生长速率和新陈代谢。[18]这些研究表明，恐龙的生长速率和体温比爬行类要高，但并不确定大型恐龙是介于冷血和恒温脊椎动物之间，还是所有恐龙都具有和哺乳类相同的新陈代谢状态。对于恐龙体内有能够调节体温的恒温器这一观点，越来越多的支持证据表明，至少有些恐龙长有羽毛，甚至可能全部恐龙都有羽毛，这能给恐龙提供隔温层。温度调节的发育可能是一把双刃剑。恒温动物即使在寒冷的环境中也能随时保持活力，但在漫长的冬夜，它需要摄入大量的食物来保证体内的能量。那些一到冬天就会体重增加的朋友一定很熟悉这种感觉。

尽管恐龙在大约6 500万年前就消失了，但它们的演化后代却一直作为鸟类存活着。一个经典的过渡化石就是始祖鸟（*Archaeopteryx*），一种生活在1.5亿—1.6亿年前的类似恐龙的鸟类，身上保留有牙齿、爪子和长长的尾巴。[19] 整个始祖鸟化石的身体在板状的岩石间几乎被完全压平，通常保存有羽毛的印痕。最早的真正化石鸟类长有轻巧的头部和细小的牙齿，有些类群的牙齿长有锯齿，而其他的则比较钝平，还有一个专以捕鱼为生的类群长有钩状的牙齿。尽管现代鸟类没有牙齿，但胚胎牙齿组织的实验组合表明，它们仍保留着生长出牙齿的潜能。[20] 有些动物在1亿多年前就已经分道扬镳，但创新性的研究已经成功地将其牙齿上皮和间叶组织匹配起来。这证明在整个羊膜动物的演化过程中，牙齿形成的配方并没有发生太大的改变。我们甚至能在普通的无牙鸟类中重启该过程。

科学家发现，一个被称作 *talpid2* 的鸡的遗传序列，在孵化过程中存在负责萌出牙齿的基因。[21] 不幸的是，这个遗传序列还带有一个致命的基因突变，意味着小鸡无法存活到出生。你认为鸡的牙齿应该长成什么样子呢？这种变异的鸡牙齿呈锥形，为佩剑状，长得像鳄鱼幼崽的牙齿。这倒在意料之中，因为鳄类本来就是鸟类最近的现生亲属，拥有牙齿呈简单锥形的共同祖先。这项研究为演化过程提供了很少见的信息，因为鸟类之所以丧失牙齿似乎是因为分子信号的变化，而不是丢失了发出牙齿的基因。[22]新兴演化发育生物学领域的新发现能帮助填补很多空白，了解牙齿和其他解剖结构是如何在5亿多年的历史中出现又消失的。

变革万岁！

　　人类和其他现生的哺乳动物具有很多共同的特征，包括毛发、哺育幼崽的乳腺，以及比很多其他脊椎动物都更长的未成年期。更细微的特征则表现在头骨的构造上，包括耳朵、颌部和牙齿。[23]这些特征并没有在同一个化石类群中全部同时出现，三叠纪开始前的过渡型爬行类拥有其中一部分，而其他的特征则零星见于已灭绝的似哺乳动物中。最早的确切哺乳动物出现在大约2.05亿—2.25亿年前。这些小型恒温动物有着大大的眼睛、敏锐的听觉和尖尖的臼齿。这些适应性特征能帮助它们在夜晚捕食昆虫。我们很快就会看到，最早的灵长类可能在这几百万年后就以相似的形式出现了。

　　我们自身牙齿的重要方面可以追溯到这些神秘早期哺乳动物的化石记录中。一项关键的改变就是不同形态的牙齿紧密相扣，整齐地排列在一起，能在咀嚼过程中迅速将食物分解。哺乳动物有4种牙齿类型，从前到后依次为：门齿、犬齿、前臼齿和臼齿

（图4-4）。这些形状是由编码在牙间叶中的信号分子决定的。尽管其他脊椎动物有时也会在一排牙齿中演化出不同的形状，但过渡型爬行动物却展现出一种新的模式。[24]早期哺乳动物将其进一步发展，产生出多脊的臼齿。上下牙齿接触时，它们能完美地接合在一起，同时切割并碾碎食物。这种方法之所以有效，是因为上臼齿突出的齿尖能像臼和杵那样匹配下臼齿的凹槽，而相邻的齿尖则相互滑动，产生剪刀那样的剪切边缘。这种设计是哺乳动物里程碑式的创新，因为它比整吞食物的脊椎动物具有极大的优势。食物在口腔中被切成小块后，能更快地被消化、反馈更多的能量。这些能量随后便能为乳汁形成、脑部功能，以及维持较高体温和积极生活方式所需的快速新陈代谢模式供给。人类将牙齿的里程碑又推进了一步，制造出了各种各样的工具，把食物在送入口中之前就切割或碾碎。我们在后一章中将继续讨论。

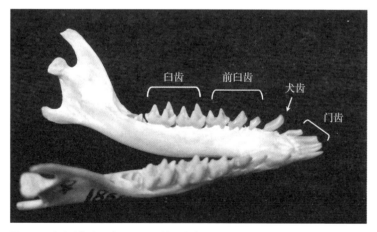

图4-4　哺乳动物齿系表现出不同的牙齿类型，包括多尖的臼齿。树鼩标本来自加州大学伯克利分校的脊椎动物学博物馆

促进哺乳动物演化多样性的转变包括婴儿期的一段时间，此时的新生儿完全依靠母亲来获取食物和免疫支持。而这是母亲通过乳腺产生富含能量和抗体的乳汁来实现的。在哺乳期，哺乳动物会长出乳牙，或称暂牙。这些牙齿迅速生长，能及时填满幼崽小小的颌部，使其开始咀嚼固态的食物。[25]有一种生活在2亿多年前的哺乳动物叫作摩尔根兽（*Morganucodon*），似乎是最早只换一次牙的脊椎动物。[26]有些科学家认为，这意味着它也是最早依赖母亲乳汁度过婴儿期的动物。在之后的5 000万年间，出现了更多新的哺乳动物，包括产卵的鸭嘴兽的祖先，还有两个现生哺乳类群——有袋类和有胎盘类。

虽然我们后面将主要集中讲述有胎盘的哺乳动物，包括人类和其他灵长类，但神秘的鸭嘴兽也绝对值得我们提上一笔。婴儿期的鸭嘴兽会在颌内发育出退化的小牙齿。几个月后，随着鸭嘴兽停止吸吮乳汁，并从繁殖洞穴爬出，这些乳牙也会脱落。[27]鸭嘴兽在哺乳动物中绝无仅有，它们放弃了成年牙齿，而是在头骨中发育出了一个电流定位系统以寻找水下的猎物，然后再用坚硬、无牙的角质化喙部将其碾碎。在澳大利亚的水道中，它们的泳姿极其迷人。不过，觅食的鸭嘴兽可能会盲目地在河床上乱挖一气，弄得一团糟。

只换一次牙的特征是哺乳动物的又一项创新，因为几乎所有脊椎动物都会不断替换牙齿。[28]在大多数鱼类、爬行类和两栖类身上，牙齿的发出和脱落都比你想象的更容易，因为它们牙齿与颌部的连接没有哺乳动物那么紧密。哺乳类长有骨质的齿槽，与齿根一样大，能将牙齿紧紧地固定住。和鸟类一样，年幼的哺乳类也有一个快速生长的时期，直到它们达到成年体型。相反，爬行类、两栖类和鱼类则终生都在缓慢生长。类似的差异也出现在齿系中。非哺乳类的脊椎动物会不断长出越来越大的牙齿，持续填满增大的颌部，而人类和其他哺乳动物则通常只在骨骼发育几乎完成的时候替换一次乳牙。

现代两个直接诞育后代的哺乳动物主要类群具有十分明显的差异。有袋类生活在美洲和澳大利亚，在早期发育阶段就产下很小的后代，然后将其放入身体的育儿袋。很多有袋类都只长一套牙齿，或者只替换一颗前臼齿。我们对这种奇特模式的优势尚不了解。[29]相反，有胎盘哺乳动物得名于胎儿在身体内部获取营养的子宫组织。相比有袋类，它们在出生时体型更大，发育得也更为完全。有胎盘类通常与摩尔根兽和其他早期哺乳动物具有相同的换牙方式，即一套暂时性的门齿、犬齿和前臼齿较早发出，最后被臼齿和其他恒牙替换。

与祖先相比，现代有胎盘哺乳动物已经演化出各种各样的牙齿大小、形状及其他特征[30]。我们知道啮齿类长有一副不断生长的门齿，用来啃咬硬物。尽管牙齿会由于磨损而迅速消耗，但随着不断的形成和发出，它们也能维持尖利的状态和一定的高度。象类也有不断生长的上门齿，它们长成为长长的象牙，帮助挖掘、标记树木和争夺配偶。这些象牙大约每年增长15厘米左右，长度可超过3米！其他的大象牙齿还包括前臼齿和臼齿，长出的方式很特殊。正常情况下，象类只用颌部两侧各一颗前臼齿或臼齿进行咀嚼。随着这颗牙齿被磨损，另一颗会向前移动，取代前者的位置（图4–5）[31]。最后一颗臼齿耗尽之时，大象通常会饥饿而死。对如此雄伟的动物来说，这样的命运真是令人心碎。

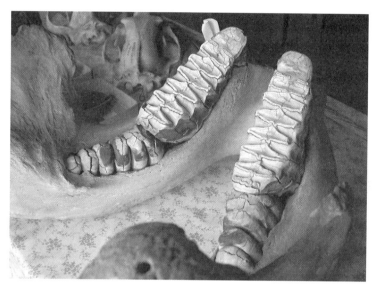

图4–5　象类下颌，可看到一对已发出的臼齿（右上方）。在多脊的巨大牙齿后方，还有一系列正在发育中的臼齿。标本来自德国柏林的洪堡博物馆

　　如我们所见，牙齿在追溯哺乳动物演化的过程中起到了很重要的作用。古代的哺乳类有50颗恒牙，但仍然少于大多数鱼类、两栖类和爬行类。[32]早期有胎盘哺乳动物通常有44颗牙齿。现代的啮齿类和象类的牙齿数量更少。啮齿类只能看到16~22颗牙齿，而象类则只有26颗。记录并描述牙齿的数目和形状能使古生物学家重建哺乳动物在恐龙统治下逐渐多样化的过程，以及它们是如何在6 600万年前的另一场重大集群灭绝事件中存活下来的。[33]

人们对这场灭绝的原因一直争论不休，但有一点很清晰，缘于一颗巨大小行星的撞击，当时发生了剧烈的环境变化。随之而来的火山活动增多、海平面下降和温度降低，彻底地改变了陆地环境。很多大型生物和专以某种食物为生的动物都灭绝了，包括75%的鸟类、51%的爬行类（包括为人熟知的恐龙）以及23%的哺乳类。幸存的动物在之后的几百万年间迅速多样化，大量现代哺乳动物类群出现，包括我们所在的演化类群——灵长目。有些人把这个新时期称为"哺乳动物时代"，也就是哺乳动物成为巡行在陆地上的最主要大型生物的时代。那些之前被恐龙和其他巨型爬行类占据的生态空间，逐渐被哺乳动物填充。

灵长类的黎明时分

灵长类立足的方式与再早1.5亿年时的哺乳类如出一辙。在导致恐龙消失的灭绝事件之后不久，新的似灵长类哺乳动物开始出现在亚洲、北美洲和欧洲的森林里。[34]尽管当时的陆地已经接近现在的位置，但各地之间仍有陆桥连接，助力了这些类似负鼠的小型生物在全球迅速扩散行迹。它们崛起的时间恰好也是果实和开花植物开始统治陆地的时期。和现生的灵长类一样，这些哺乳动物也长有多种多样的牙齿，包括尖尖的臼齿——用来压碎昆虫的骨骼，它们的臼齿上还有很深的凹槽，用来碾磨果实。我们可以把它们看作灵长类的演化近亲，因为它们的牙齿更少，还有突出的大型门齿，而这些特征过于特化，不太可能出现在现代灵长类的祖先中。然而，它们在自然界的重要程度很快就被最早的真正灵长类盖过，这些可是爬树的高手，还具有更先进的感官系统，以适应新的生活方式。

造成灵长类迅速演化成功的主要原因目前尚不明朗，但在过去的几十年中，人们一直在对该问题展开激烈的争论。[35]有些人类学家强调，灵长类的身体比其他树栖哺乳动物更加敏捷。特化的解剖特征使部分灵长类能够在纤细的外围树枝上觅食果实、花朵或嫩叶。这个热带的生态位曾经只被鸟类和蝙蝠占据。我们认为早期的灵长类应该体型较小，因为它们的牙齿很小，这是比较合理的体重指标。体重低于500克的灵长类不具有足够大的消化系统，无法从树叶中提取太多能量，因此必须依靠昆虫或其他动物作为猎物来获取蛋白质。这便提出另一个解释灵长类成功的理论。有些科学家认为，朝向前方的眼睛使它们的视野能够重叠，增强感知的深度，因此能更有效地捕食昆虫，并完成技巧性更强的跳跃。

另一个理论认为，灵长类和开花结果的热带植物具有协同演化，也就是随着时间共同发生变化。我们知道，现代灵长类很大程度上以这些植物为食，同时也会捕食植物花果吸引来的昆虫。协同演化本身很难证明，但是这个等价交换系统一直被认为是导致植物、授粉动物和种子传播动物多样性的主要原因。树木依靠灵长类吞下种子并将其传播开来，而对这些辛勤的园丁的利用可能是一场双赢。尽管人类学家对于解释灵长类演化成功的不同理论仍然犹豫不决，但灵长类绝对是极其敏捷的哺乳动物。只要你去过动物园，就一定会对此深表赞同。

目前的化石记录表明，现生灵长类的祖先最早出现于亚洲的森林中，随后在一段非常温暖的时期迁移到北美洲和欧洲，大约开始于距今5 500万年前。我们现在或许很难想象，但北美洲和欧洲曾经被热带森林和大面积的水体所覆盖。这些都是灵长类和其他哺乳动物多样化的理想环境，而古代湖泊与河流的边缘则通常是找到过去生命遗迹的最佳地点。在干燥的陆地上，食腐性动物和细菌会将遗骸中的物质分解殆尽，使之最终无迹可寻。而在潮湿的地方，动物遗体会迅速被泥沙掩埋，所以保存得更加完好。早期灵长类遗迹大部分由孤立的牙齿或颌骨构成，因为这些部位更不容易被破坏。对于我们这些探寻演化历程的人来说，幸运之处在于，这些化石上表现出微小的细节，可以与现生灵长类进行对比，包括与我们自身对比。

1996年和1997年的夏天，我有幸和本科的导师鲍勃·阿内莫内一起在怀俄明州的大分水岭盆地收集早期灵长类化石。鲍勃的古生物之旅令我十分难忘。我们会越野驾驶数千米来到预计的化石地点，在星光下露营好几个星期。我们每天都要早起，带上充足的水和花生果酱三明治，踏入散布着叉角羚和山艾树的酷热荒原。鲍勃会带他的学生查看已知地质年龄的岩石露头，帮我们辨认化石釉质特有的光泽（见彩插图4–6）。我非常喜欢出野外的感觉：寻找含有化石的沉积层，用双手和膝盖趴在地上寻找细小的颌骨，在30多厘米高的碎石堆上小心地搜索蚂蚁窝，寻找稀有的牙齿。蚂蚁经常在挖洞的时候将微小的牙齿搬到地面上，它们可不怕在粗心的化石猎人身上咬上一口。到了夜晚，我在梦里都能看到沙子和土壤里泛着光泽的黑色牙齿。20多年过去，这幅画面仍然印刻在我的脑海中！

现代的人类和其他灵长类具有一系列相同的解剖学特性，包括朝向前方的眼睛、长有指甲而非爪子的灵巧双手等。这些适应性特征使我们能够翻开书页，还能捡起并鉴定出几百万年前的微小牙齿。在这一章我们了解到，古代的有胎盘哺乳动物有44颗牙齿。而在第2章，我们知道人类长有32颗恒牙。牙齿数量的减少是分阶段进行的。早期灵长类在与哺乳类祖先分道扬镳时首先丢掉了4颗门齿和4颗前臼齿。随后，非洲和亚洲的（旧世界）猴类和猿类在与其他灵长类分离时又失去了4颗前臼齿。随着吻部变短，灵长类颌部前侧的前臼齿消失，所以有时候生物人类学家会把尚存的两颗前臼齿称为第三和第四前臼齿，即P3和P4位置的牙齿。[36]吻部变短可能是由于灵长类从依赖嗅觉转变为视觉，这也是面部、感觉器官和脑部一系列变化的一部分。在下一章中，我会解释原始人类祖先是如何继续这个过程，将略向前突的猿状面部转变为相对扁平的人类外貌的。

我们是现生600多种灵长类中的一种。这些灵长类被划分为两个主要类群：狐猴和懒猴（学术上称为原猴类），以及眼镜猴、猴类、猿类和人类（学术上称为简鼻猴）。有些属种在你看来可能比较陌生，不过狐猴应该已经在西方世界很出名了，这要多谢那部表现它们栖息地的电影《马达加斯加》。大多数人在想到灵长类时，脑海中都会浮现出猴或猿的形象，也就是在演化上比非洲和亚洲的狐猴及懒猴更新的类群。灵长类刚刚出现不久，这些不太出名的类型就与猴类、猿类和人类的祖先分离开来。它们多了5 000万年的多样化时间，因此演化出了令人难以置信的奇特物种，例如指猴——一种只在夜间活动的神秘狐猴。指猴像是负鼠与蝙蝠杂交的产物，巨大的耳朵勾勒出了它们令人难以忘怀的眼睛和尖尖的鼻子。从牙齿的角度来看，它们是最为特化的灵长类之一，演化出持续生长的巨大门齿，能够频繁地啃凿树木。一旦咬穿坚硬的外皮，它们便会将细长的中指伸入，从树干上深深的钻孔中探取出富含能量的幼虫。指猴的齿系比人类还要退化，只剩下20颗牙齿，排列像啮齿类一般。其他狐猴演化出奇特的特征，例如"齿梳"，是一组相对颌骨水平排列的下门齿和犬齿（见彩插图4-7）。就像它的名字那样，齿梳能帮助狐猴清洁皮毛，就像人类用梳子整理头发一样。有些狐猴还用这些齿梳来凿击树木，以获取富含营养的树汁。灵长类的牙齿除了切割和咀嚼外，还有其他功能。我们将在第9章讨论人类行为，有些一定会令你大感意外的。

现有证据表明，演化为猴类、猿类和人类的灵长类谱系出现在将近5 500万年前的亚洲。[37]随后的环境变冷时期导致了北美洲和欧洲灵长类的灭绝，但这些类群的部分成员却在非洲寻求到庇护。某个族群不满足于生活在一片大陆上，于是跋山涉水来到南美。这也是哺乳动物演化史上最伟大的迁徙事件之一。我们真的不清楚，这些"新世界"猴是如何横跨大西洋的。那时的海平面尽管略低一些，但对于陆栖动物来说仍然是艰险异常的鸿沟。由于当时的南美洲很可能与其他大陆分离，所以最合理的解释就是，一大块漂浮的植物从非洲掉落，带着几只搞不清状况的猿类来到了大洋彼岸。现代的新世界猴包括"猴如其名"的吼猴，还有卷尾猴，也就是在19世纪晚期和20世纪早期风靡美国的卖艺猴。野生的卷尾猴十分迷人，它们甚至能用石头敲开坚硬的种子，聪明地保护了自己的牙齿免遭破坏。

留在旧世界的灵长类在大约2 300万年前分化为猴类和猿类。两个类群的齿式相同，和我们人类的一样，都具有8颗门齿、4颗犬齿、8颗前臼齿和12颗臼齿，一共32颗牙齿。然而，猿类和猴类也表现出了重要的差异，能够被轻松地区分。猿类的尾巴消失了，脑部增大，并且演化出相对简单的牙齿，使其饮食更加全面。大多数猿类都喜欢以果实为食，但没有果实的时候也可以过活。旧世界猴会日常摄入树叶及植物其他部位，这一点在其较高的臼齿齿尖和特化的消化系统结构上展露无遗。猿类已经占据上风长达数百万年，遍布非洲，并最终来到了欧洲和亚洲。尽管我们对大多数化石物种都不甚了解，但它们的牙齿结构指示出多种多样的饮食结构、栖息地和体型。最引人注目的大概要属亚洲的一个化石属——巨猿（*Gigantopithecus*），又被称为"真正的金刚"。它们是灵长类中牙齿最大的分支（见彩插图4-8）。如果按照牙齿大小推论，有一个巨猿物种可能比人类男性还要高，体重超过雄性大猩猩。

猿类在大约900万—1 000万年前开始减少，最终在欧洲和非洲部分地区彻底消失。我们已经发现，现代非洲猿类和人类的直系祖先是很难确认的，而且人们针对哪类化石在这方面的判断最有效也是争论不休。有些科学家采用头骨或牙齿上的证据，因为化石和现生猿类具有很大的相似性。但另有些科学家则优先采用从头部以下解剖特征得到的证据，能为灵长类的运动方式及栖息环境提供关键信息。麻烦的地方在于，现代猿类喜欢不利于骨骼遗迹保存为化石的环境。举例来说，尽管遗传学研究已经证明，黑猩猩与大猩猩在600万—800万年前就已分道扬镳，但现代黑猩猩的谱系遗留下的化石极其稀少，而大猩猩则完全没有。[38]

下一章我们将了解到，尽管研究现代人类演化谱系的人有更多的证据可供使用，但古人类学家仍在不断思考，这些不同的类群之间究竟有怎样的联系，究竟哪些群体是现代人类的直系祖先。在脊椎动物、哺乳类和灵长类漫长的演化过程中，我们获得了很多关键特征。思考它们的起源和过渡能帮我们不断认识这场仍在持续的人类旅程。人们对导致自己如此与众不同的原因众说纷纭，而牙齿在这场争论中一直扮演着重要的角色，特别是因为我们的发育过程都写在牙齿生长的记录里。在本篇的最后一章里，我们将回顾发育过程是如何不断演变的，该过程表现出一种引人深思的延长趋势，将人类和大猿与其他灵长类区分开来。

从弱小到强大：人类的起源与演化

　　我们的化石祖先与其亲戚共属人科。研究这些对象的学者真要好好谢谢托马斯·赫胥黎和查尔斯·达尔文。我们之前讲到，他们勇敢地提出人类是从灵长类演化而来的，而我们最早的祖先应该生活在非洲。在19世纪的英国，人们坚信犹太—基督教教义中众生万物等级森严的观念，所以达尔文和赫胥黎的想法被人嗤之以鼻，甚至被指控为亵渎神明。人类被看作神圣造物主创造的顶点，而不是千百万年间的渐变累积的结果。在达尔文青年时代的英国，人们几乎没有听说过大猿这类生物，而我们今天知道，它们是人类最近的现生亲属。此外，当时人们对猴类的浅显认识也不是太正面，也就难怪那些维多利亚时期的主流社会成员无法接受这个观点了——对，它们也是灵长类！

　　人类与灵长类具有亲缘关系的观点可以追溯到卡尔·林奈。这位18世纪的瑞典博物学家发明了现代生物分类系统，即分类学。

很多人都是通过了解我们自身在自然界的位置，来学习这种命名动植物的方法。1758年，林奈将人类划分为一个属（人属）中独立的一种（智人种）。由于这两个标签共同构成了我们的拉丁文名称，我们便正式具有"智人"的学名，意为"智慧的生物"[1]。林奈将人划分在灵长目，以表明我们与其他灵长类的相似性。他又把人放在动物界，以说明人与其他动物的广义联系。后来，这套方案又有了更细致的划分，但在划分现生和古代生命形式（包括植物）方面，我们仍然沿用林奈的基本逻辑。

最早的人科化石大约发现并命名于赫胥黎和达尔文开始撰写人类演化历史的时期。在德国尼安德特山谷的采石作业中，人们发现了一枚不完整的头骨（见彩插图5-1），并将其命名为尼安德特人。[2]这个分类至今备受争议，因为近期的证据表明，尼安德特人和现代人存在通婚的现象。不过这是后话了，这两个物种通婚的现象直到科学家在21世纪对尼安德特人DNA进行测序后才为人所知。那枚德国化石在1856年刚被发现时，它的多种特征都令学者们困惑不已。这些特征在很多方面都与我们极其相似，但在其他重要方面又有所差异。[3]举例来说，它们位于头盖骨边缘的粗大眉骨在现代人中就不存在，但这种远古物种的脑部大小却和我们一样。我们已经知道，这并不是最早发现的原始人类化石。早在1829—1830年的冬天，人们就已经在比利时发现过脑部很大的尼安德特婴儿。之后的1848年，又有尼安德特人头骨在直布罗陀地区被发现。这些遗迹都被当时的科学家所忽视。此外，人们还发现了很多与历史记录完全不同的石器，这进一步证明很久以前的欧洲曾有人居住。

我们人属的下一个古代成员的发现地距离欧洲尼安德特人相当遥远。一位名叫欧仁·杜波依斯的荷兰博物学家在印度尼西亚发现了直立人[4]。和尼安德特人完全出乎意料的发现过程不同，人们早在发现之前就预测了直立人的存在。1887年，杜波依斯开始在荷兰驻东印度群岛军队中任职，寻找能证明人类从猿类演化而来的"缺失环节"。他从苏门答腊岛开始探索，找到了一对看起来并不十分久远的人类牙齿，所以并没有留意。我们在这里加个备注吧，这对牙齿的年代最近被测定为6.3万—7.3万年前，是印度尼西亚最古老的智人遗迹[5]。到了1890年，杜波依斯搬到爪哇岛，希望找到更合适的远古人类证据。在1891和1892年的挖掘工作中，他的团队发现了一枚很大的类似人类的腿骨、一块眉骨粗重的头盖骨，还有几颗牙齿。一场知识风暴一触即发。多年来杜波依斯一直致力于说服科学界，这些化石都来自一个能够直立行走的似猿类个体。重要的是，他将采取直立两足行走的姿态看作从猿到人的第一步。

杜波依斯的工作标志着人类起源研究的转折点。[6]他研发出通过大腿骨长度估算直立人个体身高的重要方法。此外，他还根据头骨碎片估算出其脑部大小，发现这名原始人类虽然与现代人身高近似，但脑部大小仅为我们的3/4。目前，越来越多的人开始相信人类确实发生过演化，而科学家们也开始将研究方法正规化，以研究逐渐累积的骨骼和考古证据。

杜波依斯和同时代的学者无法预见未来的发现，例如1924年发现的似猿类的"汤恩小孩"，或是50年后出土的更原始的阿法南方古猿——露西。这些化石发现将寻找古代祖先的征程永久性地转移到了非洲。今天的古人类学家仍在不断发现足以改变整个领域格局的新线索，也使这一学科的大学课本必须时刻保持更新！在后文中，我们将追索后代科学家的不懈努力，看到他们是如何测试并改进林奈、赫胥黎、达尔文和杜波依斯提出的"激进"想法，如何揭开我们在解剖结构和行为上的关键转变的。正是这些变化使我们成为庞大人科家族中的唯一幸存者。

何人？何时？行至何方？

长期以来，生物人类学家一直致力于确定人类和猿类不同的骨骼特征。我们希望判断新发现的化石究竟应该被划分在演化为现代人的谱系，还是更接近于大猿——黑猩猩、大猩猩和猩猩。事实证明，这项工作比预料中更具有挑战性。现代人长有较大的脑部，而且位于脊柱顶部，保持着很好的平衡。我们的腿比手臂更长，手指可以伸直，具有灵巧的动手的特化性，这些都和猿类不同。更多的特化帮助我们相对轻松地站立和行走，在脊椎、骨盆和下肢骨中都有体现。不幸的是，这些特征并不是在从猿类祖先到现代人的转变过程中一次性出现的。相反，大部分决定性解剖学特征都是逐渐出现的。这就导致了一个问题，我们不清楚究竟应该把化石猿类和人科的分界线划在何处。是拥有一个人类的特化优势就够了？还是要具有全部现代人的特征才能被划为人科[7]？如果我们只发现一小部分骨骼呢？在对这个问题的解决中，牙齿扮演了特殊的角色。不过历史同样证明，它们也可以令人误入歧途。

20世纪，有一个彻底重新解释证据的充满戏剧性的案例，那就是牙釉质厚度[8]。学者们过去一直用牙釉质的厚度将牙齿化石划分为"类人"和"类猿"型，直到最近才改变。这种划分是因为现代人臼齿的牙釉质较厚，而非洲猿类则具有相对较薄的釉质。然而，另一种大猿——亚洲猩猩与人类的亲缘关系略远，但它们的牙釉质却比非洲猿类更厚，这使得牙釉质并不能简单地划分为"猿类薄而人类厚"。对这一细节的认识出现于对著名古人类学骗局"皮尔丹人"的研究过程中。[9]故事开始于杜波依斯发现直立人后不久，但部分学者并不接受它为一个正式的祖先物种。1912年，一个更容易被接受的英国缺失环节出现在科学界面前。这是一块重建的颅骨，具有猿类的牙齿，但能容纳现代人的脑部。据称，颅骨碎片出土于伦敦南部的一个碎石坑中，由一位业余收藏家查尔斯·道森发现。他还说服了大英博物馆的一名古生物学家来帮忙寻找更多的材料。他们提供的证据引发了大量争论，而由此产生的冲突则大大提升了公众对人类演化研究的兴趣。

1918年，美国国家博物馆馆长格里特·米勒利用新的X射线成像技术研究了皮尔丹人的下颌，并将结果发表在第一期《美国体质人类学杂志》上。[10]当时的体质人类学就是现在的生物人类学，包括古人类学以及对现代人和灵长类的研究。在米勒的时代，该学科已经成为一个国际学术领域，不过直到今天，生物人类学家的数量都远少于社会人类学家和考古学家[11]。米勒通过放射影像深入研究了皮尔丹人臼齿的内部结构，提出该下颌应该来自一只猿，而不是人类祖先。重要的是，他首次证明，较厚的牙釉质并非人类所独有，因为猩猩同样具有这样的特征。在那之后，更多类型的证据都表明皮尔丹人头骨就是一场骗局，而不是正当的人类祖先。米勒认为该颌骨来自猿类的观点也是正确的。仔细调查证明，这是两块经过人工风化的现代人头骨被拼合为一块颅骨，再配上被锉过的猩猩下颌。在查尔斯·道森的精心骗局被揭穿前数年，他就已经去世。这或许是一种仁慈，因为这场骗局带来的是身后骂名，而非他所期望的学术声望。

具有讽刺意味的是，50多年后，当来自印度和巴基斯坦的真实化石材料被错误划分到人类谱系中时，米勒对于牙釉质厚度的认识却被忽视了。[12] 人们根据数枚颌骨和牙齿化石建立了一个现在已经被推翻的原始人类属——腊玛古猿（*Ramapithecus*），将人类的起源推到了1 500万年前！最初的证据在很多生物人类学家看来都具有说服力，但之后20年间的调查证明，这些化石并非人类谱系的一部分。人们产生怀疑是因为腊玛古猿的牙齿碎片看起来与人类很像，具有较厚的牙釉质。但米勒已经证明，较厚的臼齿釉质并非人类独有的特征。此外，基因和化石证据还表明，人类与黑猩猩谱系的演化分离应该发生在600万—800万年前，而腊玛古猿太过古老，不太可能属于人类谱系。今天，大部分科学家都相信，这些化石属于一种亚洲猿类——西瓦古猿（*Sivapithecus*），是现生猩猩的近亲。人类和亚洲猿类各自独立地演化出相似的牙齿特征，而不是来自一个共同祖先，成为平行演化的又一个案例。米勒对此进行了完美的总结："很显然，我们并不是总能根据推断的齿冠形态鉴定特征来判断人类个体的牙齿。"[13]

我通过亲身经验了解到了从化石猿类中找出人科成员有多么困难，尤其是当你只有单独的牙齿而缺乏骨架其他部分时。几年前，我被邀请去研究杜波依斯的团队在爪哇岛发现的两颗臼齿。信不信由你，但科学家已经被它们的身份困扰了一个多世纪之久！[14]就像我们在腊玛古猿身上所看到的，原始人类和亚洲猿类的臼齿从外观上很容易混淆，尤其当齿冠被磨损后，齿尖和裂隙都失去了原始的形状。我意识到，我们需要其他证据来鉴定爪哇的臼齿，因为测量它们的形态和大小显然并没有说服过去的古人类学家。所以，我找来保罗·塔福罗来帮忙测试杜波依斯认为它们属于直立人的想法。我们采用第1章中讲过的同步成像技术来研究牙齿中的长周期线，发现两条线之间大约相隔6~7天。爪哇岛已确定的直立人化石具有以7天为周期的节律，与之类似。重要的是，杜波依斯的化石节律比化石猩猩牙齿更短，后者的长周期线间要相隔9~12天。[15]它们的内部结构和齿根形态也与直立人牙齿类似，说明这位广受诽谤的博物学家其实是正确的。

古人类学中另一个长期存在的争议在于我们如何定义自己。我们在何时、如何、为何成为"人类"是非常重要的研究目标。就拿使用工具来说吧，达尔文和其他早期的人类学家都将使用工具判定为决定性的人类特征。然而我们现在知道，很多动物都会在野外使用工具，包括鸟类、海獭、猴类和猿类。在珍·古道尔和《美国国家地理》的努力下，很多人都对贡贝的黑猩猩有所了解。它们能使用仔细挑选出的树枝来"钓白蚁"。近期研究还表明，黑猩猩还会使用石器，这促使了灵长类学家与考古学家展开合作，研究这种令人意想不到的行为。[16]这样看来，我们不能再将牙釉质较厚和使用工具等特征看作人类及其祖先所独有的。原来，定义我们自身要复杂得多，我们在后文中将继续讨论。

人类演化三部曲

自杜波依斯极富预见性的探险之旅起，已有超过20个物种加入了人科家族。过去经典的单线演化理论，即从原始猿类到缺失环节再到现代人的观点，已经被更复杂的情况取代。今天的教育工作者通常将人类演化描绘成一颗具有大量枝叉的树，很多树枝都指向已经灭绝的尖端。我解释人类旅程的方法是将其看作一场持续上演了数百万年的三幕戏剧。不过，在深入讨论这个比喻之前，我们还是要记住，历史并不是通往预设结论的戏剧性进程。人类是演化的产物，也就是在自然选择、突变和随机变化（即"遗传漂变"）基础上发生的持续基因变化。就像所有生命一样，我们由过去的环境变化塑造而成，这些因素包括气候、食物来源，以及捕食者和竞争者带来的压力。

"第一幕"戏剧发生在古老的非洲大陆，那里栖息着各种猴类。它们漫步在河流和湖泊附近的茂密森林和阳光明媚的林地中。现代非洲猿类的祖先也生活在那里，不过我们对它们的具体长相和栖息地点所知甚少。非洲赤道地区的史前记录要比其他区域更难追寻。那里分布着大面积的热带雨林，酸性的土壤和迅速的分解作用也会阻碍化石化过程。我们在后文将看到，生活在400万—700万年前的原始人类与现生猿类的共同比现代人更多，它们很可能一直在树木中寻求庇护。

我们对这一重要时期的认识开始于1992年。一名日本古生物学家诹访元在埃塞俄比亚的沙漠中发现了一枚很小的臼齿。[17]当时，他正在和埃塞俄比亚及美国的化石猎人共同探险，已经锁定了一片大有希望取得收获的区域，那里散布着远古的火山沉积物。在幸运发现第一颗臼齿后不久，他们相继发现了更多的牙齿、一块上臂骨以及部分头骨。第二年，团队再次来到这里，并找到了更多骨骼碎片，它们来自一名比南方古猿更加古老的类猿人科个体。这也是当时最古老的化石。

新属——地猿（Ardipithecus）的发表震惊了整个古人类学界，再次引发了关于人科如何定义或鉴定的争论。最初的证据很大程度上取决于牙齿的形状。那是一颗乳牙，就像大多数发现的恒牙一样，比南方古猿的略小，而且更像黑猩猩的牙齿。但它的发现者却十分自信地认为这个新种接近人类谱系的根部。当时的我还是鲍勃·阿内莫内人类演化课堂上的一名本科生。我至今还保留着为一项课堂作业绘制的简单演化树，将智人和直立人与南方古猿连接起来，并最终连至地猿。

后来，人们又发现一个更古老的地猿物种，还有600万年及700万年前的原人属及沙赫人属，使人类演化的图景更加复杂（表5–1）[18]。这里每一种都出现了代表两足直立姿态的特化，但能够在这些原始人类中进行比较的特征却十分稀少，判断两者的区别变得十分困难。每个族群中都有犬齿化石被发现，比雄性大猩猩和黑猩猩的更

表5-1 人科的属、分布区域和基本生活年代[19]

属	地区	年代
早期人科		
沙赫人	中部非洲	700万年前
原人	东部非洲	600万年前
地猿	东部非洲	400万—600万年前
向经典南方古猿类过渡		
南方古猿	中部、东部和南部非洲	200万—400万年前
肯尼亚人	东部非洲	300万—400万年前
傍人	东部和南部非洲	100万—300万年前
向人属演化		
人属	非洲	300万年前至今*
	欧亚大陆	200万年前至今
	欧洲	100万年前至今

　*最古老的280万年前的人属化石还没有被学界完全接受为该属成员，更确凿的证据可能会将这个时间修正到约200万年前。

小。这是一个关键细节，而且是达尔文预言过的。他提出假设，雄性灵长类在攻击性活动中使用的粗壮犬齿会在我们人类的祖先中变小，尤其当武器能够替代这些匕首状的牙齿时。达尔文推论道，随着原始人类开始两足行走，雄性会使用它们的双手和双臂来打斗，因此并不需要过多地使用牙齿和颌部，导致发生"外貌上最令人震惊也最有利的变化"[20]。我们会在第8章再来讨论犬齿大小的问题，因为这在社会系统的演化上也是被再三讨论的线索。

"第二幕"戏剧的主体是南方古猿类的崛起，这是一个大约在100万—400万年前十分成功的多样化族群。那时，非洲的土地变得非常干燥，导致地猿喜爱的森林减少，而草原和稀树草原的面积却扩大了。南方古猿类很可能从一个非洲东部的种群开始，靠双脚在大陆上扩张，最终向西移动到现代的乍得，并向南抵达现代的南非。已知最古老的物种是湖畔南方古猿，可能是更出名的阿法南方古猿的祖先。1974年，一具女性骨架被命名为"露西"，取自披头士的歌曲《露西在天空中戴着钻石》，成为阿法南方古猿的代表[21]。近30年后，该种的另一名成员引起了全世界的关注，那是在埃塞俄比亚发现的一具完整骨架，其完整程度简直令人难以置信，因此被称为"露西的孩子"（见彩插图引言–3）。这具化石格外吸引我，因为它是科学界目前已知最古老的婴儿，而它的牙齿内部隐藏着有关人类发育演化的重要信息。我们将在下一章继续讨论这个问题。

在本书开头，我就强调了最早发现的南方古猿类化石——改变演化格局的阿法南方古猿（见彩插图引言–4）。在雷蒙德·达特宣布发现汤恩幼儿头骨之后的几十年中，人们在南非的地下洞穴中又发现了更多的颌骨和牙齿，包括其他儿童的遗骸。猎豹和其他肉食动物可能会捕猎这些人类，然后把毫无抵抗能力的猎物拖到洞穴口附近的树上。经典的汤恩幼儿可能是被大型的鹰捕杀并食用的，因为它头骨上的抓痕和被非洲冠鹰雕捕食的猴子遗骸一样[22]。原始人类的骨骼会掉到洞穴里，或者被水冲到地面的裂缝中，堆积在一起，嵌在坚硬的灰岩中。当科学家把混凝土一样保护着化石的围岩溶解并去除后，我们就可以清晰地看到，非洲南方古猿并不是唯一的人科物种。它只是南方古猿类多样化辐射的一个例子，而该类群还包含着多种长有巨大脸庞和宽厚前臼齿及臼齿的形态。这些"粗壮型"咀嚼能手有自己的属——傍人（*Paranthropus*），这就与身材更轻盈的"纤细型"南方古猿属区分开来。

粗壮型南方古猿十分值得注意，因为它们的牙釉质极厚，头部坚硬，吻部也没有猿类和更早期的人科成员那样突出。我们将在第7章再来讨论这些奇怪的人科物种，因为它们独特的头部解剖结构和不寻常的牙齿磨损让人难以判断其饮食结构。事实上，用粗壮型和纤细型来区分南方古猿类可能会有些误导性，因为我们对其头部以下部位的对比特征并不太了解。在大部分南非洞穴和东部非洲的沉积物中的骨骼通常都过于杂乱破碎，令人难以判断傍人身体实际的模样[23]。

2008年，人们发现了一副罕见的连接骨架，属于一种牙齿和脑部都较小的人科成员，被称为南方古猿源泉种（*Australopithecus sediba*）。这个南非的纤细型物种在手脚上表现出了令人意外的猿类和人类的混合特征。[24]我们认为，南方古猿类在运动方式、面部特征、牙齿大小和牙釉质厚度方面的差异很可能是对新饮食习惯的适应性反应，就和加拉帕戈斯群岛上达尔文雀的多样化过程类似。归根结底，这种变化可能是由环境变化和不同人科成员间的竞争共同导致的。

多种其他南方古猿类物种已被正式描述。每隔几年，物种清单都会继续增长。针对目前根据一块颌骨化石就建立新种的趋势，已有部分古人类学家提出了批评，因为大猿物种中不同性别的头骨形态都可能大不相同。与雌性相比，雄性猿类通常长有更大的牙齿和骨骼，还有明显的突起和脊，来连接强有力的肌肉。科学家很有可能将表现出正常雌雄差异的两块化石错认为两个不同的物种，尤其当我们无法确定化石性别时。另一个问题在于，不同物种的下颌形态非常相似，使得我们很难据此区分化石物种。在几个根据孤立的颌骨建立新种的例子中，科学家其实很难知道缺失的头骨究竟长什么样子，更不可能得知其余骨架的形状。这个谜题只能通过发现完整骨架和匹配的颌骨来解决，但这样的机会是千载难逢的！

在过去的几年内，我们对人类演化的理解发生了另一次重大转变——回到工具使用的问题上。原来，早在300多万年前，脑部大小和猿类相似的南方古猿类就已经开始制造并使用简单的石器了。[25] 如前所述，这个技术一直被看作人属的标志性革新，直到近期才有所改变。你可能听说过路易·利基和玛丽·利基在坦桑尼亚奥杜威峡谷的工作。20世纪60年代，他们在那里发现了一枚破碎的头骨和一具包含整套手骨的不完整骨架。拇指尖端的强壮骨骼使其具有精准且有利的抓握能力，故而被称为"灵巧的人"，即能人（*Homo habilis*）[26]。此外，这些化石附近还发现有原始的石器，利基夫妇认为是由该物种制作而成的。从那之后，很多人都将南方古猿类到早期人属的变化看作认知能力和工具制作策略上的转变，导致饮食质量提高。然而，现在的情况不再那么简单了，因为更早的人科成员，甚至黑猩猩都能够制作和使用工具。古人类学家仍在努力探寻如何定义我们自己的属，以及这些脑部较小的南方古猿类

"过渡化石"是否应该被涵盖进来。[27]

对人属细节的深入探讨就带我们来到了"第三幕"戏剧，这是一段气候变化越发频繁且难以预测的时期，开始于200万—300万年前。部分科学家认为，气候变化导致的生态不稳定性激发了我们人属的演化起源，因为在这段时间生存下来需要行为上更高水平的灵活性和创新性[28]。不幸的是，我们很难验证这个想法，一定程度上是因为早期的人属化石记录非常稀少，直到200万年前才有所增多。埃塞俄比亚两个化石点产出的古老颌骨和牙齿可能是最古老的证据，分别来自230万年前和280万年前。[29]但我们如何确认它们不是南方古猿类呢？古人类学家通常根据牙齿大小和形状将人科化石划分出大类，这是很必要的一步，因为南部和东部非洲曾有多个物种在100多万年的时间内毗邻而居。傍人长有极大的前臼齿和臼齿，早期人属的牙齿要小得多，而南方古猿则介于两者之间。[30]然而，最新发现的南方古猿源泉种却具有很小的牙齿，这对这种划分方式提出了挑战。它们的颌骨形状还与280万年前可能的早期人属下颌有很多相似之处。[31]

暂时撇开哪块化石碎片代表最早人属成员的问题，我们起码可以认定，杜波依斯的缺失环节——直立人，与现代人有足够的相似之处，可以归为一属。[32]极富冒险精神的直立人种群是已知最早离开非洲的原始人类，在180万年前来到今天欧亚大陆上的格鲁吉亚共和国所在地，之后又很快抵达东南亚。我们在一座中世纪欧亚村庄底下的沉积物中发现了这些"移民"的遗迹，他们展现出与非洲人属化石的相似性，包括保留有中等大小的脑部，以及能使用简单的工具等[33]。逐渐地，直立人的脑部变得更大，而面部和牙齿开始缩小。这个话题我们将在后面介绍人类牙齿如何在近期的演化过程中逐渐变小时继续讨论。直立人还是最早在头部之下演化出现代人身体的物种，这是一项重要的结构重组，与运动、捕猎和食物加工的新效率大有关联。[34]

从直立人到智人的繁衍历程并没有我在本科人类演化课程上所绘制的那样直接。我那时候就知道，对于究竟所有的现代人都从非洲的一个种群演化而来，还是欧洲、亚洲和非洲不同的原始人类各自演化为那里的现代人，科学家一直存在巨大的争议。在过去的几百万年间，地球上曾生活过多个人属物种，包括尼安德特人。他们的脑部和现代人相似，很多人都认为他们可能是欧洲人的祖先。此外，人属种群还出现在很多令人意想不到的地方，例如西伯利亚。这其中还包括丹尼索瓦人（*Denisovan*），是尼安德特人的近亲，只有几枚牙齿和一块手指骨，但留下了丰富的古DNA信息。而故事变得更为复杂了：新发现的弗罗勒斯人（*Homo floresiensis*）和纳莱迪人（*Homo naledi*）具有很小的脑部，证明有些物种在从南方古猿类祖先演化而来后可以将原始特征保存数百万年。在过去的几十年里，理解我们的演化谱系变得越来越复杂。

今天，大多数古人类学家和演化遗传学家都倾向于认为，这些古老的类群被某个大约在5万—7.5万年前离开非洲的智人种群取代。[35]在族群有重叠的地区，这显然是相当剧烈的转变。科学家最近发现，现代人不仅曾接触过其他物种，还曾与之通婚！随着DNA提取变得更加复杂，以及我们对人类基因突变的认识不断加深，这些"外族交换"的细节也会逐渐浮出水面。

目前的共识是，现代所有非洲以外的种群都携带一小部分尼安德特人的DNA，而亚洲人和大洋洲人还有来自丹尼索瓦人的基因。这就意味着，随着智人离开非洲在欧亚大陆和印太地区定居，他们与其他人科成员的杂交事件也时有发生。几年前，我自己做了次基因测试，为了让我在哈佛大学教授的人类演化课程更为生动。我的DNA测试结果显示我有3.1%的尼安德特人基因，超过97%的基因则具有欧洲血统！我的学生觉得这很好笑，因为我当时正全情投入于对尼安德特人的研究。

现在，尼安德特人的基因组已经被破译，我们能够采用统计学方法来估计智人和尼安德特人分离的时间。先不考虑近期的杂交事件，这些谱系大约在55万—76.5万年前在基因上分道扬镳，也就是说尼安德特人更像是一个表兄弟，而不是我们的祖先。[36]这就意味着，我们智人物种在地球上生存的时间比化石记录显示的要长。鉴定古代智人个体并没有你想的那么简单。令人惊讶的是，一个能将现生和化石智人统一起来的特征是下巴的存在与否。除了作为一个美观的面部特征，我们并不清楚下巴的优点所在，但任何其他人科成员都没有这一特征。在过去的60万年间，欧洲和非洲都生活着多种脑部较大的祖先候选人，但他们看起来并不像现代人，我们也没有多少下颌化石能够显示他们是否长有下巴。[37]直到大约30万年前，我们面部、颌部和牙齿的细微特征才能将智人化石与同时代的其他古老族群区分开来。[38]我的研究团队已经发现，缓慢的牙齿发育和较厚的牙釉质也能区分智人和尼安德特人。[39]把这些完全不同的证据组合起来，我们可以确切地看出，这些使我们为人的解剖学特征都是一点一点地演化而来的，而不是一次性出现。

智人和牙齿缩小

你可能已经有了古人类学家很少达成共识的印象，但这并不完全正确。大家一致同意的一个例子就是人类牙齿在演化过程中变得越来越小，不过为何会如此仍然悬而未决。[40]我们还记得，最早的人科成员犬齿比大多数大猿都要小，而这种缩小在后续南方古猿类的分化中仍然持续进行。随着时间的推移，门齿的大小不断地上下波动，最终到了智人这里缩小。相似地，相对于傍人和南方古猿来说，较小的前臼齿和臼齿则是早期人属个体的标志。这个缩小趋势后来持续到我们现代人中。在本书最后一节，我们将更深入地探讨演化历史上的饮食、社会和文化变化，但我在下面先简要总结一下导致牙齿缩小的可能原因。

有关我们的牙齿和面部为何变小的一个极具影响力的理论认为，这与火的使用有关。火可以在烹调过程中使食物变软，还能让肉类更嫩，可能会降低对强劲且长时间咀嚼的需求。[41]尽管我们大多数人已经不再频繁地用明火直接炙烤食物，但现代食物准备系统仍然极大地依赖加热的过程，包括煎、烤、煮和微波等。然而，这里就需要我们在得出结论之前谨慎行事：单看两件事同时发生并不意味着其中一件导致了另外一件。尽管认为常规的烹调导致我们的牙齿缩小看上去很有道理，但早于100万年前的控制用火证据并不充足。[42]研究欧洲文化行为的考古学家提出，对火的使用一直到35万年前才变得频繁且普遍。[43]这几乎比我们的前臼齿和臼齿开始缩小晚了200万年，说明还有其他因素发挥了作用。

有些人提出假设，使用工具和食用肉类导致了早期人属最初的牙齿缩小现象。我在哈佛大学的前同事凯蒂·津克和丹尼尔·利伯曼进行了一项实验，将山羊肉和块根蔬菜切片、捣碎或炙烤后，再分别测量食用它们所需的咀嚼数量和力度。[44]他们发现，对于生肉来说，切片比炙烤或捣碎更便于食用。类似地，将块根蔬菜捣碎则比整个或切片更宜食用。津克和利伯曼推测，我们并不需要用烹调来解释牙齿缩小的现象。他们认为，日常的工具使用业已令直立人的咀嚼比南方古猿类更加高效。但我们看到，近期的发现表明，南方古猿类在300多万年前就开始用工具切割和破坏动物骨骼。食物加工的出现也远远早于直立人，令人对工具使用减轻了对较大牙齿的需求从而导致牙齿变小的观点产生了一些怀疑。目前有关烹饪和工具使用出现时间的证据与在牙齿化石记录中检测到的变化并不匹配。平心而论，我们很难判断这些行为在几百万年前究竟有多普遍，所以最明智的做法就是保持开放的心态吧。

1965年，第一届国际牙齿形态研讨会举办，这是一场牙齿爱好者的重大盛会，现在每三年举办一次。在提交给会议的一篇文章中，C. 洛林·布雷斯号召牙齿人类学家同僚们重点关注测量现代人的牙齿。[45]很多研究人员接受了他的建议。研究发现，从智人首次出现之后，我们的牙齿一直在持续演化。在"召集令"发布后20年，布雷斯又试图量化这种变化的速度，发现牙齿咀嚼表面的大小在过去的1万年间以平均每1 000年变化1%的速率缩小。尽管有很多挑剔的原因可以质疑他的研究方法，但这种整体趋势已经被很多人证实[46]。对农业出现前后种群的对比结果尤为令人震惊。你应该还记得，农业的发明（包括动物的驯化）曾经在1万—1.5万年前独立出现于全球多个地区。正如我们在第3章中讨论的，早期的农业生产者经常会承受比先前狩猎采集种群更多的营养压力和发育缺陷[47]。饮食变得更加稳定，而且多样性降低。和动物近距离生活和规模大一些的人口可能导致了疾病的传播和社会分层引起的不公。随着这些永久性居所日益扩大，人类开始变矮，肌肉也不再那么发达，而牙齿缩小显然是变化的一部分。

我们不太清楚的是，人类的牙齿为何会在这段时间及其之后持续缩小。科学家们已经提出了很多想法，很大程度上是要将这种趋势和技术变化联系起来，例如厨具、抛矛或种子研磨设备的发明和使用[48]。基于达尔文有关犬齿缩小的推论，布雷斯提出了一个争议性较大的想法。他提出，当食物加工变革导致对较大牙齿的自然选择压力减小后，基因突变发生的可能性便提高了，最终导致牙齿的缩小。[49]此外还有多种解释，例如牙齿变小可能只是因为我们的面部缩小，或者生长较小的牙齿所需的新陈代谢能量和食物矿物质较少。其他也有人提出，是自然选择导致近代的人类牙齿缩小，以保证他们存活下来，因为牙齿较大的个体更容易出现牙列拥挤、龋齿的情况，甚至出现可能致命的牙齿阻生。[50]这个观点看上去十分令人信服，尤其是对曾被智齿阻生折磨过的人，但它并不能解释为何牙齿在阻生变得普遍的几千年之前就已经开始缩小。

事实证明，人类并不是唯一经历过牙齿缩小的灵长类。我最喜欢的灵长动物之一——猩猩，也发生过这个变化。而且我们可以确定，这绝不是由于它们在烹调或狩猎技术方面的发展导致的！与其他大猿不同的是，猩猩在亚洲留下了大量的化石记录。豪猪有时会将死去猩猩个体的牙齿带到洞穴中，咬去骨骼和齿根，最后留下覆盖着牙釉质的齿冠。经过数千年的时间，这些齿冠会嵌在沉积物中，最终变硬并形成混凝土一般的时间胶囊。科学家们已经发现并测量了数千枚来自东南亚的猩猩臼齿化石。与加里曼丹和苏门答腊岛的现代黑猩猩相比，这些化石祖先的牙齿通常要更大一些。[51]我已经确定，猩猩牙齿组织缩小的模式与现代人并不相同。猩猩臼齿的缩小是通过牙釉质和牙本质同等减少来实现的，而人类在这一演化过程中失去的牙本质高于相应比例的牙釉质。

　　这样的变化可能指向不同的演化过程。现代的猩猩生活在大型岛屿上，曾经与亚洲大陆相连，但已经分离数千年。哺乳动物种群在岛屿上被基因隔离较长时间后，它们通常会变得比大陆的祖先更小。猩猩的牙齿减小可能是体型整体缩小趋势的一部分。[52]印尼群岛的弗罗勒斯岛上曾发现一种生活在7万—8万年前的原始人类，将这种矮化效应体现得尤为明显。[53]弗罗勒斯人又被称为"霍比特人"，身高大约只有1米，头部和牙齿都很小。尽管我们不清楚弗罗勒斯人究竟从哪个物种演化而来，但最可能的大陆候选人——能人和直立人都具有明显大得多的体型和牙齿。因此，认为印尼群岛的地理隔离在猩猩的牙齿缩小过程中发挥了作用也不无道理。

智人的牙齿缩小并没有经历这样的基因隔离，而我们的颌骨和面部骨骼也比身体和头部其余部位缩小得更多。我们已经讨论过，部分科学家将祖先的牙齿缩小与食用经过切割、捣碎或者烹调的食物联系起来，因为它们需要的咀嚼力量更低。我希望古人类学家能继续寻找新的理论，来解释这些变化如何发生，以及为何会发生。[54] 目前我们有理由认为，牙齿缩小曾由于不同的原因发生在不同的时间点，有些时候可能只是偶然出现。未来，研究者将结合对化石和古代种群的观察和现代实验研究，或许能解开这个谜题。

过去几百万年间发生的大量变化塑造了今天的我们——脑部较大，牙齿和面部较小，而身体直立。另一种讲述我们自身演化故事的方式是从现在开始，然后回溯过去。生物人类学家经常问这样的问题：是什么让我们在现代灵长类中独一无二？这些特征是在何时出现的？它们为什么会演化出来？正如我们看到的，有关我们特殊行走方式的证据出现在人类演化历程的第一阶段，大约600万—700万年前。通过重组骨骼和肌肉来支持两足行走，原始人类探索大地的能力比现生的猿类更高效，还将双手解放出来携带工具、武器和食物。相似地，脑部大小和结构的变化最终会帮助完成更复杂的社交网络、工具制作和食物获取。此外，上述变化也帮助实现了人类语言这个关键的变革，而我们对它的起源还所知甚少。

另外一套独特的人类特征包括漫长的童年、较晚的成熟期，以及较长的寿命。这些很可能也与较大的脑部有关。重要的是，这些阶段还与我们的骨骼发育相关，尤其与牙齿相关。由于大多数生命史阶段都不会在化石记录中留下直接遗迹，牙齿便成为追溯人类发育演化过程的核心所在。正如我在整本书中不断指出的，我和同事们利用牙齿中的时间线来认识人科物种和其他灵长类的发育、演化和行为。这些已灭绝的人科物种究竟有多"现代"一直存在争议。在下一章中，我们将检视那些帮助科学家们平息争议的证据。

人类生长发育的演化视角

即使考虑到我们天然的偏见，我们也可以称人类为不同寻常的灵长类动物。我们拥有很长的妊娠期，诞育的婴儿却极其脆弱。人类婴儿在很早的时候就停止摄乳，但童年期很长，而且生长高峰期较晚。女性孕育第一胎的时间相对较晚，但生产间隔可以短至一年，并在生命结束之前很早就停止繁殖。生活史——也就是动物在生长、繁殖和保持健康等生命活动中分配能量的方式，是生物学和行为学中的基本特征。研究这种规律有助于解释自然选择是如何帮助我们人类物种成功演化，却使我们的近亲几近灭绝的。

从有限的化石记录中探索人类发育的演化历程具有很大的挑战性。直到最近，我们对人类从类猿祖先到现代形态完成演化转变的认识都基于这样的假设，即已灭绝的物种和现生猿类或人类具有相似的生长规律。然而，正如我们在上一章中所看到的，我们的祖先在各自不同的环境中演化，分别具有其独特的解剖学特化。越来越多的证据表明，大多数人科物种都和现生的灵长类不同。让我们一起来看看，现代科学是如何将野生灵长类、硬组织生物学和X射线成像这些各不相关的研究统一起来探测远古的化石记录的，这是一种达尔文无法想象的方式。

灵长类生命周期和臼齿发出

人类的生活史在很多方面都与我们最近的现生亲属——黑猩猩有所区别（表6–1）。

表6–1　雌性灵长类的平均生活史变量（单位：年）[1]

灵长类	妊娠期	哺乳期结束（断奶）	诞育头胎年龄	生育间隔	最长寿命
狒狒（野生）	0.5	1.2	6.5	2.1	28.4
黑猩猩（野生）	0.6	5.3	13.2	5.9	56.1
人类（非工业化）	0.7	2.4	19.5	3.2	87.3

人类学家一直在努力解释这种差异。随着相对较丰富的幼年南方古猿类和尼安德特人化石的不断出现，更引发出大量有关我们现代特征的问题。[2]它们究竟起源于何时，最先出现在哪个物种身上？这些问题继而推动了更多关于灵长类和其他哺乳动物如何分配新陈代谢能量的研究，尤其是在它们的生长过程中如何分配。分配预算通常需要彼此妥协，分配新陈代谢也不例外，这便反映了能量使用的权衡策略。例如，当年轻个体的健康受到严重威胁时，他的

身体可能会减缓骨骼生长或者关闭繁殖功能，以支持免疫系统。环境因素也会影响生物体分配能量的方式，如获得持续可靠食物来源的可能性，以及被捕食的风险等。老鼠很容易成为猛禽、蛇和肉食性哺乳动物的盘中餐，所以它们生长迅速，而且会尽可能快地繁殖后代。相反，大象只哺育很少的幼崽，而且生长速度也要慢得多。大象有条件慢慢来，因为它们的食物供给通常较稳定，而且由于体型巨大的缘故，它们也少有天敌。

了解一个物种的生活史，便可得知它对变化的应对能力。由于啮齿类具有快节奏的生命周期，它们比很多其他哺乳动物都更擅长入驻新的环境。而包括人类在内的灵长类母亲则处在这个发育变量的另一端，在繁殖年龄内只能诞育几个生长缓慢的后代。大猿是地球上发育非常缓慢的哺乳动物类群，所以格外容易走向灭绝。雌性要一直到青少年期才能开始繁育后代，而且通常无法活过40岁或50岁。[3]更糟糕的是，猿类婴儿比猴类更加脆弱，需要更长时间的直接照料。雌性的生育间隔一般为5年或更久，所以一生只能诞育少数后代，而这正是获得演化优势的关键。母猩猩有可能哺育后代超过8年，在哺乳动物中是最晚断奶的！[4]令人难过的是，猩猩已经极度濒危。棕榈油产业导致了频繁的森林火灾、狩猎活动以及森林退化，正在将它们推向灭绝的边缘。

正如我们在第4章中讨论的，不同动物的发育过程可能有很大的区别。有些从破壳而出的那一刻就开始自生自灭，而其他一些则在生命起初的数月甚至数年内都紧紧依靠着母亲。对后者来说，母亲可以从其所在的社群中获益良多。她们可以从雄性那里获得保护，还能得到其他雌性的支持。例如，有些猴类会共同照顾婴儿。我们认为这能为母亲提供喘息的机会，还能使年轻的雌性得到重要的保姆技能培训。合作养育行为在雌性留在群体中生活的猴类物种中尤为常见，所以婴儿很可能得到姐妹、姑婶和祖母的照料。[5]这些物种通常具有很强大的统治等级制度，其中"首领雌性"的亲属会获得比低等级的雌性更好的待遇。大猿类的母亲并无法像猴类和狐猴物种那样得到近亲的支持。举例来说，黑猩猩倾向于生活在由无血缘关系的成年雄性组成的群体中，而猩猩母亲则独自生活，偶尔有独立的雄性光顾。

哺乳动物中的母亲要在两条繁殖道路中间做出权衡，是迅速使孩子断奶从而准备下一次妊娠，还是长时间哺乳以提高每个后代的存活率。迅速开始孕育下一胎的野生黑猩猩母亲要以牺牲前一胎的存活率为代价。[6]相比被母亲宠爱更长时间的后代，迅速断奶的婴儿在整个未成年期的体型都较小。尽管从婴儿的角度来看这并不理想，但是迅速补充能量并且诞育后代的黑猩猩母亲能比不着急的个体留下更多的后代。人类可能找到了解决这个难题的理想办法，就是在很小的年龄使婴儿断奶，但继续利用其他能量来源保证后代的发育。传统社会的母亲会转向请她们的家庭成员来分担照顾后代的工作，尤其是较年长的子女和祖父祖母。[7]

人类母亲可以轻易达到大多数猿类两倍的繁殖产出，意味着我们的人口能够更迅速地增长。[8]大猿的数量正在急速下降，以致像山地大猩猩这样的物种已经接近只有1 000只个体，而人类的人口总数却在2017年超过了75亿。此外，在过去的几百年间，西方国家的人均寿命已经增长了一倍以上，母亲和她们的母亲都比过去拥有更长的寿命。[9]文化发展，例如干净的食物生产、环境卫生和医疗服务，都在人类的成功中起到了重要的作用。更重要的是，即便在没有这些舒适条件的小型传统社会中，我们的繁殖优势也明显高于大猿。[10]除了文化优势，人类的社会性也在我们近期的全球扩张中扮演了重要角色。人类学家如今站在了一个相当不错的位置上，来好好研究后续的趋势。

在本书开始时，我们率先认识了汤恩幼儿——非洲南方古猿。你应该还记得，雷蒙德·达特的描述中包含了它第一臼齿的发出。当时，我们还不清楚这名幼童的第一臼齿究竟何时在口中长出，也不了解这对其整体生长发育的含义。10年后，生物人类学家阿道夫·舒尔茨将现生灵长类的牙齿萌出年龄数据整合起来，提出了一个极具影响力的人类发育演化理论。[11]舒尔茨将牙齿萌出的时间和特定的发育阶段联系起来：第一颗恒牙的发出标志着婴儿期的结束，而最后一颗牙的萌出则代表青少年期的结束，或者说成年期的开始。他将更早演化出的灵长类（如狐猴）和较新的物种（如黑猩猩和人类）做了比较，发现随着整体发育过程在演化中不断增长，物种的出牙时间也逐渐延后。舒尔茨推论道，"早期人类"应该介于黑猩猩和人类之间，拥有像人类那样的婴儿期，但整体寿命更接近黑猩猩。

人类学家霍利·史密斯沿着舒尔茨的假说继续探究。1989年，她扩展了舒尔茨针对灵长类牙齿发育和生活史的比较。[12]史密斯发现，第一颗臼齿发出的时间与断奶年龄和雌性灵长类首次繁殖的年龄具有很强的关联性。第一臼齿萌出较晚的灵长类会更晚为婴儿断奶，也会更晚开始繁殖。她还发现，第三臼齿发出与这些生活史特征也有相似的联系。随后，史密斯便能根据现生灵长类的这些趋势推断人类过去的生活史。举例来说，她推断由于第一臼齿的萌出和断奶两个行为在14个物种中都大约发生在同一时间，那么测定正在发出第一臼齿时死去的个体年龄就应该能确定化石人科物种的断奶年龄。在之后的几十年里，这个激动人心的可能性启发了大量有关人科物种牙齿生长的研究，这也是我们下一章的讨论重点。

第一臼齿发出和断奶之间存在联系是有道理的，因为一旦灵长类无法再从母亲那里获取乳汁，它们便需要一副能够工作的牙齿来食用固态的食物。史密斯推断，在较小的乳牙列上增加第一恒臼齿会帮助非人灵长类完成这一饮食过渡。然而，有些人开始质疑第一恒臼齿是否能在所有灵长类中都精确地指示断奶年龄。[13]举例来说，猩猩、低地大猩猩和黑猩猩的第一臼齿在断奶前一年或更早就已出现，而人类在第一臼齿长出前很多年就已经停止哺乳。

我决定和哈佛大学的几名黑猩猩专家合作，以做更多的研究。[14]他们招募了几名摄影师，记录野生大猩猩在打哈欠和玩耍时的嘴部特征（见彩插图6-1）。我们可以根据这些图片来研究臼齿发出是怎样与进食行为及生殖历史相匹配的。令人吃惊的是，我们发现它们的第一臼齿在开始食用固体食物之后很久才发出，但出现在完全停止哺乳之前。例如，图6-1中的雌性婴儿在拍摄时有3.1岁，刚刚发出两侧的第一下臼齿。她的哺乳持续到4.3~4.4岁，这比史密斯对灵长类牙齿发育和断奶年龄的研究所预测的要长。我们认为，黑猩猩第一臼齿的出现可能与它们开始像周围的成年个体一样食用固体食物的年龄挂钩，要早于完全停止哺乳的时间。[15] 在此之前，婴儿在很大程度上依赖其母亲获得营养支持，同时长出小小的颌部和牙齿，如果失去母亲便很少有婴儿能够存活下来。

在仔细研究数千张黑猩猩的牙齿照片之后，我终于有幸在乌干达的基巴莱国家公园亲眼见到我的研究对象（见彩插图6-2）。我见到了一只令人难忘的雄性个体——巴德，它的第三臼齿在16岁时发出。这个年龄非常晚，说明它出现了一定的阻生情况。我们的研究还得到了另一个关键结果，那就是观察到两只年轻的雌性在诞育第一胎前的数月到数年萌发出第三臼齿。这就违背了其他灵长类第三臼齿发出与首次繁殖在同一年龄的想法。你可能会问，为什么来自整个灵长类的数据无法预测黑猩猩的发育里程碑，但是在其他灵长类那里就没什么问题呢？在1989年的研究中，史密斯能够采集到的生活史数据大多数来自圈养动物，而我们现在知道，它们的生活史进程一般比野生种群更快。[16] 圈养的灵长类通常比野生种更早断奶，也更早开始繁殖后代。不幸的是，这就意味着，虽然史密斯的工作在古人类学领域引出了一系列激动人心且十分重要的问题，但我们最后还是不能用臼齿发生的年龄来预测化石人科物种的断奶或首次繁殖年龄等特征。不过，在丧失希望之前，让我们用其他方式来探究自己独特的生活史在何时出现吧。

人类的牙齿发育

汤恩幼儿并非最早被发现的儿童化石，却是其中第一个获得广泛的国际关注的。达特提出，像汤恩幼儿那样刚刚发出第一臼齿的人类儿童大约6岁。但是大多数同行学者都拒绝这种比较，而是强调它在解剖学上与猿类更加相似，说明其发育速度应该更快，就像猿类一样。[17]这使得汤恩幼儿的死亡年龄被学界判定为大约3岁。从那时起，有大量科学家都采用现代人类和猿类的生长模式来估计未成年个体化石的年龄。这种方法假定，已灭绝的物种和现代类群以同样的方式生长发育，尽管两者有着数百万年的演化差异。现在我们已经知道，每种大猿都以独特的方式发育，而且在演化过程中受到不同环境和基因变化的影响。相似地，不同种群的现代人也表现出了细微的演化差异，这使得采用一个族群的生长标准来解释化石记录变得更复杂了。[18]最后还有循环论证的问题。如果我们根据人类或猿类的生长模型来判断化石儿童的年龄，我们就不可能确切地了解它和两个类群之间的相似度分别如何了。

解决这个问题的方法很简单，就是找到能够直接判断未成年化石死亡年龄的方法，但这并不容易。在第2章和第3章中，我们讨论过为何牙齿发育能比其他参数更好地判断儿童年龄，如身高、体重或单个骨骼的大小等。这是因为身体能够保护牙齿生长，免受营养或健康方面微小波动的影响。牙齿和骨骼不同，可不能晚一点儿再"迎头赶上"。你应该能回想起，大多数扰动都不会使牙齿的显微生物节律中断，因此它能记录下我们从出生前到牙齿结束生长时每一天的生活。研究牙齿的显微结构是独立探究化石物种成熟速率的唯一方法，因为它能避免根据现生种群来推测过去的生长速率。

这一古人类学研究领域开始于20世纪80年代。那时，两名年轻的科学家决定数一数牙齿化石外部的显微生长线。[19]蒂莫西·布罗米奇和克里斯托弗·迪安率先根据牙齿上的生物节律估算出未成年原始人类的年龄。他们的工作提供了重要的证据，表明南方古猿、傍人和早期人属成员的牙齿形成速率更贴近大猿，而非现代人。尽管在过去的30年间，他们最初的研究细节已经被整体改进，但大量后续研究（包括我自己的）都证实，我们无法根据人类的生长标准来准确判断南方古猿类的年龄，包括我们在第2章讨论的那些。它们不太可能和我们具有相同的生活史，因为其牙齿钙化的时间、齿根形成的速率以及第一臼齿发出的年龄都表明，它们的成年期要明显早于现代人。

那么汤恩幼儿呢？自1925年以来，人们对其的年龄估计基本上都在3~6岁，并随着研究方法的改进不断在这个范围内移动。[20]布罗米奇在1985年提出，汤恩幼儿在年满3岁后不久就去世了，因为它和一名编号为Sts 24的未成年个体非常相似，而后者的死亡年龄被估算为3.3岁。20年后，布罗米奇和同事们对汤恩幼儿的牙齿发育进行了更详细的研究，将其年龄修改为3.7~3.9岁。2015年，我的研究团队对编号Sts 24和另外几名南方古猿类进行了研究，发现编号Sts 24的死亡年龄比布罗米奇和迪安最初估算的要晚一岁。和汤恩幼儿同一物种的3具未成年化石表现出不同的发育模式。一只的牙齿生长速率比黑猩猩慢，一只差不多，还有一只甚至更快。所以，尽管平均结果差不多相似，但把每只南方古猿类的发育都与大猿等同起来就有些过于简化了。在科学家能够使用同步成像技术研究汤恩幼儿之前，我们就继续认为它死于4岁左右吧。

　　如果南方古猿类没有我们这样漫长的童年，那最早的人属成员又情况如何呢？部分学者相信，人科的生活史在直立人起源时或之后不久就转而出现更长的发育期。[21]最知名的未成年直立人个体是一具精美保存的男性骨架，来自肯尼亚图尔卡纳湖附近的一个化石点，被称为"图尔卡纳男孩"。对他年龄的传统估计为7~15岁，其中年龄下限是根据黑猩猩的发育模式得出的，上限则来自现代人的参考样本。[22]然而，正如我们在南方古猿类身上所看到的，化石原始人类的生长模式和现代人并不完全一致[23]。举例来说，图尔卡纳男孩的牙齿和骨骼的生长速率和现代人就有所差异。根据牙齿生长线估算，他的死亡年龄为7.6~8.8岁，更接近猿类的规律。他不太可能像现代人那样具有缓慢的牙齿和骨骼生长过程，但我们还需要对其牙齿内部的长周期线进行更全面的研究，才能更精确地将其与南方古猿类或现生猿类进行对比。

　　这个领域中讨论最激烈的话题之一就是尼安德特人的生活史和现代人是否相同。[24]科学家为解决这个问题已经探索了多种证据，包括牙齿磨损的规律、发育压力和牙齿钙化。我们在第1章中了解到，为了观察牙齿的显微结构，我们通常会将其切割成薄片。这种破坏性的方法限制了对大多数人科化石的研究，其中就包括汤恩幼儿和图尔卡纳男孩，不过在个别情况下，博物馆馆长会同意对尼安德特人牙齿进行切片。这些机会为研究齿冠的形成时间、死亡年龄和元素化学提供了重要信息，但要和现代人进行严谨的对比，这些样本的数量还是太少了。

幸运的是，我们已经利用欧洲同步辐射光源（位于法国的格勒诺布尔）的"超级显微镜"开发出一种非破坏性的方法。在本书开始时，我介绍过和保罗·塔福罗组成的学术伙伴关系，他为化石牙齿生长研究中的同步影像研发起到了关键作用。这项技术能提供的信息可以和实验室制备的薄片相媲美，而且不用把牙齿切割开来，这点一经证实，我和保罗就决定对悬而未决的问题一探究竟，即尼安德特人是否和现代人具有相同的发育模式。[25]我们花了数年时间和博物馆馆长及其他古人类学家合作，尽可能多地收集未成年个体的信息。最早的结果来自在摩洛哥发现的一名30万年前的未成年个体化石，现在被认为是最早的智人成员之一（见彩插图6-3）。[26]我们扫描了该化石门齿上的一小片牙釉质。扫描结果提供了关键信息，令我们做出了判断——该幼体的死亡年龄为7.8岁。重要的是，该个体颌骨上的牙齿和同年龄的现代人类儿童发育程度相似，这说明我们的生长模式至少可以追溯到30万年前。当时，我对该研究引发了大规模的媒体报道感到十分吃惊，因为我觉得我们还需要其他化石样本才能完全了解这项发现的重要意义。

接下来，我和保罗将注意力转向了几枚尼安德特人化石，它们和人类在50万年前拥有共同的祖先。我们想要确定，这名7.8岁的智人个体所展现的缓慢发育过程是只出现在人类中，还是来自更古老模式的一部分。布罗米奇和迪安已经确定，南方古猿类和早期人属成员的发育特征与我们不同。所以，如果尼安德特人没有我们这样漫长的生长期，那就不太可能在我们的共同祖先中发现同样的特征，也就意味着人类在这方面十分独特。多名博物馆馆长带着他们珍贵的样品来到格勒诺布尔，耐心地等待我们在铅护的房间内用致命的X射线轰击牙齿和颌骨化石，为每块化石收集上千张照片。得到的同步影像让我们能够测量牙齿的形成，并计算多名重要幼体化石的年龄，包括最早的人科儿童化石（见彩插图引言–2）。比利时的尼安德特人在发现时还出土了很多已灭绝的犀牛和猛犸象化石，我们原本认为它应该在4~6岁死去。[27]强大的同步X射线则表明，它死亡时其实只有3岁（见彩插图6–4）。那时的它就已经长出很大的脑部，我们将在下一节回到这个话题。尽管真实的年龄可能相差一两周，但我和保罗都十分自信地报告了该化石的精确年龄——3.0岁，因为同步影像很完美地揭示出白齿内部的生长线，包括该个体出生时形成的那条。

事实证明，尼安德特人的牙齿形成过程要比现代人更快，包括非洲北部的幼年个体，以及在9万—10万年前从非洲离开的最早智人个体化石。如果将利用生长线判断的年龄和用人类生长标准预测的年龄进行比较，我们就会发现，人类标准高估了尼安德特人的真实年龄。这些牙齿发育的差异从童年早期到晚期持续存在，又增添了一条证据，证明人类和我们的尼安德特人表亲在发育上具有很多细微的差别，例如头部和其余骨架的生长。[28]我们的团队推论，延长的牙齿发育生长线出现在人类与尼安德特人从共同祖先分离之后。目前的研究正在将牙齿生长的差异与生活史特征结合起来，如断奶年龄、繁殖成熟年龄和寿命等。举例来说，在第7章中，我们将讨论对牙齿化学特征的研究是如何首次得出尼安德特人的断奶数据的。这一激动人心的突破的基础正是牙齿中忠实的时间记录。

我喜欢大脑袋

在上一章中，我们确定了一系列使人类区别于其他现生灵长类的解剖学特征，例如我们两足行走的方式，以及较大的脑部。人类脑部的尺寸十分傲人，特别是与身体大小相比较时。让我们看一下人类在演化上的表亲。大猩猩是目前体型最大的现生猿类，在历史上也只有已灭绝的亚洲巨猿化石能使其相形见绌。雄性大猩猩的体重是人类男性的三倍以上，但它们的脑部重量却只有人脑的1/3！纵观700万年来的人科谱系，脑部和我们一样大的物种首次出现在化石记录中是在40万年前。这个转变对于认识人类发育的演化过程十分重要。较大的脑部需要大量能量维持生长和正常运转，这种需求甚至会影响婴儿出生的时间。[29]我们并不真正理解是什么引发了脑部的演化增大，也不知道它与我们的生活史变化有何关系。部分学者将脑部大小作为主要的发育标志，不过脑部较大和生活史缓慢之间究竟是因果关系还是巧合，科学家们尚没有定论。[30]

生物人类学家经常为牙齿和脑部建立特殊的联系。[31]例如，1989年，霍利·史密斯发布了她具有里程碑意义的研究，她发现，灵长类成年个体的脑部大小与第一臼齿发出的年龄有很强的相关性。脑部较大的物种，例如大猿，比天资较差的猴类或狐猴更晚发出牙齿。接下来，她又利用这一关系来估计头骨保存完好的化石人科物种在何时发出第一臼齿。由于软体脑组织的印痕极少保存下来，所以科学家通常需要测量颅骨内的空间大小，即脑容量，来代表脑部大小。然而，当史密斯和同事们在几年后重新分析这些数据时，却发现早期人属成员来自牙齿发育和脑容量方面的证据显然指向相反的结论。[32]与南方古猿类和猿类相比，早期人属成员的脑部开始变大，这在直立人出现后尤为明显。但其牙齿生长的情况却与之前的类群几乎别无二致。

其他科学家猜想，脑部和牙齿可能具有相似的生长速率，但与贯穿整个童年期的身高体重增长不同，因为牙齿位于面部骨骼内部，必须与颅骨相接。这种想法还有另一个版本，即人类在6岁左右发出第一臼齿时，脑部已经达到成年体积的95%。[33]然而，这种想法又过于简单化了我们对头部发育已知的内容。头部的骨骼和神经组分在不同的年龄达到最大体积，包括头围、脑容量、脑部总体积和单独的脑叶体积。[34]丹尼尔·利伯曼在他的著作《人脑的进化》中强调了这一观点，并提出围绕脑部的颅骨部分要比面部和牙齿成熟得更快。此外，我们脑部的内部重组会一直延续到30岁，远远晚于牙齿生长完成的时间。而这种微调在我们利用脑容量进行的估算中很难体现出来。[35]

脑容量或身体大小能比第一臼齿萌出年龄或牙齿发育的其他方面更好地预测生活史吗？如果可以就太方便了，因为我们对化石原始人类脑部和身体的认识要比它们花多长时间发出第一臼齿深入得多。这个观点认为，脑部或身体越大，个体的生活史节奏就越慢。[36]然而，这些统计学联系通常建立在对不同灵长类的广泛分析上。如果只关注大猿或人类，这种关系就不那么明显了。举例来说，大猩猩比猩猩具有更大的脑容量和体型，但是其生活史也更快，这就与整个灵长类族群体现出的规律相悖。在这个排行榜上，人类处于一个非常奇怪的位置。我们已经讨论过，人类的体型比大猩猩更小，但我们的脑容量却更大。这些特例使得我们不敢用这两个特征来预测化石人科物种的生活史。我们不禁回想起使用第一臼齿发出年龄来预测断奶年龄时产生的问题，那种方法也无法在大猿和人类身上太好地发挥作用。

尽管存在这些局限，但记录牙齿的发育仍然对追溯化石人科物种的脑部生长过程十分重要。这是因为较大的脑部有多种实现途径，包括更快的生长速度、更长的生长期，或者两者同时作用。不同灵长类的实现方式不尽相同，而且无法完全通过演化关系进行解释。[37]我们已经了解到牙齿的显微生长可用来判断远古儿童的年龄，能够无偏见地与现生猿类和人类进行对比。在探究近亲物种的生长速率或发育时间是否存在差别时，这一指征变得尤其重要。就像现代人和尼安德特人，他们之间的脑部差异要比与猿类或早期人类的更小。[38]举例来说，在我们牙齿发育研究中出现的3岁比利时尼安德特人，他们的脑容量大约有1 400立方厘米，比大多数成年人类都大！在3岁就达到这样的体积需要很快的生长速率，而且它还很可能比人类更早地完成脑部发育。这样的证据再次支持了一个理论，即缓慢的发育模式是人类所独有的。

什么是老年期？

我们对生活史演化的最后一场探索要用到牙齿的磨损规律。我们还记得，明显的牙齿磨损在工业化食物生产之前极其常见。我在第2章中解释过，"洛马"·迈尔斯能够估算出第一或第二臼齿在6年内典型的磨损程度，即从该牙齿发出到下一颗臼齿发出的间隔。他把这一信息扩展开来，根据第三臼齿不同的磨损阶段来判断成年个体的年龄。对于非工业化的人群来说，如果个体的第三臼齿轻微磨损，那他死亡时很可能正处于二三十岁。而第三臼齿已经完全磨平的个体，很可能已经存活到四五十岁。

科学家根据这个想法设计了一项精巧的研究，来区别在年轻和较年长时去世的原始人类。[39]雷切尔·卡斯帕里和李相僖仔细研究了768名个体的臼齿。考虑到化石记录的局限性，这是个相当引人注目的数字。他们发现，能够存活到老年的南方古猿类很少，而存活到老年的早期人属成员和尼安德特人则略多一些。有趣的是，第三臼齿严重磨损的智人个体化石要多得多。也就是说，当我们和尼安德特人从共同祖先处分道扬镳后，老年个体就开始增多了。此外，考虑到尼安德特人比智人更早发出牙齿，而且牙釉质更薄，这个现象就显得更为突出，因为他们可能在更早的年龄就表现出"老年"特征。我们的史前智人祖先能够存活到牙釉质很厚的第三臼齿发生磨损，说明人类的整个寿命（可能还有生活史）都有所延长。

人类学家会把寿命和平均寿命这两个概念区分开来。前者是指任何个体能够生存的最长时间，而后者则指一个种群中平均的死亡年龄。现代人比任何其他灵长类都存活得更久（见前文表6-1），显然也比古代的人科物种更长寿，但一项最近的人口研究却显示，老年人的大规模出现其实是个很新的现象。[40]狩猎采集者和非工业化人口的平均寿命竟然还不到工业化国家的一半。瑞典的历史数据在一个亲缘关系较近的同质化群体中很好地展示了这个现象。1751—1759年间，瑞典人平均可以活到40岁。而随着历史发展，瑞典人的平均寿命已经大大提高，在2000年超过了80岁。这种工业化和非工业化人口的平均寿命差异，甚至大于非工业化人口与非人灵长类间的区别。该文章的作者指出，近期的社会、经济和公共卫生发展迅速地改变了我们的生物学特征，远超过数百万年来的演化历程。我们将在本书的结尾讨论人类是否仍在演化，到时会回到这一话题。

有关人类平均寿命增长的证据补充了卡斯帕里和李相僖的化石研究。智人的寿命可能在物种起源时就已经延长，但我们的平均寿命在过去的几个世纪中才迅速增长。这一点十分重要，因为通过研究牙齿磨损来了解生活史的差异的方式比较粗糙，特别是对于未成年灵长类来说。[41]举例来说，部分人类学家会利用大猿的牙齿磨损规律来预测婴儿在何时断奶。但不幸的是，我没能在自己的研究中证实这种方法，因为黑猩猩的牙齿磨损规律并不与其开始食用固体食物或停止哺乳的时间对应。类似地，人们通过比较年幼尼安德特人和智人化石的牙齿磨损状态，提出智人开始用固体食物补充母乳的年龄要早于尼安德特人。然而，该研究得出的固体食物引入时间不太可能是正确的，因为它远远晚于现代的狩猎采集者和任何非人灵长类，包括断奶很晚的猩猩。我们还需要做更多的研究，才能在比较不同灵长类的牙齿磨损规律之前将多个变量分离出来，如牙釉质厚度、饮食差异和出牙年龄。在下一章中，我们将关注食物颗粒大小和加工方式对牙齿磨损程度及速率的影响，并了解原始人类的饮食组成。

从演化的角度来认识人类生活史最为相宜。这就意味着，有助于健康后代出生和存活的可遗传特征会随着时间的推移在一个种群中增多。在本书的结论中，我们会看到人身自身的发育并非静止的，而是在过去的几个世纪中不断变化的。你可能很好奇，为什么人类的生活史与其他灵长类不同呢？人们已经提出多种理论来解释这一点，不过由于化石记录的不完整性，很多理论都很难验证。[42]有些生物人类学家相信，我们漫长的童年和较高的寿命都源于更高营养的食物。这个理论的基础是认为原始人类开始依赖那些需要通过更复杂的行为才能获取的食物，例如危险的狩猎或采集季节性的食物。学习这些技巧可能需要长时间的发育，在这期间，青少年个体可以很好地利用代代相传的知识，这和我们现代的教育系统如出一辙。

其他学者提出，我们具有漫长的童年是因为脑部较大，需要耗费大量新陈代谢能量。人类脑部对能量的需求在5岁左右达到顶峰，比它停止生长的时间还要早几年。[43]这也是身体生长开始减缓的时间，很可能是由于脑部的巨大消耗，它在体积增长的同时还要积极地进行重组。随着脑部对能量的需求减少，身体的生长则开始加快，并在青春期达到生长高峰。我们在十几岁时的生长期经常被看作另一个独特的人类特征，因为没有证据表明过去的原始人类也有这样的模式。[44]无论我们漫长发育期的终极原因是什么，它都伴随着多样化饮食、复杂社会系统和文化行为的建立。在下一篇章中，我们将看到这些变革如何在牙齿上留下了不可磨灭的印记。

很多骨骼样品都显示，他们的牙齿在
生前曾有过不同寻常的用途。
——牙科博士艾伯特·A. 达尔伯格，
摘自《美国印第安人齿系分析》第
172 页（原文于 1963 年发表于《牙
齿人类学》一书，编者：唐·R. 布
拉斯威尔，纽约培格曼出版公司，第
149-177 页）

第
三
篇

行为

古人类的饮食习惯

近来，"原始人理念"可谓风靡一时。这种饮食和生活方式承诺，回归远古祖先的习惯，能在日愈复杂的世界里提升我们的健康和幸福。尽管对于我们这些从演化角度来专业探究人类生理和行为的人来说，这种文化趋势颇令人鼓舞，但这很有可能过于简化了史前的历史。洛伦·科丹在《原始人饮食法》一书中声称，他"能够确定我们狩猎采集者祖先的饮食习惯"，直到1万年前，"地球上所有人都以瘦肉、新鲜水果和蔬菜为食"。[1]这就有点儿夸张了。请读者不要觉得我在暗示原始人饮食法不健康，这个问题要留给营养学家来解决。我认为有问题的是，它认定我们的祖先只遵循一种饮食习惯，认为我们能将其逐项列举出来，而且在农业发展之前一直保持不变。后面，我们将详细阐述相关的证据。

科丹和他的原始人饮食法追随者们通过化石记录和观察现代狩猎采集者来寻找证据，以推断早期原始人类的行为。[2]举例来说，他指出人类在250万年前就有屠宰动物的迹象，从而得出结论，认为含有大量蛋白质的新饮食习惯加速了人属较大脑部的发育。这并不是一个新的观点，人类学家早已提出类似的人类饮食演变观点，并已争论了数十年，包括从20世纪六七十年代开始极具影响力的"男性狩猎者"模型。然而，科丹忽视了其他有关肉类在早期人属饮食中重要性的视角，也没有思考个体是定期从新鲜狩猎的猎物上获取瘦肉，还是从被遗弃的尸体上获取骨髓和脑组织。[3]我们现在知道，早于人属的人科族群——南方古猿在300多万年前就开始制作工具来切割兽骨。所以，在人属出现之前就已经有某种形式的肉食行为了，比巨大脑部的出现时间早了数百万年。这就动摇了肉食行为在建立人类文明中的首要地位。和大多数科学学科一样，生物人类学也是在不断改进和替代旧观点的过程中发展的，尽管很多想法在最初被提出时十分具有说服力。

　　探究过去700多万年的人类饮食演变是一项雄心勃勃的任务。皮特·昂加尔和同事们在一本着重介绍"已知、未知和不可知"的著作中讨论了这个问题。[4]尽管我们门齿的外观和触感是人类饮食习惯的明显信息来源，但这些每隔几个小时就要上班工作、帮我们咀嚼零食和餐饭的牙齿其实并不是最有力的证据。古人类学家会从原始人类牙齿遗迹的显微结构和化学性质中提取线索，也会在遗迹周围发现的动物骨骼和石器寻找蛛丝马迹。我们还与灵长类学家密切合作，他们负责研究我们非人类亲属的饮食结构和觅食行为。此外，我们还会考虑到古生态学家和气候学家对于古代环境的研究成果。在本书中，我们会深入探讨利用远古物种的牙齿化石来研究古代饮食的成果。各种新方法和极具潜力的分析工具都在不断丰富我们对这种基本行为的了解。正如昂加尔展示的那样，各种各样的观点足以写满一整本书。如果你没有奉行原始人饮食法，那就快拿起爆米花，继续读下去吧！

给我看看你的牙齿，猜猜你吃了什么

要获取生长、保持健康和传递基因给下一代所必需的营养和能量，牙齿是至关重要的。像齿系这样不可或缺的身体部位一直处于强烈的演化压力之下，必须高效工作。发育失调或严重故障都可能会导致饥饿和夭折，这一点直到近代才有所改观。包括亚里士多德和乔治·居维叶在内的比较解剖学家已经强调过牙齿形态和功能之间的适应关系，即牙齿的形状能够反映出它们的功能。我们在第4章介绍哺乳动物的起源时讨论过这个问题。它们的齿系具有流线型的连锁设计，其中门齿和犬齿特化，时刻准备着接纳食物，而前臼齿和臼齿则具有多个齿尖，用来分解食物（图4-4）。

灵长类动物就遵循这个原理建造，尤其是那些只吃少量几种食物的物种。对于那些关心人类独特性的人来说，十分讽刺的是，人类齿系的形态与其他灵长类和哺乳动物相比是比较简单的。我们一般被认定为广泛食性者，或称杂食动物，因为我们的牙齿和消化道并不像很多植食性动物（比如牙齿扁平的牛）那样专一地适用于植物性饮食，也不像肉食性动物（比如牙齿尖利的狮子）那样偏爱肉类饮食。如果把灵长类当成一个整体来比较，我们可以看到明显的基本饮食结构差异。一种齿尖较高，适合食用树叶；还有一种齿尖低矮，用来食用果实和种子。对我们来说不幸的是，这些区别在解读原始人类化石的牙齿遗迹时并没有太大帮助。

在饮食高度多样化的灵长类（包括大猿）中，牙齿形态并不总能反映其饮食偏好。虽然大猿在食物充足时喜食成熟的果实，但它们不得不在果实稀少时寻觅其他食物。生态学家将这些选择称为备用食物，是帮助灵长类度过一年中的淡季的重要食材。对大猩猩来说，这可能意味着食用坚韧的植物，导致演化出较高的臼齿齿尖，上面还长有长长的脊，用来切断植物的茎叶。猩猩在缺乏果实的时候会食用多种食物，例如坚硬的树皮和种子。它们齿冠较低的臼齿上长有细小的脊，能够在大力咬合的时候夹住物体（见彩插图 7-1）。

昂加尔提出，原始人类牙齿形状的微小区别还反映出摄入备用食物的差异。[5]但通过牙齿形态来重建饮食结果仍然比较复杂，果实、种子和树叶并不都是一样的。举例来说，季节性新长出的嫩叶会随着成熟逐渐变硬。想象一下咬上一口成熟的桃子，再咬一口椰子的外壳。这两种果实对相同的咬合力会有截然不同的反应。此外，具有多样化饮食的灵长类也演化出了对应的齿系，能够反映出它们在不同坚硬程度的食物间的折中。牙齿形态与饮食结构间的简单关系可能由于竞争需求而变得模糊，这可能就是使居维叶著名的格言"给我看看你的牙齿，我就能知道你是谁"失灵的地方。我们不可能简单地看看原始人类的牙齿化石，就知道它们曾经吃过哪些具体的食物。

对史前饮食习惯的另一项探索涉及研究牙釉质的厚度。在第5章中，我们讨论过人类和大多数原始人类的齿冠上都覆盖着大量牙釉质，超过我们的非洲猿类近亲。[6]遵循居维叶通过形态预测功能的逻辑，很多人类学家都猜测过这样的厚层牙釉质究竟有什么好处。在1970年，灵长类学家克利福德·乔利在狒狒研究的基础上提出了一个极具影响力的观点。狒狒是生活在地面上的非洲猴类，具有厚厚的牙釉质，而且经常食用草籽。乔利提出，狒狒和原始人类的厚牙釉质可能是为了通过碾压和滚动来破碎小型、坚硬的圆形物体，就像碾磨机那样。在这种情况下，厚牙釉质有利于抵抗食物中或上面的研磨颗粒所带来的磨损。这就产生了"食种者假说"，尤其是和现代非洲狒狒生活在相似环境中的南方古猿。10年后，另一个影响巨大的想法生了根。理查德·凯证明，食用坚硬果实的现生灵长类具有最厚的牙釉质，从而产生了原始人类饮食演化的另一个假说——"胡桃夹假说"。在这种情况下，厚牙釉质能防止牙齿在用力咀嚼坚硬的食物时破裂。

那究竟是哪一个呢？我们的祖先是吃了大量需要精细研磨的砂质食物，还是吃了需要肌肉来大力咀嚼的坚硬食物呢？迄今为止，我们还不清楚哪个模型能更好地解释厚牙釉质的演化。这些想法并不是互相排斥的。厚牙釉质可能在食用细小的强韧食物时抵抗磨损，并同时在用力咀嚼更大的坚硬食物时防止牙齿破裂。如果这还不够复杂，还有人提出牙釉质厚度反映的是对备用食物的摄入，而不是常用或偏爱的食材。这就使问题变得更为扑朔迷离了。我的博士导师劳伦斯·马丁和他的博士导师彼得·安德鲁提出，厚牙釉质是适应更多样饮食结构的体现。[7]这可能是由于人类在非洲的演化过程中进入了更偏温带的环境。相比更稳定的热带生态系统，生活在强季节性环境中的现生灵长类必须在淡季依赖更坚硬的食物，尤其是生活在离赤道较远的地区的那些。

我决定在猕猴中测试这个想法，它们是一种旧世界猴，生活在多种不同的环境中，包括温带的日本、热带的东南亚和摩洛哥山区的季节性雪松林。[8]我的团队测量了数百颗臼齿的牙釉质厚度，发现季节性环境中的猕猴物种的牙釉质比热带物种更厚。这支持了马丁和安德鲁的观点，即厚牙釉质对生活在温带季节性环境中的原始人类尤其有利，他们很可能要不时地食用坚硬的食物。不过在深入讨论这一解释之前，我要先澄清，猕猴在所有居住的环境中都具有非常多样的饮食结构。尽管增厚的牙釉质和季节性环境似乎在猕猴群体中有关联，但我们不可能根据一颗臼齿上的牙釉质就确定某个物种的饮食构成。看来，我们得出了和上述灵长类牙齿形态研究相似的结论。那么就让我们转向其他方法，来揭示我们开始用两足行走觅食后的饮食变化。

牙齿磨损：最后的晚餐？

在理想的世界中，我们对过去饮食习惯的认识应该建立在进食习惯的直接证据之上，而不是通过牙齿形态和牙釉质厚度进行推测。一个看似显而易见的例子就是个体牙齿上的磨损。在第2章中，我们了解到如何利用牙齿磨损来估算骨骼遗骸的年龄。牙齿表面与食物或对侧牙齿发生摩擦时，就会出现这种不可逆的过程，形成亮闪闪的打磨效果。在用力咀嚼时加入研磨性的颗粒，会产生细小的显微划痕和凹坑。牙齿不断与彼此接触后，就会形成磨损的表面，将牙釉质磨平。这些磨损面会随着持续使用越来越大，最终露出底下的牙本质，并使齿尖和齿脊变钝。慢慢地，咀嚼表面上的一个个牙本质暴露点会连在一起，最终形成一片柔软的牙本质和牙髓平台（见彩插图 7–1）。在这个磨损的晚期阶段，牙齿的感染和脱落都很常见，会导致极大的不适感，并影响咀嚼的效率。

在现代的卫生饮食、临床护理和多种食物加工方法的干预下，我们极少有人会自然地达到这一阶段。随机的检验或许能够让你相信，化石原始人类比现代人更容易将牙齿完全磨损掉。对比可见的磨损模式显示，人类内部也存在差异。[9]举例来说，古代狩猎采集者的牙齿比早期的农耕者磨损更为严重。相比完全依赖野生食物的人类来说，后者可能食用更柔软、纤维含量更低的食物。虽然整体的磨损模式可能为两个族群的基本饮食习惯提供了线索，但它对于鉴定现代人以前的原始人类食物来说帮助并不大。这是由于在 1 万—1.5 万年前农业被发明之前，所有的食物都是靠采集、捡拾或狩猎而获取的。

由于可见的牙齿磨损模式在回答有关远古时期的问题方面具有局限性，我们转而付出巨大的努力寻找其他方式，来解码在咬合和咀嚼时镌刻在牙齿上的线索。[10]有一种著名的方法要记录下磨损面上的显微凹坑和划痕。一开始，科学家率先测试了这种显微磨损是由牙齿间的接触导致，还是由于咀嚼食物引起的。科学家用某个研究机构中的豚鼠死胎牙齿与成年豚鼠牙齿进行了对比。幼小的豚鼠在子宫里会磨牙，但这些个体的牙齿并没有显示出任何显微凹坑或磨损。相反，实验室喂养的和野生的成年豚鼠的牙齿都有清晰的显微磨损现象。任何不幸患有习惯性磨牙的人都能证明，牙齿的相互接触会导致磨损，但显微凹坑和划痕似乎是由于所吃的东西引起的。

人类学家可能会略带不敬地将显微磨损称作"最后的晚餐"标志。这其实并不适用于食用柔软食物的现代人或实验室动物，他们磨损牙齿的速率要远远慢于史前人类或野生动物。[11]我们通常会用强大的显微镜在化石的塑料复制品上研究这些微小的痕迹。为了解释远古牙齿上的显微磨损规律，我们最好先从饮食习惯已得到充分了解的现代个体入手。一项对非洲蹄兔（一种生活在地面上的哺乳动物，以植物为食）的研究提供了信息丰富的案例。[12]研究的作者收集了生活在同一区域内两个不同物种的骨骼遗迹，并发现在雨季主要以草为食的物种牙齿上具有大量线性条纹。另一个蹄兔物种就没有类似的条纹，它们在雨季主要以灌木和树木为食。此外，这些磨损图案在不同的季节也不相同。两个蹄兔物种在旱季时牙齿上的条纹都会减少，那时两者都以灌木和树木为食。因此，显微磨损就被下个季节的食物痕迹覆盖掉了。

这项研究得出了一个著名的假说，即这些磨损图案能够用来区分食用地面草被和食用灌木树木的哺乳动物。同样，我们知道食用树叶的吼猴比附近的卷尾猴具有更多的条纹状显微磨损，而后者则有大量凹坑状的显微磨损，应该是由于咀嚼坚硬的食物造成的，如种子。[13]这种划痕和凹坑的基本差异，以及牙齿复杂的表面凹凸状态经常被用来推断化石原始人类的饮食特征。[14]

罗百氏傍人（*Paranthropus robustus*）就是一个经典的例子。这种生活在非洲南部的原始人类具有巨大的牙齿和颌部，而且牙齿表面上有大量凹坑。显微磨损专家将这解释为他们至少偶尔食用坚硬的食物，就像以种子为食的卷尾猴那样。但奇怪的是，东非一个亲缘关系很近的物种——鲍氏傍人（*Paranthropus boisei*）的牙齿上却有着难以描述的显微磨损图案，意味着他们并不食用坚硬的食物。然而，这两个物种具有相似的面部结构和牙釉质很厚的巨大牙齿，看上去似乎非常适合压碎和碾磨坚硬的物体。[15]我们在下文讨论牙齿化学证据时，会再回来介绍这种差异。非洲直立人牙齿上的显微磨损则显示出多样的食物构成，比其他早期人属物种的食物更坚硬或更脆。同样，这个结果与直立人相比于更新纪灵长动物更为精致的面部结构不符，后者的面部和颌部一直被认为适合进食坚硬或脆的食物。大多数生活在200万—400万年前的南方古猿物种牙齿表现的凹坑比罗百氏傍人和直立人更少，而且划痕也比以树叶为食的灵长类少。人们认为这意味着它既没有频繁地食用坚硬的物体，也不会切割强韧的食物，比如树叶。看来，我们无法仅凭显微镜下的磨损证据就判定更新纪灵长动物的食物组成。

正如我们在对比非洲蹄兔时了解到的，牙齿的显微磨损会根据个体死亡的季节中较为丰富的食物类型而变化。现代狩猎采集者会摄入不同坚硬程度的季节性食物，而欧亚大陆北部成功度过多个冰期的尼安德特人很可能也是如此。对其牙齿磨损的研究显示，他们的食物包括植物和动物，具体则取决于其生活区域。[16]生活在地中海和中东森林地带的尼安德特人显示出比欧洲北部的尼安德特人更强的植食性特征。不过尼安德特人整体的磨损特征与近代以肉类为主食的狩猎采集者类似。

然而，肉类并不会产生自己的显微磨损特征。科学家们认为，传统的食物制备方法会引入沙粒或其他研磨颗粒，在咀嚼时形成显微磨损。[17]用来切割尸体的石器可能是研磨材料的来源之一。在一项实验研究中，一名志愿者持续一周每天都食用玉米面松饼，其中的玉米面是用美国原住民传统的砂岩石器研磨的。[18]与他典型的美国式饮食相比，这种饮食方式导致其显微磨损出现了显著提升。用更精细研磨的石器制备玉米面松饼同样产生了显微磨损，不过没有砂岩石器那么多。因此，这些研磨物质或许能够解释为何大量以玉米面为食的史前美国原住民的牙齿都有明显的磨损。古代澳大利亚原住民的牙齿同样磨损严重，可能是由于某些地方用大块的扁平石头来研磨野生种子而造成的。[19]

沙粒的问题一直困扰着显微磨损的研究，因为我们经常很难区分无意中摄入的环境沙粒与带有研磨性质的植物性食物所造成的印记。[20]所有去过沙滩的人都亲密接触过二氧化硅，这是沙子的关键组成部分，也是它具有颗粒感的原因。二氧化硅的天然形态是石英，一种常见的矿物，因其美妙的晶形而深受矿物收藏家和珠宝商的喜爱。植物，尤其是草类，含有微小的二氧化硅颗粒，是它们应对植食性动物的结构性防御。这些"植硅体"在被摄入后会形成高度条纹状的显微磨损，并加速牙齿磨损，对植食性动物具有潜在的威慑作用。实验表明，环境沙粒形成的显微磨损图案可能被错认为食用草类所致。举例来说，一群以猫粮、植物纤维和几丁质为食的实验室负鼠都表现出相似的中等划痕，而一只饮食中添加了沙粒的个体则出现严重的显微磨损，与上文中食草的蹄兔类似。因此，牙齿显微磨损中真正的饮食记号会由于无意中摄入的沙粒而模糊起来，这在开放的热带稀树草原环境和森林地带很可能十分普遍。[21]

如果这还不够令人沮丧，那我告诉你，还有更多因素能够影响显微磨损的形成。[22]例如，意外剥落的牙釉质可能在齿冠上留下小坑，对于食用坚硬物体的哺乳动物及早期原始人类来说，这种剥落是很常见的。此外，咀嚼时牙齿间接触的角度也会影响凹坑和划痕的形成。一项实验证明，牙齿在垂直咀嚼时接触到食物，就会形成凹坑，而牙齿在平行运动中接触到彼此，就会形成划痕。如果牙齿以45度角接触，凹坑和划痕就会混合出现。重要的是，这项研究每次试验都采用了相同的食物。这个发现使重建化石原始人类的饮食结构变得极为复杂。目前看来，我们仍需继续探寻对古代饮食的准确认识。

牙齿化学：婴儿口中的秘密

人类学家经常说"你吃的东西会变成你"，因为这指出了有关我们骨骼和牙齿的一个重要事实。骨骼形成的基础元素，如钙、氧、碳和氮，都能从饮食中直接获得。在出生前和哺乳期，我们的母亲会提供这些重要的元素，以及微量的非必需金属元素。这些都被永久地记录在矿化的牙齿中。一旦我们开始食用固态食物，牙齿的化学成分就会反映出这个变化。当第三臼齿在20岁左右形成完毕后，牙齿便会停止从饮食中摄入元素，我心爱的生长线也停止增加。[23]然而，这些年轻时的化学记录会被一生保存，除非它们被磨损殆尽。相反，我们的骨骼会在一生不断的重建和修复中替换掉早期的元素特征，这意味着成年人的骨骼会与牙齿呈现出不同的饮食历史。

正如你可能想象到的，科学家迫切希望利用这个系统来重建古代物种的饮食。研究人员先用钻头、激光和离子束提取极少量的牙釉质和牙本质，然后将它们放入大型的质谱仪中，就能得到样品中的原子、分子和离子特征。这个方法还能帮我们探究人类及其他灵长类的哺乳行为。[24]过去几年，我和同事一直在研究牙齿薄片中的一种金属元素——钡，它使我们对哺乳过程有了特殊的认识。在上一章中，我解释过断奶为何是一个关键的生活史标志。幼崽在停止哺乳时开始营养上的独立，使母亲能够为下一胎后代储备能量。在讲述我们的发现之前，我需要先解释一下这个元素为何如此有用。钡和钙一同来自母亲的骨骼，在母乳中含量较高，能帮助婴儿建造自身的骨骼和牙齿。但钡并不是钙那样的必需元素，摄入过多甚至是有毒的。由于婴儿的消化道对钙是高效吸收的，而钡的化学性质与钙相似，所以两个元素都很容易从乳汁中吸收到血液里，并最终被写入每个哺乳婴儿的硬组织中。

你可能听说过钡，因为消化道的临床影像技术会用到它。这种金属元素会吸收X射线，从而帮助显示出放射性影像原本很难看到的内部软组织结构。虽然钡在母乳以外的天然食物中也存在，但成年人的消化道并不善于吸收它。几年前，我在准备接受CT扫描时被迫喝掉一整升加了人工甜味剂的硫酸钡。不过我很高兴地了解到，我的身体并不会保留多少这种令人难忘的饮料！

回到牙齿的饮食记录上，我与合作者曼尼什·阿若拉及克里斯蒂娜·奥斯汀发现，钡含量会在牙齿新生线形成后发生变化，这是由于开始哺乳引起的。婴儿出生前的钡含量很低，因为胎盘为发育中的胎儿阻挡了母体的物质，它们大部分被锁在母亲的骨骼和牙齿中。而一旦婴儿开始吸吮富含钙和钡的乳汁，牙齿中的钡含量便开始升高。人类婴儿如果开始摄入商业婴儿配方奶粉，这些含量会进一步上升，因为奶粉中的钡含量比人奶更高。我们的团队还研究了一个实验室群体中的几只猕猴。它们的钡含量水平在出生后升高，就像人类婴儿一样，在完全哺乳期达到顶峰，并在猴子开始食用固态食物后逐渐下降。其中一只幼崽由于疾病和母亲分离了几周，住在医院里。这导致它提前结束了哺乳，而它的第一臼齿在该年龄显示出相应的显著下降，证实了这种方法在记录灵长类幼崽断奶时间方面的强大作用。此后，我们又研究了多种野生猩猩的哺乳行为和断奶年龄。[25]这种极度濒危的猿类可能会持续哺乳8年以上，比任何其他野生动物都长，也使其在环境破坏下尤其脆弱。

我们能够探测并确定生命早期饮食变化年龄的事情引起了公共卫生科学家的关注，因为越来越多的人类研究都发现延长母乳喂养对健康有极大的好处。[26]乳汁能够维持婴儿的生长和免疫发育，同时提供环境和母亲自身健康状况的信号。人类学家长期以来一直致力于了解哺乳行为是否在人类演化过程中发生过变化，但像这样的精确技术直到最近才浮出水面。在第6章中我们了解到，尽管一开始取得了令人鼓舞的结果，但大猿和人类的臼齿发出年龄并不能有效预测断奶年龄，从而限制了它们在探索原始人类化石记录中的作用。

我们的团队应用这种元素方法来记录一名8岁尼安德特人的哺乳行为，因为我之前为他的第一臼齿制作了薄片，用来计算其死亡时的年龄。[27]我用第2章中描述的方法了解到，他的牙釉质在出生前13天开始形成，并持续到该个体2.35岁时。几年后，曼尼什和克里斯蒂娜用他们最新的激光技术扫描了薄片，在相邻的微小点位上进行元素采样。收到钡元素的结果后，我满心怀疑地将它与我的发育图进行对比，因为我们觉得埋藏环境可能覆盖了原始的饮食信息。然而，钡元素的区域清晰地与牙釉质发育重合，死后污染不可能产生这样的规律。正如预期的那样，钡在出生时开始增加，在7个月后下降，和一条较弱的压力线重合。我们推论，这个转变是由于开始食用固态食物。这与传统人类社会的哺乳行为类似，母亲一般在婴儿6个月大时开始喂养其固态食物。黑猩猩婴儿也是在这一年龄前完全依赖哺乳，为我们对尼安德特人儿童的解释提供了更多支持。

随着继续对第一臼齿中的钡元素进行解释，我发现了一个真正的惊喜。婴儿开始固态食物后仅7个月，这个元素信号就出现了急剧下降，在满一岁后不久又重回出生前的水平。这是发现了一名在14个月左右断奶的尼安德特婴儿，而这个情况与人类和黑猩猩相比都有很大区别。传统人类社会的儿童平均在2.4岁时完全断奶，但不同的母亲间有显著差异。黑猩猩为后代断奶的时间甚至更晚（4~7岁）。在更深入地思考尼安德特人钡元素减少时，我想起了我们早期研究中那只患病的猴子婴儿，它过早地与母亲分离。两名个体的钡元素规律极其相似，都出现了急剧下降，和自然停止哺乳的猕猴形成的缓慢下降截然不同。另一个线索就是，牙釉质在钡元素锐减的年龄出现一条非常明显的加重生长线，说明该个体还经历了某种发育压力。虽然我们不可能确切了解当时的事情，但我怀疑这名年幼的尼安德特人可能也过早地与母亲分离，导致它在1.2岁时不自然地突然断奶。通过费尽苦心地将牙齿显微结构和元素化学信息结合起来，我们正在努力确定尼安德特人在更良好的环境下究竟何时断奶。

牙齿化学升级版：你吃的食物真的会变成你

钡并不是唯一有助于了解个体饮食习惯的元素。你或许还记得高中或大学化学课上讲过，元素经常以多种不同质量的原子状态存在。一个经典的例子就是碳，会以质量数分别为12、13和14的同位素形式出现，分别以 ^{12}C、^{13}C 和 ^{14}C 表示，读作"碳12"、"碳13"和"碳14"。在自然环境下，前两个同位素是稳定的，而碳14则是放射性同位素，会在生物体死后以恒定的速率改变自己的原子结构。这个放射性衰变的过程构成了碳14测年法的基础，即剩下的碳14越少，物体就越古老。我们会在下一章继续介绍为化石测年的技术。与探究古代饮食更相关的是另一种碳同位素——碳13，它与我们摄入的食物相关，能够在牙釉质和牙本质上测量。

在上文中，我详细介绍了童年时期的饮食特征如何是永久保存在发育中牙齿的化学组成里的，其中还包括断奶后用来维持生命的固态食物。要解读某些食物信号，我们需要了解，植物中的碳13含量是不同的，具体取决于它们的光合作用过程。某些热带和亚热带植物，包括很多草类、纸莎草和玉米，会从空气中获取碳元素，通过一种叫作碳四途径的节水机制来产生能量。温带或适应寒冷气候的植物则采用另一种产能机制，被称为碳三途径。碳三植物数量更多，占了世界上植物的大多数。虽然它们的光合作用过程在热带效率较低，但它们在那里也有一定分布。这里的关键点在于，碳四植物中的碳13含量要远远高于碳三植物，这个差异也会体现在以这些植物为食的昆虫和动物体内，甚至包括处于食物链顶端的动物。因此，如果动物专以碳四植物为食，比如羚羊，它们的牙齿和骨骼就会比其他以碳三灌木和树木为食的动物（如长颈鹿）具有更高的碳13含量。古代的人类也是这张食物网的一部分，不过我们仍不清楚祖先究竟是在何时登上金字塔顶，成为顶级肉食者的。牙齿的同位素正在帮助科学家精确判断这一转变的时间。

古人类学家花费了过去几十年的时间认真测定非洲原始人类牙齿的碳同位素值，发现在几百万年的时间里，人类的饮食表现出惊人的差异。[28] 目前经测定过的最古老物种是地猿始祖种（*Ardipithecus ramidus*），表现出以碳三植物为主的碳13特征，与现生的黑猩猩更相近，而不是更晚期的原始人类。类似的结果还出现在两名源泉南方古猿个体上，尽管他们与始祖地猿间相隔了200多万年和数千千米。相反，东非面部扁平的粗壮型南方古猿类——鲍氏傍人，则表现出极强的热带碳四植物特征，意味着他们很大程度上以草、块茎和莎草为食。然而，科学家不能排除这样一种可能性，就是他们食用了大量以碳四植物为食的昆虫或动物。该时期的其他原始人类，如早期人属、非洲南方古猿和罗百氏傍人，都表现出综合性食性。著名的汤恩幼儿就是非洲南方古猿，种内不同成员的碳三和碳四比例也不同，使得简单的归纳变得更为复杂。由于我们不可能区分个体究竟是摄入植物还是食用以植物为食的动物，所以还需要其他方法来深入探究这些线索，才能判断早期原始人类究竟在何时从植物为主的饮食转变为添加大量肉类。

那些在追寻"原始人饮食法"的人可能有些迷茫了。我们的早期祖先及亲属们在非洲扩散时曾尝试过多种不同的饮食。一个十分令人震惊的结果当属两个粗壮型南方古猿物种——鲍氏傍人和罗百氏傍人。他们的牙齿和头部几乎一模一样，但食物组成非常不同。这些非洲东部和南部的物种在碳13和牙齿显微磨损方面都显示出差异，不过各种证据的细节并不完全一致。[29]研究他们牙齿、颌部和头骨形态的古人类学家发现，似乎哪里出了差错，因为两个物种的咬合力都相当大，但好像只有罗百氏傍人真正用到其巨大的门齿。这场涉及显微磨损、牙齿化学和面部大小形态的学者辩论充分显示出，理性的人也可能针对远古的行为得出截然不同的结论。[30]

关于走出非洲的原始人类，牙齿化学能告诉我们些什么呢？

不幸的是，有关最早迁徙出去的原始人类，我们极少获得其饮食方面的信息。非洲和欧亚大陆上的饮食研究几乎相差了100万年，一定程度上是由于这些区域的环境历史造成的。举例来说，温带的欧洲几乎全部都是原生的碳三植物，所以比较碳13数值的意义就不大，无法判断不同类型植物的摄入。[31] 相反，研究欧洲原始人类的科学家主要关注食物蛋白质中的碳和氮同位素组合，能够帮助区分肉食动物、植食动物和杂食动物。问题在于，这些分析都需要有机材料，尤其是胶原蛋白——存在于牙本质和骨骼中的重要蛋白质。但遗憾的是，水、高温、微生物和土壤中的化学物质都会加速胶原蛋白的分解，最终导致这种重要饮食证据永久消失。

气候凉爽地区不到10万年前的个体最有希望能提取到胶原蛋白。大部分研究样品都来自尼安德特人的骨骼和牙齿，因为这种健壮的原始人类在凉爽的欧亚大陆上十分自在。[32] 科学家认为，他们通过狩猎大型的植食性哺乳动物来获取大量膳食蛋白质。欧洲史前的菜单上包括猛犸象、野牛、犀牛和野马，其中大部分都已经灭绝。尼安德特人的同位素值与同时生活的大部分哺乳动物基本一致，包括高等级的肉食动物，例如狼或鬣狗。[33] 在尼安德特人的统治末期，生活在欧洲的现代人甚至具有更高的氮同位素值，说明他们具有类似的肉食习性，甚至还包括来自淡水或海洋生态系统的食物。

那么，这些物种只食用肉类吗？有些人指出，任何人科物种都不太可能食用像肉食性哺乳动物那样多的肉类，因为过高的动物蛋白水平对人类可能是很危险的，尤其是对怀孕的女性和婴儿。[34]

这些牙齿化学研究的局限性之一就是，肉类来源的蛋白质会遮盖植物的特征标记，后者在传统的胶原蛋白分析中几乎不可见。有一种新方法主要针对氨基酸中的氮同位素。氨基酸是蛋白质的建筑材料，所以这种方法或许能提供更高的分辨率。率先采用该方法的团队报告称，尼安德特人可能从植物中获取20%的膳食蛋白质。[35]我们稍后会再回到这一话题，因为这些结果与我们重建古代饮食特征的终极方法更加一致。

牙菌斑——食物的捕蝇纸

人类学一个激动人心的新领域就是牙结石的研究，俗称牙垢。我们在第3章中了解到，这种矿化的团块是从一个牙菌斑开始的，也就是一层黏黏的生物膜，里面容纳着口腔里的细菌和它们的代谢废物。细菌菌落会牢牢固定在齿冠和暴露出的齿根上，用舌头舔上去会有种"毛茸茸的感觉"。这些菌落能产生矿物质，会变硬并捕获微生物，还能捕获食物颗粒和宿主的口腔细胞。硬化的牙菌斑层会逐渐累积，在不常刷牙的人口中可能大规模存在（见彩插图7–2）。对于挑剔的口腔卫生专家和患有牙龈炎症的人来说，牙结石可谓是严重的灾难，但它们还是强大的时间胶囊，能帮助探索人类饮食和口腔健康的演化。[36]它们能保存数千年，基本无法渗透，而且较好地维持原本的结构和组成。

生物学家早已知道，哺乳动物的牙结石能够保存超过40年的微小残留物。直到2011年，阿曼达·亨利和同事们才因为鉴定出尼安德特人牙结石中的微小植物残留而登上头版新闻。[37]在本章稍前，我们讨论过植物如何与二氧化硅结合，形成坚硬的微小植硅体来磨损牙釉质，以达到结构性防御的效果。科学家竟然能够通过植硅体和矿化牙菌斑里捕获的淀粉鉴定出植物的种类，尽管并不总能达到DNA研究那样的精度。淀粉是一种复杂的碳水化合物，根据植物类型和部位的不同，其大小和结构也不同。亨利和她的同事们能够从三名生活在现今比利时和伊拉克所在地的尼安德特人身上提取到少量这种微体化石。她的研究团队将其与现代植物进行了对比，鉴定出了枣椰、豆类和草籽。有些淀粉甚至是经过烹饪后才被食用的，为我们提供了目前最具体的饮食线索！

随后几年，两名西班牙尼安德特人的牙结石中也发现了经过烹调的淀粉，证明这种行为在多个地区均有出现。[38]淀粉被加热后会经历一种不可逆的结构变化，使其更容易消化。这说明，尼安德特人有意地通过烹调改善了植物的适口性。所有的现生人类群体都会加热食物，但古人类学家却一直难以在化石记录中找到确切的烹调起源证据。[39]古代的灶台证明尼安德特人出现在欧洲时已经能够控制火。然而，过去有关烹调的直接证据却只能靠烧骨和烧石来推测。

我们所吃的食物含有宏量营养物质——碳水化合物、脂肪和蛋白质，以及微量营养物质——维生素和矿物质。碳水化合物在化石记录中几乎不可见，除了通过碳同位素来检测，但碳同位素不能区分直接摄入的植物和以植物为食的动物。尽管同位素数据曾将尼安德特人当作超级肉食者，但近来牙齿磨损和植物微体化石的证据对它提出了质疑。尼安德特人似乎比较频繁地摄入草籽，包括小麦和大麦的野外亲属，还有块根和块茎。晚于尼安德特人进入欧洲的现代人在牙结石上也有类似的微体化石。这一证据与"原始人饮食法"的观点背道而驰，它声称早期人类不食用谷物或淀粉类植物，所以我们应该避免食用这些食物。

你可能想问，这些牙结石中的植物遗迹能在怎样的程度上代表个人的整体饮食状况呢？亨利和她的同事们巧妙地利用人类和黑猩猩的牙结石测试了这一点，这两者的饮食情况都经详细追踪记录。[40]他们发现，单独一名人类牙齿上的微体化石并不能很好地反映其饮食结构。这似乎是一个抽样问题。为获得最准确的饮食范围，我们必须要研究多名饮食相似的个体。由于不是所有的植物都包含淀粉或植硅体，所以有些无法通过这种方法探知。对黑猩猩牙结石的研究也得到一致的结果，它提取到的植硅体比淀粉多，而实际摄入的淀粉应该要更多些。此外，我们在黑猩猩的饮食中发现了更大的淀粉和植硅体，这与较小的植物残留物相比更容易辨认。亨利和同事们得出的结论是，牙结石中残留的微体化石最能够解决的问题是判断特定种类的食物是否存在，而不是揭示古代原始人类食用的所有植物。

沿着这些思路继续进行的研究发现，牙结石不仅能捕获碳水化合物，还能捕获膳食蛋白质。考古学家克里斯蒂娜·沃林和她的团队在欧洲和亚洲西南部的人类牙结石中发现了乳清蛋白。[41]我们在距今3 000年前的样品中发现了这些蛋白，而且保存得十分完好。她的团队甚至能够判断出有些蛋白质来自牛奶，而其他则来自羊奶。尽管对牙结石中的古代膳食蛋白质分析研究才刚刚开始，但它们已经在追索近代人类结合动植物食材方面展现出了巨大潜力。请继续关注这些发现引出的下一个饮食时尚吧！

我承认，在回顾古代人类饮食的牙齿证据时，关于哪种方法值得信任，我有一些迷茫，尤其是当作者对研究方法提出警示，而且结论互相矛盾时。举例来说，尽管实验室和野外试验都证明，食物能够在现生哺乳动物的牙齿上产生凹坑和划痕，但仍然有大量因素令解读原始人类的饮食扑朔迷离。实验已经证明，研磨颗粒存在与否、不同的咀嚼机制以及特定食物硬度的差异都会使相同的食物产生不同的显微磨损特征。相反，相似的显微磨损特征可能是由于不同的食物、咀嚼机制和研磨性污染物相互组合而造成的。最安全的方法就是综合多种技术，并且始终牢记每种方法的偏差和局限性。例如，最近一项对南方古猿源泉种的研究将牙齿显微磨损、碳同位素、牙结石内的植物微体化石、牙齿大小和面部结构的证据都结合了起来。[42] 人们目前的共识是，非洲南部的原始人类具有相对独特的饮食结构，含有大量碳三植物，很可能包括热带的喜阴和喜水植物，还有果实、树叶和木质或树皮。后面几项对他们来说也不太美味！

类似的方法组合正在改变古人类学的传统认知，包括尼安德特人主要以狩猎或捡拾肉类为食这一点。比利时尼安德特人最新的氮同位素分析表明，他们的饮食中含有大量植物，这与牙齿显微磨损和牙结石上的信息一致。这种达成共识的分析结果在古饮食研究中非常少见。把原始人类牙齿的证据与颅骨构造、工具使用和屠宰动物遗迹的证据结合起来后，我们就无法否认他们的饮食会随时间和环境的不同而变化。希望效仿史前人类饮食习惯的人们其实有着大把的选择呢！

牙齿——工具、警示和导航装备

对牙齿爱好者们来说，牙齿磨损和牙菌斑堆积记录下来的饮食习惯不过是冰山一角。其他的牙齿功能又称"副咀嚼行为"，也激起了科学家们强烈的好奇心。1963年，艾伯特·达尔贝格在开创性的《牙齿人类学》一书中提出，牙齿在史前时代"曾被用来实现特殊的功能"[1]。然而，后续包含大量图片和遗迹报告的人类学研究则认为，非饮食性的牙齿使用其实并不特殊。在这些案例中，有很多是牙齿使用的意外副作用，而其他的则是有意而为（下章着重讨论）。临床医生和父母都警告我们不要冒险地使用牙齿，以免造成无法弥补的伤害，但这些行为在过去其实非常普遍，以至于牙齿和颌部又被比作"第三只手"。在非工业化的社会中，任何牙齿行为都是值得鼓励甚至意料之中的，尤其是在生死攸关的时刻。

在下文中，我们还将看到犬齿如何成为某些雄性灵长类动物的地位象征，帮助他们为了繁殖而斗争，还引发了有关人类一夫一妻制起源的辩论的。相关研究已提出质疑，现代人是否经历过"自我驯化"的过程，才导致男性和女性在解剖学上的相似性，包括男性犬齿缩小，骨骼强度退化等。牙齿还提供了有关祖先迁徙路线的线索，以及不同人科谱系的迁徙路线在交会时的"融合"证据。这个话题更是深深吸引了小说家们的注意，例如琼·奥尔和她的《洞熊家族》。最近，古DNA专家更为这个过去看似不可能的观点添加了科学证据。

人类学家C. 罗林·布雷斯的观点可能会让上文提到的医生和父母大吃一惊，因为他提出，在传统的狩猎采集者中，"门牙的作用……是钳子"[2]。文化人类学家观察到，在小型社会中，牙齿经常用来衔咬动物皮肤、肌腱或植物纤维，就像钳子一样。从北美到澳大利亚，这些行为都十分普遍。[3]第一手报告显示，澳大利亚原住民甚至用牙齿来削剥石器，实在让我们这些从小就被教育要认真保护牙齿的现代人大吃一惊。很多狩猎采集者还用门牙来剥树皮，制作挖掘用的木棍或者长矛。西北太平洋地区的原住民可能会用牙齿来拉紧雪橇的缰绳、打开冻上的罐子、啃咬兽皮制成服饰、夹住弓钻的固定槽[4]，或者撕扯海豹肉等。传统的斯堪的纳维亚社会中也有类似的活动。此外，他们还可能用牙齿弯曲锡丝，甚至阉割驯鹿！

工业化的群体也有不那么剧烈的牙齿使用方式，包括夹住细线、指甲、细绳、乐器和笔，不过随着电脑取代纸质笔记本，许多人已经逐渐放弃了最后这一项。如果你在一生中不断重复这些行为，就可能在牙齿上产生深沟、缺口、明显的划痕，甚至导致牙齿脱落。一个典型的例子就是泥瓦烟管，这是欧洲和北美历史中很普遍的一种吸烟方式。黏土中的天然磨料会经常摩擦用来衔住烟管的牙齿，形成与烟管完美贴合的圆形凹槽。我们在下文中将了解到，科学家正是利用这样的观察推断出，尼安德特人也会把门齿和犬齿当作工具。[5]C. 罗林·布雷斯是该想法最初的拥护者，不过他也承认，我们不可能"真正了解史前人类究竟用牙齿做什么"[6]。我们应该牢记，用现代人或非人灵长类来研究过去有一个假设前提，即古代的行为并没有太大变化，这个假设可是有待商榷的。

科学家在法国拉费拉西发现了一名男性尼安德特人，其前牙严重磨损，而且形成斜面。关于他特殊的牙齿磨损原因众说纷纭。这具成年骨骼在1909年发现于多尔多涅河谷，包含目前最完整的尼安德特人头骨之一。有些人认为，他过度磨圆的前牙曾被用作第三只手或者钳子，而其他科学家则将这样的磨损方式归因于非常耐磨的食物。后续的发现使辩论继续升温，包括在伊拉克发现的一名男性尼安德特人——"沙尼达尔1号"。他的前牙已被磨损到根部，表面向内弯曲，和拉费拉西的尼安德特人类似（见彩插图8-1）。沙尼达尔1号是迄今为止发现的最年老的个体化石之一，他曾忍受着严重的残疾，右臂残缺。一种解释认为，这名个体要靠牙齿来补偿无法使用的手。[7]尽管正如布雷斯所言，这一有趣的假设并无法被证实或证伪，但它和现代人的行为是一致的。这样的例子不胜枚举，人们能够用其他身体部位发展出非凡的技能，例如残疾的艺术家能用嘴叼着画笔来绘画。

目前，有三类证据能支持尼安德特人把牙齿作为工具这一观点：牙齿上经常出现又大又深的划痕、牙齿发生极度弯曲的磨损，还有门齿和犬齿较大。[8]第一种情况下，尼安德特人的前牙上经常密布着倾斜的划痕，像是他用两排牙齿夹住物体，以便用石器切割，却时不时切歪了。尼安德特人门齿上的划痕与西北太平洋地区的原住民及美国的普韦布洛印第安人很相似，而这些人会用牙齿完成很多非饮食的工作。在一项巧妙的实验中，科学家用瓷制的牙齿模型将肉夹住，然后用燧石工具切割。用左手持工具向右切割时，会留下一种划痕，而用右手持工具向左切割时，则会留下不同的印记。这些印记与尼安德特人牙齿上的划痕很相似，因此该论文的作者们认为，尼安德特人很可能有这样的行为，而且大多数个体都惯用右手。

另一个支持尼安德特人非饮食性牙齿活动的现象就是前牙弯曲的磨损方式。被夹在牙齿中间的物体被反复拉扯，可能会使牙齿出现斜面，就像拉费拉西化石和沙尼达尔1号那样。大多数古人类学家都认为，尼安德特人要穿衣服才能存活，尤其是在季节性更加明显的欧亚大陆北部环境中。我曾有幸参观过德国尼安德特谷化石点附近的尼安德特人博物馆，那里展出着栩栩如生的尼安德特人复原模型，都穿着厚重的皮毛。在历史上，皮毛猎人会对动物皮毛进行一系列处理以便保存，例如去除粘连着的肌肉和脂肪。很多对尼安德特人的艺术演绎都呈现了他们用牙齿夹住皮毛进行刮削的场景，应该是非常合理的，特别是因为西北太平洋地区和澳大利亚的狩猎采集者也拥有这样磨圆的牙齿。像尼安德特人一样，这些人类群体生活在很多最极端的环境中，会迅速磨损牙齿，直到最近才有所改变。[9]

支持尼安德特人把牙齿当作工具的最后一个论点就是他们特化的面部结构，代表其对此类行为的适应。[10]尼安德特人的面部较大，前牙相对突出，形成吻状的面部，还没有下巴来平衡。我曾花大量时间研究牙釉质的厚度，结果发现，尼安德特人的实际门齿厚度超过根据其他牙齿估算的数值。[11]这与猩猩的规律相似。当喜爱的食物匮乏时，它们会用巨大的门齿剥去坚硬的树皮。尼安德特人较大的前牙齿冠下还长有很大的齿根，可能代表着对用牙齿固定物体时产生耗散力的适应。部分个体的齿根还长有很厚的骨质，是一种坚硬的胶状物质，将牙齿固定在齿槽里，会随着重复或加大的力而增厚。这种适应可能带来某种演化优势，能使这所谓的"第三只手"更为专业化而且高效。

综上所述，多条证据为"工具牙齿"假说提供了强有力的支持。不过，我不禁回想起C. 罗林·布雷斯的观点——我们很难确定远古的行为，尤其当这个结论还是建立在用现代人来对比已灭绝物种的基础上。遗憾的是，现代非饮食性的牙齿使用通常是利用骨骼遗迹，再根据相似人群的文化特征推断出来的。科学家很少有机会研究有终生行为习惯记录的人类牙齿，而这才能建立某种行为与特定牙齿磨损或损伤的关系。尽管未来的研究可能会克服部分限制，但我们对原始人类从何时开始、又是如何利用牙齿生存的认识，很可能始终要靠一定的猜测。[12]对于比尼安德特人更早的物种尤为如此，因为我们对其文化或行为更是所知甚少。

犬齿和雄性攻击性

多亏了查尔斯·达尔文在《人类的由来》一书中的卓越见解，我们还有更多方式通过牙齿的功能了解原始人类的行为。达尔文注意到雄性和雌性灵长类的牙齿大小不同，并将其与它们的社会行为联系起来，展开了另一场有关演化的激烈辩论。下次去动物园时，请注意观察那些生活在地面上的非洲狒狒或山魈，看看雄性在打哈欠时不经意地亮出的惊人的牙齿。灵长类雄性的犬齿比雌性大得多，这一点在某些猴类和猿类中尤为明显。同一物种不同性别的解剖学差异又被称为性别二态性。对某些灵长类来说，犬齿大小的性别二态性甚至超过体型的差别。虽然较大的灵长类自然长有更大的牙齿，但雄性犬齿要比其他牙齿和身体加大得更为突出。举例来说，雄性山魈的体重大约为雌性的3.4倍，但它们犬齿的大小却为雌性的4.5倍，平均可达惊人的45毫米（见彩插图8-2）。[13]

犬齿的性别二态性已成为性选择的经典案例。达尔文认为性选择也是一种演化机制，而且与自然选择不同。他解释称："性选择依靠的是某些个体在物种繁衍上相对其他同性个体更为成功，而自然选择则是靠任何年龄的雌雄两性在整体生活状况上的成功。"[14] 达尔文提出，较大的犬齿能够作为"性争斗的武器"[15]，就是说在与雌性交配方面，较大的犬齿能给雄性灵长类带来优势。他认为，雌性会挑选具有特定结构特征的雄性，例如灵长类的大型犬齿，或鸟类华丽的羽毛，以保证后代能够继承这些优秀的特征，成功繁殖。这些犬齿可不仅仅是尺寸大而已，它们还是像匕首一样的利刃！猿类和猴类都演化出了保证牙齿锋利的强大机制：它们用上犬齿在下前臼齿长长的倾斜表面上反复摩擦，就像磨刀石那样。

许多科学家已经对这些想法进行了检验。例如，一项针对山魈的研究表明，长有巨大犬齿的雄性能够留下最多的后代，这些繁殖成就都在犬齿达到巅峰长度的2/3以上时完成。[16]年轻的雄性牙齿还未完整萌出，而年老的雄性牙齿已经磨损或缺失，它们极少能在这个群体中诞育后代。这些结果十分瞩目，因为灵长类解剖学特征和繁殖成就的关系是很难量化的。它们生长缓慢、寿命长，而且交配行为十分随意，这些都使得检验某个特定特征是否真的增加了"演化适应性"变得更加复杂。在这个例子中，雄性山魈的大型犬齿增强了个体对下一代的遗传贡献，从而成为经典的演化适应特征。

达尔文又说对了，至少在山魈的巨大犬齿演化方面是正确的。那么这个趋势能解释我们人类谱系吗？生物人类学家已经研究过犬齿大小与不同非人灵长类行为的关系，希望能了解早期原始人类的社会系统究竟有怎样的面貌。[17]山魈和某些狒狒物种都生活在一夫多妻制的社会群体中。通过与其他雄性进行争斗，一只首领雄性会垄断与多只雌性交配的生殖权。猩猩和山地大猩猩也有类似的趋势，特别是标志性的银背雄性大猩猩，能统领整个雌性"后宫"和它们的后代。尽管经过数百万年的演化分离，但这些独裁的猴和猿类都在犬齿大小和体重方面具有极端的性别二态性。与之相反，在雌性与多只雄性交配或很大程度上一夫一妻制的社会中，性别二态性通常要弱得多。[18]

为了确定原始人类犬齿的性别二态性，我们首先需要判断保存有可测量牙齿的个体生理性别。法医人类学家在现代人骨骼上确定了一系列特征，能够比较可靠地判断性别。最好的判断指标就是骨盆的形状，因为它体现了女性为安全诞育长有巨大头部的人类婴儿而发生的适应。其他有用的特征还包括四肢骨的长度和厚度，以及肌肉与骨骼的连接处，男性的平均数值都比女性更大。面部大小和形状也反映出一定程度的性别差异，包括头骨上特定脊的发育。如果发现牙齿时没有同时发现其他身体骨骼部位，那这项工作就更具挑战性了。

现代人的犬齿有很微弱的性别二态性，男性的犬齿大约比女性大5%~10%。[19]其余牙齿的差异则小于5%。因此，门齿、前臼齿和臼齿在决定现代人骨骼的性别方面没有太大的帮助，因为两性重叠的部分太大，预测的结果和猜测差不多。我们后面会着重讨论一个重要的例外情况，就是牙齿保存DNA的时候，但这种情况在欧亚大陆之外的牙齿化石中鲜有发现。在本书最后一章，我还会介绍一种前景大好的新方法，主要针对男女不同的牙釉质蛋白质。如果这种方法能够应用于原始人类，我们或许有一天就能够了解远古的男女究竟有多大差别，也能更好地认识他们的社会群体。但就目前来说，我们不得不转向其他方法。

人类学家测量了我们近亲的犬齿来判断化石个体的性别，但得到的结论比较谨慎。[20]最主要的复杂之处在于，黑猩猩雄性和雌性的犬齿大小高度重叠，现代人也是如此。鉴于我们与黑猩猩的共同祖先也很有可能具有两性大小重叠的犬齿，要想在没有其他骨骼遗骸的情况下推断犬齿的生理性别就会存在很大问题，对于来自较大雌性或较小雄性的犬齿尤为严重。在单个的始祖地猿犬齿被发现后，这个问题开始被人关注，那是当时已知最接近猿类的原始人类。最终，一具头骨较瘦长的骨架帮助证实了它的犬齿二态性。[21]牙齿专家谏访元和他的团队测量了该成年骨架的犬齿，并对单个牙齿进行了一系列统计模拟。原来，该骨架的犬齿比同一物种已发现的大多数犬齿都小，致使发现者认为它是雌性。地猿犬齿的性别二态性似乎介于现代人和倭黑猩猩之间，后者是黑猩猩的近亲。

目前，古人类学家一致认为，早期人科和南方古猿的犬齿性别二态性并没有大猿和旧世界猴那么明显。从表面上看，这可能说明相比犬齿二态性更明显的灵长类，我们的男性祖先较少直接参与斗争。一位成就显著的解剖学家欧文·洛夫乔伊曾在20世纪80年代提出，原始人类采用一夫一妻制或者三口之家的结构，促进了我们的演化成功，这一观点曾引起激烈的争论。[22]尽管很多学者都指出了洛夫乔伊理论的缺陷，但当时的艺术演绎和博物馆陈列都戏剧性地表现出一对阿法南方古猿在平原上漫步的场景。这个浪漫的场景是受到一处真实足迹化石的启发，该足迹被永久地保存在莱托利遗址360万年前的新鲜火山灰里（见彩插图8-3）。虽然这组相邻的一大一小两列化石足迹可能是由一男一女的原始人类留下的，但我们尚不清楚这两人是不是并肩行走，甚至是不是在同一时间经过的。[23]

犬齿性别二态性的测量结果能否支持洛夫乔伊的观点，证明早期原始人类以三口之家的方式生活呢？可能不行。生物人类学家迈克尔·普拉夫肯对灵长类犬齿、性别二态性和社会系统进行了数十年的研究。[24]他的研究显示，较弱的犬齿二态性并不能准确预测灵长类的交配制度。换句话说，雌雄犬齿大小的显著差异能够比较可靠地指示一夫多妻制的交配系统，但缺乏明显差异并不一定意味着该物种遵循一夫一妻制。倭黑猩猩就是一个很好的例子，尽管雌雄的犬齿大小比绝大多数大猿都更接近，但倭黑猩猩的性行为却非常混乱[25]。要解释这个看似例外的现象，最关键的信息就是倭黑猩猩同性或异性间的攻击性都很低。这种多配偶的灵长类可谓是"要爱情不要战争"的典型案例，这种方式能将紧张氛围控制在最低水平，同时降低对大型犬齿的需求。这对原始人类繁殖行为的意义仍有待探究。[26]根据现生灵长类以及人类演化初期不完整的化石记录信息，我倾向于支持普拉夫肯的观点，也就是原始人类犬齿的性别二态性并不足以判断早期祖先究竟更像一夫一妻制的长臂猿，还是多配偶制的黑猩猩。

在妄下结论前，我们有必要回顾下达尔文的另一个想法。他并没有关注社会系统，而是十分有力地论证了，随着人类用"石器、棍棒和其他武器"代替了尖利的犬齿，原始人类的犬齿也在演化时间尺度上逐渐缩小[27]。将近一个世纪后，拉尔夫·霍洛威对该观点进行了回顾。那时，这已经成为人类学的正统观念。霍洛威敏锐地指出，该想法并没有说明原始人类为何不能在长有巨大犬齿的同时使用工具战斗。[28]针对小犬齿为何比大犬齿更具有优势，达尔文和洛夫乔伊都没能给出理由。相反，霍洛威提出，犬齿缩小是雄性侵略性逐渐降低的副产品，而不是使用工具的结果。他假设，合作行为开始出现在某些原始人类族群中，给他们带来了竞争优势，胜过不那么合作的族群。这就导致侵略性降低，也减少了某些激素水平，从而影响了第二性征的发育，包括犬齿。

关于人类"自我驯化"的新模型将假设的睾酮（与侵略性和统治行为有关的雄性激素）变化与化石记录中观察到的某些趋势联系起来，从而进一步拓展了这个思路。[29]智人出现之后发生的解剖学变化包括颅骨外侧突起的减少，以及脑部和犬齿的缩小。有人指出，通过选择性繁育变得更加温顺的狗身上也有类似的变化。我觉得这种对犬齿二态性减弱的可能解释十分有意思，于是进行了深入的文献研究，以更好地认识牙齿如何随驯化过程变化，以及它对我们自身的演化有怎样的启示。可惜的是，有关犬类和狼类在驯化过程中犬齿二态性减弱的直接证据并不多。这里很容易让人糊涂，因为驯化可能会导致牙齿缩小，并使后代的犬类由于面部缩短而出现牙列拥挤，但并没有证据显示雄性犬齿缩小的程度超过雌性。

该理论的相关版本意味着，演化自更好斗祖先的倭黑猩猩应该发生过同样的犬齿二态性减弱趋势。然而，倭黑猩猩犬齿的性别二态性却和非洲西部的黑猩猩类似，并不支持只有温顺的倭黑猩猩才具有较低性别二态性的观点。[30]最后，人类的自我驯化理论并不能解释从地猿和南方古猿以后的犬齿缩小。对于可测量的解剖学特征，尽管我们很希望将它与一夫一妻制、合作行为和侵略性降低联系起来，但我们还需要更多证据来说服大多数古人类学家。或许，更多有关激素对于牙齿发育和犬齿大小影响的研究能够给我们带来更多的关于社会行为之于人类演化的洞见。[31]

牙齿——时空的标记

除了为古老的饮食习惯和社会行为提供线索之外，牙齿化石还能告诉我们，祖先们从何地在何时遍布全球。我们在第5章介绍过，达尔文正确地指出人类起源在非洲，尽管当时那里还没有发现人科化石。现在，我们是地球上分布最广的灵长类，这都应该感谢我们的合作文化和复杂的技术创新。向远方漫游可以说是我们演化遗产的一部分。至少有一个人属物种曾经在近200万年前进入欧洲和亚洲，随后更有多次移民迁徙潮，其中就包括我们智人。科学家将偶然发现的骨骼遗骸和石器的碎片放在一起，以拼凑远古迁徙的时间和路线。地球化学的重大进步和分子生物学的发展也使我们对过去10万年间的世界人口状况有了新的认识。

在介绍这些前沿方法之前，我们首先应该了解，牙齿扮演着简单却必要的角色，帮助科学家判断不同时期的祖先在辽阔大地上的位置。举例来说，目前有关智人抵达亚洲的证据来自约8万—12万年前在中国发现的牙齿，其次是在苏门答腊岛发现的保存于6.3万—7.3万年的两颗牙齿。[32]这些日期令很多学者十分惊讶，因为它们证明现代人抵达亚洲要远远早于欧洲。除了探究人类在何时抵达各个地区之外，我们还有很多问题亟待解决，包括这些居民发生过什么事情，还有他们与现代生活在那里的人又有什么关系。一个多世纪以来，我们一直在牙齿和头骨的形状中寻找答案，但最近又有了古DNA的线索。

对训练有素的眼睛来说，牙冠表面会显示出细微的差异，产生不同人群各不相同的图案。[33]一个惊人的例子就是"铲形门齿"经常出现在北美原住民和部分亚洲族群中（见彩插图8-4）。他们的上门齿具有勺状的外观，形成弯曲的咬合边缘，可以很容易地与欧洲及非洲人更简单的扁平状门齿区分。像铲形门齿这样难以测量的特征叫作非度量特征，克里斯蒂·特纳和同事们对其进行过细致的记录。特纳是一位学术先驱，从事研究工作达40多年，并培养了数代牙齿人类学家。他对牙齿形状进行了详尽的研究，最终发展出一套有关新世界殖民的新理论。特纳提出假设，亚洲东北部的人群经三波从白令海峡迁徙过去，繁衍生息，成为南北美洲不同的原住民。尽管近期有研究针对特纳模型的某些细节发起了质疑，但学术界已经广泛接受了他的模型，齿冠上的非度量特征能像颅骨形态一样区分不同人类种群。现在，人类学家倾向于将这些特征与语言和基因信息结合起来，以判断不同种群之间的关系。但有些情况下，要判断史前人类的身份及其与现代人的亲缘关系，牙齿的大小和形状可能是唯一的线索。

60多年前，对齿冠的研究使牙齿人类学正式成为一个学术领域，而元素和分子分析的创新则极大地拓展了我们从中了解到的全球人类定居历史。举例来说，我们上一章介绍过通过牙齿化学来了解饮食结构的方法，它也能揭示人类的迁徙历史。某种元素的不同原子——同位素，对于研究童年时期的环境尤其有效。锶元素在地质构造中具有独特的同位素特征，随着岩石的年龄和形成方式而变化。锶同位素会被植物自然吸收，并进入食用了这些植物的动物，其中也包括原始人类。随着骨骼和牙齿在童年期矿化，它们也会记录下本地的地质特征，就像全球定位系统那样。我们可以测量不同锶同位素的比例，来判断某个人或动物是当地土生土长，还是在其他地方长大又随后迁移到遗骸被发现的地方。我们可能很难想象一生都生活在一片很小的区域内，但在动物驯化和车辆被发明之前，我们的祖先只能靠双脚探索世界。

锶同位素被广泛用于研究欧洲和美洲的近代人类遗骸，还有越来越多的研究开始测定远古的非洲原始人类化石。我曾有幸和一个极具创新性的考古学家团队合作，他们当时在研究希腊首次发现的尼安德特人化石。[34]通过分析该化石第三臼齿的生长线和锶同位素，我们发现这名个体在6到11岁间曾数次迁徙。此外，这具成年个体化石发现于一个海边的洞穴里，但它的锶元素含量却高于该洞穴的环境。与该数值相符的最近地点在大约20千米之外，很靠近一个可能的石器原材料来源，那里大概是尼安德特人青年时期重要的教育基地。

确定这名个体准确的童年住所还需要更多区域地质方面的信息，但我们的研究为认识尼安德特人一生中的迁徙距离迈出了重要的一步。大多数方法都要依靠更间接的土地使用证据，例如化石周围发现的动物遗骸种类，或者用于制造石器的材料来源等。目前的研究将受益于勘探广阔区域内锶同位素特征的大规模项目，因为它能得到某种牙齿的地理指纹。例如，地球科学家马尔特·威尔斯曾精心绘制整个法国的锶同位素地质图，为推断大量尼安德特人和现代人遗骸的童年居住地提供了无比宝贵的资源。[35]一旦我们能将史前人类的同位素值与区域锶地图做对比，就可以在判断移民时免掉很多猜测。否则，考古时期的移民通常是无法区分的。我们不难想象，这也能帮助法医学判断难以辨认的骸骨，不过目前来说，大量的时间和成本限制了它在现代侦探工作中的作用。

我的几名合作者在研究希腊尼安德特人的基础上，针对南非南方古猿的锶同位素展开了一项雄心勃勃的研究。[36]他们发现，某些个体似乎是本地人，而其他个体却成长于牙齿发现地几千米之外。难得的是，一部分较小的牙齿比大部分更大的牙齿具有更高的锶比值，而后者基本上与当地的地质情况相符。这个结果使得作者们认为，小牙齿来自女性，她们在成年后会离开出生的群体。这种雌性扩散的特征在非洲的猿类和某些人类社会中很常见。它能确保近亲不会产生后代，但可能为离开母群的个体带来极大的风险。我对这个研究印象深刻，并仔细研究了犬齿上的信息，因为它能最可靠地判断性别。研究中的8名个体犬齿大小都大于或小于混合性别样本的平均值，其中6名符合作者描述的规律，余下两名则并不符合这一规律。在这两例中，一名牙齿较小的个体表现出本地的锶元素特征，而另一颗较大的犬齿则来自外来移民。尽管该研究的样本数量较少，但75%的人都符合特定规律，绝对值得进一步研究。[37]

牙齿还含有重要的计时工具。[38]在上一章中，我提到过碳14测年法，对年龄小于5.5万年的牙齿十分有效。这个方法只有当牙本质中含有足够的胶原蛋白时才有效，而且不能被现代的碳污染。[39]如果样品可能被污染，或者胶原蛋白受到水、高温、微生物活动或年龄的影响时，科学家就必须采用其他测年方法。当古人类学家需要精确定年时，他们就要求助于我在澳大利亚人类演化研究中心的同事——雷纳·格伦。

雷纳和他的学生花费了数十年的时间来完善终极的测年方法——铀系测年和电子自旋共振测年法（ESR）。[40]当研究人员无法确定有机遗迹、埋藏化石附近的火山层，或者原始人类遗址中被烧过的工具年龄时，就会打电话向他求助。铀系测年的基本原理是，使骨骼组织坚硬的矿物也会被动地吸收埋藏环境中的天然铀元素。要判断某件物体被埋藏的时间，科学家要先测量进入样品中的放射性铀和钍同位素。就像碳14测年那样，这些同位素的比值能够提供化石骨骼或牙齿的年龄。铀系测年只能用于不超过50万年前的人类遗骸，而且只能提供最小的年龄，因为在积累到能被测量的铀元素之前，骨骼和牙齿可能已经被埋藏了几百上千年。

随后，雷纳和同事转而研究电子自旋共振测年法，使结果更为精确。这种方法的基础是，天然放射性活动会在原子层面上影响牙齿。宇宙射线和埋藏环境中的放射性元素会导致牙釉质的矿物组分失去电子。这些自由电子被困在微小的晶格缺陷中，随着时间累积，并与牙齿所承受的放射性剂量成正比。通过确定放射性的强度及其影响速度，科学家能够估算电子开始被捕获的时间，或者说牙齿被埋藏的时间。这个方法通常被用作最后的解决办法，因为它涉及复杂的建模，而且假定周围环境在牙齿埋藏后一直保持不变。然而，电子自旋共振测年通常会得到与其他技术比较合理一致的结果。我重点介绍的多枚化石都做过电子自旋共振测年法的测量，包括非洲北部30万年前的最古老智人化石。在下一章中，我们将了解澳大利亚已知最古老的人类骨骼，它也是用这种方法测定年龄的。

古DNA：终极破坏者

你大概已经发现，我比较偏爱牙齿的矿化特征，主要是因为它使牙齿不容易被破坏，同时还能记录下我们童年时期的发育、健康、地理位置和饮食习惯。牙齿还是DNA的保护胶囊，能够留存数千年的时间，尤其在凉爽干燥的环境中。[41]在马克斯·普朗克演化人类学研究所工作期间，我了解到了从骨骼和牙齿化石中提取DNA的第一手信息。现在那里是全球古DNA研究的中心。

当个体存活时，DNA和蛋白质不到牙本质的1/3，所以寻找死后的原始DNA可能是极大的挑战。大多数从人类遗骸中提取的遗传物质都来自加速身体分解的微生物。要克服这些困难，我们甚至要在采集人类化石之前就做好准备DNA提取的工作。想象一下，科学家要像宇航员或者生物危机专家那样全副武装，再爬到偏僻的洞穴中挖掘古老的人类遗骸！保护性的装备，包括面罩和手套，能降低采集者的DNA污染化石的风险。刚刚暴露出来的化石样品要立刻冷藏，以减少它们在脱离围岩或土壤后的降解。随后，这些样品会被运送到装有"无尘室"的高度专业化实验室，在那里将骨骼和牙本质研磨成粉末，进行基因测序分析。

由于将个体DNA与环境污染区分开来的实验程序取得的突破，以及分子测序技术效率的大幅提升，古基因组研究比元素分析的进展更为迅速。古DNA专家能够从几百微克保存完好的骨骼或牙本质中提取到整个基因组，这还不到一片阿司匹林的重量。法医学家也会从现代牙齿中提取DNA，来判断犯罪或自然灾难受害者的身份——不过一般不会像电视剧《识骨寻踪》里那样，立刻就给出结果。这些先进的方法从根本上改变了我们对古代原始人类生理和行为的认识，尤其是我们的演化近亲——尼安德特人。

保留在颌骨上的牙齿比其他骨骼部件更不容易降解。此外，在几乎无法渗透的齿冠和齿根系统的保护下，髓腔能尽量免受外部环境的影响，我们一生中有大量细胞都储存在那里。我们在第1章讲过，成牙本质细胞在分泌大量牙本质后会留在髓腔里，它们的长尾状突起会通过细长的通道，几乎伸到牙釉质或齿根的表面。这些牙本质通道里还藏有微小的能量生产装置——线粒体，其中还包含母系遗传的DNA。

细胞核DNA遗传自父母双方，只存在于成牙本质和成牙骨质细胞的核中，这使其成为牙齿中较为罕见但具有极高回报的遗传信息来源。牙骨质致密的矿化层中也会保存它自身的分泌细胞，能产生比牙本质更多的DNA。[42]最后，新研究还表明，牙菌斑不仅能够保存有关我们饮食习惯和局部微生物群落的微小痕迹，还可能会包裹我们口腔中的细胞。举例来说，我们从6名美国原住民的牙菌斑中提取到了线粒体DNA，而这距离他们的死亡时间已过去了700年。[43]我们势必将在全球各地人类学博物馆中保存的关键性个体上展开这项令人振奋的突破性工作。

在马克斯·普朗克研究所期间，我与演化遗传学家和考古学家一同工作，他们正在开发用于尼安德特人古DNA提取和元素研究的采样方案。在研究所漂亮的玻璃建筑里，有几层楼都被最先进的实验室占据，欢迎着负责保护欧洲各种重要化石的博物馆管理员莅临。要依靠取样进行研究的科学家都清楚，标本的管理员最讨厌别人问他能否对化石进行物理改造，因为他们的责任就是维持科学研究和保护珍贵文物之间的平衡。

不过，对比利时斯卡拉迪纳遗址发现的一名尼安德特人的研究很好地阐释了该方法的潜在收益。[44]尽管研究确实需要从牙齿上去除一些组织，但我们提取到了和现代人十分类似的牙釉质蛋白质，还有来自当时一名尼安德特人的古老线粒体DNA序列。这名个体的牙齿发育速度出人意料地快，而且在1.2岁的时候就过早地断奶，最后在8岁时死亡。这些对尼安德特人发育、演化和行为的认识是无法以任何其他研究方法获得的。

科学家已经从一组12名西班牙尼安德特人中提取到线粒体DNA和性染色体，他们被认为死亡时间相同，并且被其他尼安德特人所分食。[45]群体中的三名成年男性都来自同一名母亲，而三名成年女性的母亲则各不相同，说明男性会留在出生群体内，而尼安德特人女性则会在成年前分散到新的群体中。这和前面讲过的南非南方古猿锶同位素研究结果类似，都表现出本地"兄弟会"的特征。西班牙的尼安德特人群体具有很低的基因多样性，说明他们与其他潜在的配偶相对隔离。

古基因组学最令人注目的进展之一就是从西伯利亚丹尼索瓦洞穴的原始人类中提取到足够的DNA，能够重建整个基因组。[46]科学家采集的样品包括两颗较大的臼齿、一颗乳齿，还有一枚很小的指骨，都来自一个尚未正式命名的尼安德特人亲缘物种。令人惊讶的是，他们来自一个尼安德特人及我们的智人祖先都共同生存过的原始人类族群，而且是这一族群唯一被确认的遗骸。我们对丹尼索瓦人基因组的了解甚至超过对其身高和脑容量的认识。对于他们的解剖结构是否足以被划分为新的物种，我们所知甚少。神奇的是，丹尼索瓦人的部分DNA也存在于现代人中，尤其是东亚、新几内亚和附近的美拉尼西亚群岛的人以及澳大利亚原住民。随着这些现代群体的祖先离开非洲进入欧亚大陆和东南亚，有些人与尼安德特人和丹尼索瓦人通婚，将他们的基因一直带到了澳大利亚！

希望我有说服你，还有未来的博物馆管理员们，这些惊人的新发现表明，在某些情况下对骨骼和牙齿遗迹的破坏是值得的，特别是在科学家先对化石进行小心地拍照、建模和CT扫描的条件下。随着更多的分析工具和知识都转移到云端，基因组数据库和高分辨率的虚拟三维模型能在保存化石的同时使科学家更方便地获取资料，而不是像过去那样，花大价钱到了博物馆却只能看一眼原始的遗迹。[47]

当然，从推测古代行为到获取化石记录中的实证是十分具有挑战性的。对某些职业条件下的人群进行自然实验或观察，可能会加深我们对牙齿作为多功能史前工具的认识。显然，用实验永久性改变人类对象的牙齿是违背伦理的。学者们通常无法获得太多的线索，只能通过现代人和非人灵长类来推测过去的行为。类似的逻辑也被用于解释牙齿微磨损研究的古代饮食证据。在下一章中，我们会看到科学家如何用创造性的实验来证实最常见的史前卫生行为标志。

其他引起激烈争论和广泛兴趣的推测还有待进一步证实，例如人类一夫一妻制的起源。人类独一无二的特征，包括我们更大的脑部和复杂的文化等，都使科学家难以根据非人灵长类的情况进行概括。齿冠和齿根中保存的元素和遗传信息可能提供更详细的祖先行为记录，例如他们的社会群体组成和交配对象等。在过去10年间，对古代原始人类和史前人类DNA的研究使古人类学蓬勃发展。[48]科学家现在认识到，我们与其他原始人类的亲密接触曾极大地影响了自身的生物特征。有些人甚至认为，这些谱系贡献的基因促进了智人演化的成功。[49]无论我们是否乐于将自己看作"混血人种"，古代牙齿的证据都表明，我们的物种是以动态的行为模式演化的。

09.

改造牙齿的漫长历史

　　人们为什么要追求各种各样精美的门牙饰品呢？例如金冠、护套或者珠宝镶嵌？是什么让世界各地的史前人类不约而同地将牙齿锉平或打出缺口？这些行为很可能始于一点儿不适感。毕竟，疼痛是一种很强大的驱动力。早期的牙医最先制造出简单的石器来清理牙洞，而更古老的原始人类还能用植物制造牙签。一个更引人注目的例子是史前环锯术，也就是有意地去除部分颅骨。现代人类学博物馆就保存有这样的颅骨，展现了石器时代惊人的外科手术技艺。人们认为，这种风险极高的手术是用于降低物理创伤后产生的颅压。[1]很多病人都在手术后存活了下来，长出新的骨骼填补手术产生的钻孔，将仅有脑膜覆盖的大脑再次保护起来。不过其他一些人就没这么幸运了。有些颅骨上长有边缘锋利的切口，缺乏身体快速长出的修复性骨骼，说明开颅手术经常是致命的。在中世纪，环锯术经常被当作一种超自然或心理治疗的手段，使人免受恶魔的影响或停止异常的行为。这项技术甚至迷住了少数现代人。他们在自己的头骨上钻孔，以期望达到传说中的精神或心理效果，因此声名狼藉。我们在本章将会讨论到，类似的动机还可能导致广泛的牙齿修饰，甚至是彻底去除牙齿。不管是好是坏，但西方审美标准在近代的普及已经极大地削弱了这些有趣的古代行为。

石器时代的牙医学

颅骨环锯术可能是最古老的骨骼外科手术，但牙齿干预紧随其后，至少在1.4万年前就出现了。[2]在意大利一处岩窟中发现的成年男性骨骼提供了令人信服的证据。这不是一场常规的史前埋葬，因为他的遗体旁还伴有一套骨器和石器，上面覆盖着涂有赭红色颜料的石头。使用这种天然颜料和武器陪葬说明这人非同寻常，而来自他牙齿的证据则巩固了他在历史上的地位。经过对骨架的仔细检验，研究人员注意到，在他第三臼齿的咀嚼表面上有个小坑，其牙釉质剥落，里面还有很深的划痕。小坑内部和周围长有多个空腔，导致大量牙釉质的缺失，使牙本质痛苦地露在外面。这些划痕与被屠宰的骨骼上常见的割痕很相似，表明这个小坑曾被尖锐的工具深挖过。

为判断是哪种工具造成了这些痕迹，研究团队开始用该时期的小型木器、骨器和石器来"处理"现代人的牙齿。其中，石器产生的条纹与该名意大利男性牙齿上的痕迹非常类似，说明这很可能就是用来处理患病区域的工具。重要的是，小坑外围的划痕和剥落的牙釉质在手术后经过了打磨，而更深处的划痕则保留着边缘尖锐的状态。看来，患者在治疗后存活了下来，而且继续用牙齿咀嚼了一段时间。研究团队提出假设，这场手术治疗代表着人类对牙签使用的适应，那是当时已经很普遍的行为。我在之后几页中会继续讨论。

正如我们在第3章中了解到的，农业和工业制糖的发展和传播使龋齿成为现代人的流行病。随着农业和龋齿变得日愈普遍，古代的牙医也研发出了越来越复杂的手术方法。举例来说，巴基斯坦一处 7 500—9 000 年前的墓地中出土的牙齿就表现出了明显的牙科治疗迹象。[3]多枚臼齿的咀嚼表面上都有圆锥形的孔洞，宽和深均约几毫米，就像用钢笔或者小螺丝刀的尖端凿出的小洞那样。用显微镜细致地观察孔洞内部，我们看到了由旋转的工具造成的螺旋状圆环，就像打钻时产生的那样。研究人员还通过实验来了解这些孔洞产生的过程，测试考古地点发现的燧石钻头的功效。尖锐的石质弓钻经常被用来制作珠子，而事实证明，这种现代牙钻的前身是非常高效的！用手工旋转不到一分钟，燧石钻头就能在现代牙齿上产生一个圆孔，与史前个体身上的那些如出一辙。这些干预措施使巴基斯坦的患者能够在术后继续使用牙齿，因为其钻孔的边缘比内部更为平滑，与意大利的男性臼齿类似。这些外科医生先驱巧妙地调整了常用工具和技术的用途，来减轻人们口腔的不适。你在下文将看到，他们还创造了非凡的时尚宣言和精美的抽象装饰。

现代牙医并不会简单地在牙齿上钻个洞就让病人离开，他们开发出很多方法来保护脆弱的齿冠和高度敏感的齿根。在没有精制金属、陶瓷和塑料树脂的石器时代，那时的牙医只好利用天然的材料当作药膏。斯洛文尼亚出土的一枚男性下颌来自6 500年前，显示出舒缓疗法的证据。[4]他的犬齿具有明显的磨损和裂隙，上面似乎覆盖着蜂蜡，可能是用来填补裂隙的，同时能减轻不适感。在这个案例中，蜂蜡并不能像牙釉质那样记录微小的磨损，所以研究人员很难确定蜂蜡是否在个体死前使用，更遑论在死前多久了。意大利一具1.4万年前的骨架旁也埋藏有蜡状的物质，他臼齿上的坑洞里还含有有机残留物，但科学家尚无法判断它由什么物质构成。众所周知，在史前环境中鉴定有机物是异常困难的，因为在大多数情况下，微生物的侵袭都会导致它们的降解和流失。在古代，人类很有可能使用天然的产品来减轻疼痛，但我们还需要发现更多勇敢的牙科患者，才能明确知道他们的痛苦是否真正得到了缓解。

当龋齿或牙齿感染达到一个临界值时，现代的医生会拔除患病的牙齿，在牙龈和骨骼上留下空洞，但只要感染完全清除，这些空洞最终会慢慢愈合修复。拔牙是一条不归路，因为我们的牙齿不会自发地更替，而且剩下的齿列也通常较之前有所差别。除了在患者的齿冠上刮削和钻孔外，我们的史前牙医是否也会去除患病的牙齿呢？不幸的是，这个问题在有记录的历史之前几乎不可能回答。在牙齿疾病晚期，组织附着的系统会衰弱，松动的牙齿只需遇到很小的压力就会脱落。用手指摇动也可能加快牙齿的自然脱落，很多儿童甚至黑猩猩都曾在晃动自己的乳齿时掌握过这个方法。最关键的问题是，我们很难判断一颗患病的牙齿是自然脱落还是被有意去除的。[5]我在现代牙科诊所里研究的牙齿通常会保留某些拔除的印记，比如金属镊子留下的细微疤痕，或者尖锐的探针在释放时留下的痕迹。然而，由于缺乏古代干预措施的相似证据，科学家无法确定拔牙手术的起源。我们将在本书的最后一章中提及，干细胞研究的突破为何可能使看似不可逆转的牙齿脱落成为永远的历史。

牙脱位是预防性移除牙齿的一个近亲，即主动去除健康的牙齿，在几千年前突然出现。[6] 现代小型社会的传统习俗在识别和解读史前人类的行为方面很有帮助，尤其对我们这些破译骨骼证据的人更是如此，因为有些活动是完全陌生的。文化人类学家发现，全球各地的人类都有牙齿松动脱出的现象。在很多文化中，人们会被去除部分或全部的门齿，儿童的乳齿也可能在自然脱落前被拔出。牙齿的去除可能发生在不同的年龄，而且在一个人的一生中会出现多次。我承认，我很难理解牙齿脱出的行为。一般来说，接受脱出的个体不会接受任何麻醉。在部分案例中，病人要在过程中始终保持镇静，忍受铁钉、细刀或者木棍和石头做成的工具将齿冠和齿根完全移除。对于我们这些仅仅想象一下洗牙的过程都会哆嗦的人来说，可真是遇到了强劲的对手。我们会花费大量的金钱来保护健康的牙齿，真是无法想象要自愿放弃它们！

人们为什么要去除没有患病的牙齿呢？有些学者认为这是一种身体修饰，就像文身、穿孔或剃头那样。很多人都会用不同的方式修饰自己，来表达我们的文化认同或群体归属以及身份和性别特征。牙脱位的原因因文化而异，可能是由于美学价值、象征性的恐吓，或者是成年或哀悼的仪式。它似乎赋予了某种社会利益，或者具有强烈的个人意义，使人愿意接受疼痛和感染的风险，以及失去牙齿的功能。其他可能的原因还包括语言的形成、工具使用、制作篮子，甚至是使患有牙关紧闭症的可怜人能够进食等。

牙脱位最早的确凿证据来自非洲狩猎采集者的骨骼遗迹，距今大约1.3万—1.5万年前，其中包含大量前牙脱出比例很高的成年个体。[7]这一传统可能起源于非洲西北部的马格里布地区，并在几千年的时间里遍布非洲，某些部落至今仍有脱出牙齿的习俗。然而，古代日本、东南亚和澳大利亚的骨骼证据却指向了一个有趣的想法，即牙齿脱位在多个大陆于不同的时间独立起源。

我们已经看到，区分有意的牙齿去除和疾病造成的脱落是很困难的。更复杂的是，门齿和犬齿具有简单的锥状齿根，使得它们很容易在死后从颌骨上脱落。因此，新手观察者很容易将死后的脱落或者先天性缺失错认为是有意移除的。牙齿人类学家因此制定了特定的标准，来判断骨骼遗迹中的牙齿脱位现象。一般来说，如果死亡个体缺失门齿周围的骨骼看起来没有疾病，如果左右两侧缺失对称的牙齿，如果缺失牙齿周围的牙槽骨开始重新生长，就认为该个体经历过牙齿脱位。如果种群内多名个体都出现这样的规律，就更能说明问题了。

这些标准能够帮助我们评估澳大利亚威兰德拉湖区史前人类中一例可能的牙齿脱位案例。[8]一名生活在大约4万年前的个体似乎同时失去了两颗下犬齿，并在之后生活了很长时间。这名个体被称为"蒙哥人"，是目前澳大利亚发现的最早的人类遗骨。[9]这名原住民个体的身上覆盖着从远处带来的红色赭石，说明他的社会身份十分显赫。威兰德拉湖区的第二名个体缺失两枚下中心门齿，该人也继续生活了足够长的时间，使骨骼被完全填满。史蒂夫·韦伯最早对它们进行了学术性的描述，留下了缺失的牙齿是被有意移除的可能性。尽管这两名个体具有多项牙齿脱位的指标，但还需要在该地区发现更多具有类似缺失牙齿的遗迹才能进一步确认并巩固这种非凡行为的古老性。

牙齿装饰成品

你可能更熟悉现代文化中正在重新兴起的几种身体装饰，包括"牙齿珠宝"的流行。众多公众人物都曾引人注目地镶戴过金冠和牙套，例如迈克·泰森、麦当娜、贾斯汀·比伯、碧昂斯等。很多人认为这个潮流在20世纪80年代开始于美国的嘻哈明星中。类似地，日本年轻女性开始流行一种整形手术，将牙齿错开，使犬齿突出一些。她们认为这对男性更有吸引力。不过人类学家大概会指出，类似的牙齿修饰已经在全球存在了数千年之久。[10] 虽然最早的患者可能是由于疼痛才去寻求基本的牙齿护理，但毫无疑问，是虚荣和顺应潮流影响了后续的各种操作。

史前和近代人所采用的最广泛的"牙齿艺术"形式就是锉削和刻痕，能够产生多种多样的图案。[11] 为了创造出迷人的外观，人们要去除前牙的一部分，并用金属工具、坚硬的矿物和研磨粉进行塑形。在网上迅速搜索一下现代牙齿锉削，就能得到大量逸闻报道、业余图片，甚至还有游客在拜访印度尼西亚的巴厘岛时拍摄的短片。巴厘岛人相信，将前牙磨钝能够减少负面情绪，如愤怒、欲望和贪婪，同时还能增加吸引力。这种做法极少导致严重的并发症，尤其是当底部的牙髓仍受到保护时。对于巴厘岛的青年来说，牙齿锉削可是步入成年的重要仪式。

牙齿锉削和刻痕还吸引了新世界的历史学家，尤其是那些在寻找欧洲人到达之前的人类迁徙和文化传播线索的学者。人类学家哈维尔·罗梅罗认真研究了墨西哥国立人类学博物馆中上千枚修饰过的牙齿，并在1970年建立了详细的分类系统，该系统至今仍在使用。罗梅罗相信，锉削和刻痕是美洲独立发展出来的，始于3 400年前的墨西哥，随后逐渐向南北两个方向传播。陶瓷雕像等器物也刻画表现了牙齿经锉削或刻痕的神像或重要人物，说明牙齿修饰可能具有精神或宗教意义。这些精美的设计来自一段丰富的文化时期，充满象征主义、雕塑和建筑，每年吸引着数千名游客来到中美洲和南美洲的密林深处。相比之下，我多年的学术基地——哈佛大学皮博迪考古学与民族学博物馆就没那么偏远了，其玛雅文明的藏品中也有不少令人印象深刻的牙齿修饰实例（见彩插图9–1）。

非洲人也有数千年的牙齿锉削历史，而且在多个部落里延续至今。[12]各地的传统产生了不同的地理特征，在修饰的牙齿数量、锉削的风格，以及被修饰的个体性别和年龄等方面都有所差异。有些部落会突出牙齿的尖锐程度，以象征性地召唤非洲肉食动物及其猎物的力量或勇气。像巴厘岛人那样，很多群体都会将修饰牙齿作为部落归属的标志，或者用来吸引异性配偶，并以常规的锉削来标志青春期的结束。在某些社会群体中，牙齿锉削的情况在女性中更为常见，通常开始于她们的生育年龄。

更古老的非洲牙齿修饰证据来自4名牙齿被锉削的女性个体。对木炭和伴生的植物遗迹进行放射性碳测年的测试结果显示，这些女性生活在4 200—4 500年前。生活在现代马里这一区域的居民并不会锉削他们的牙齿，这种变化很可能反映出现代人复杂的迁徙活动，或者文化习俗的自然更替。此外，美洲还发现了更晚的具有非洲锉削特点的骨骼遗迹，被用来重建非洲奴隶交易的细节。举例来说，巴巴多斯的一处大型群体埋葬中发现了5个牙齿锉削个案，而后续对其牙釉质的锶同位素分析则表明，这些个体是在成年前从非洲被带到加勒比地区的。[13]独特的锉削风格和元素特征的组合提供了一个强有力的例子，说明根据牙齿寻踪能够揭示近代历史中很难探寻的部分。

其他引人注目的修饰还包括牙齿镶嵌和染色。牙齿镶嵌指的是前牙外表面上的永久嵌入物，出现在几千年前的中美洲考古记录中（见彩插图9–2）。[14]它应该是在锉削和刻痕被发明后不久就出现的。和其他古老的牙齿艺术形式一样，我们认为牙齿镶嵌也具有美学价值，并标记着群体归属。中美洲最流行镶嵌珠宝，而东南亚则更偏爱黄金和黄铜这样的柔软金属，从而产生了很多奇形怪状的齿列。牙医要先用简单的手持钻头将牙齿压出凹槽，然后放入玉或绿松石等宝石，再用有机树脂进行黏合，使镶嵌物固定在上面。在某些文化中，可能只有具有较高社会地位的人才能享受到牙齿镶嵌的"待遇"。菲律宾的考古发掘只发现了少数几名牙齿上镶有金钉或金箔的个体，而牙齿经过锉削或染色的人群却很多。[15]我们还有更多证据能支持这些修饰作为身份象征的功能，比如具有牙齿镶嵌的身体旁通常还埋藏有精美的文物。就像我们1.4万年前的意大利牙科患者那样，这些牙齿修饰精美的人们通常都有艺术品、工具甚至动物遗骸陪葬。因此，牙齿镶嵌的存在给我们提供了社会分层的珍贵线索，或者说人类在远古时代是如何看待他人的。

牙齿修饰在亚洲也有着悠久的历史，尤其是刻意的牙齿染色，一直到20世纪都是十分普遍的传统。[16]托马斯·聪布罗赫对其历史进行了全面的梳理，并分析出用于牙齿染色的特殊植物和矿物。他详细介绍道，人们有时会将有机原料与金属混合，生产出一种药膏，然后用手进行涂抹，使牙齿变成红色、棕色或黑色。有些染料需要每天使用，而其他一些则能在牙釉质上产生持久的效果。正如聪布罗赫诗意地指出："人类牙齿是不同于皮肤的另一种画布，人们在上面镌刻下差异，成为定义个人和文化身份的一种方式。"[17]

很多文化可能都曾青睐过黑色的牙齿，尤其是东南亚的岛屿。我们在菲律宾发现了4 000多年前的证据，而在弗洛勒斯岛上甚至有可能更早。和拔牙一样，我们可能很难区分人在生前的故意修饰和死后的环境影响。埋藏环境中的化学物质，甚至是放置在死者口中的硬币都可能产生个体在生前为牙齿染色的效果。此外，咀嚼槟榔（一种在亚洲广泛使用的上瘾物质）的现代流行习惯也会无意间在牙齿上留下红棕色的斑点。科学家在解读牙齿遗迹中的行为线索时，要谨慎地考虑这些可能的复杂情况。

是什么使人愿意大费周章地为牙齿美黑呢？在有记载的历史中，这是一种帮助个体寻觅配偶的美容手段，能用来代表儿童的成年，还能标记自己的族群身份。在某些文化中，吸引力还与犬齿减小有一点儿关联，因为尖锐的形状会产生与动物獠牙相关的负面联想，使人想要将其隐藏起来。东南亚的其他证据则表明，牙齿染色还可能用来预防疾病，包括对抗传说中的"牙虫"。讽刺的是，有几种常被用来美黑牙齿的植物似乎有抗微生物的作用，而常用的染色黏合剂（如椰油和柑橘叶）还被用来治疗牙疼。[18] 严格评估牙齿染色对健康益处的研究目前非常有限，大部分将传统植物用于自然疗法的手段都是同样的情况。回到现代，西方对美的观念已经使牙齿染色行为几乎完全消失。除非你要在万圣节派对上装扮成食尸鬼，这可是给牙齿涂黑的理想时间，否则，目前全球偏爱的主要牙齿染色方式都是美白，而非美黑。

牙齿装饰

尽管人类对珍珠白牙齿进行有意钻孔、拔除和修饰的历史已有数千年，但我们收集死者和其他哺乳动物牙齿的时间甚至更久。显然，我们这样做是为了表现时尚。有些人类群体早在近10万年前就会认真地收集天然物品（如海螺壳），并打上钻孔。在大约4万年前，个人装饰品的生产开始在考古记录中变得普遍。经过修饰的动物牙齿会规律性地出现，还有多种复杂的骨器和石器。研究人员可以通过犬齿或门齿单齿根上的钻孔来鉴定装饰性的牙齿，可能这样它们就能像吊坠一样挂起来，或者像珠子那样穿成一串。在其他情况下，人们会在齿根上刻画，刻出圆环状的深沟，这样就能用纤维绳将它们绑起来悬挂。不过，任何可能的绳结都早已腐烂，我们无法确定这些物品的准确用途。尽管很多学者都认为，穿孔的牙齿是直接作为首饰佩戴的，但现代小型社会的居民也经常在篮子、背包、水桶甚至住宅结构上悬挂牙齿和其他装饰品。[19]

首选的装饰材料具有很多共同的美学特征，例如象牙、琥珀、牙釉质和珍珠母等，它们都看上去光彩熠熠，而且摸上去十分光滑。对于历史上是否有明确的风格或文化趋势，学术界众说纷纭。穿孔牙齿在2.8万—4.5万年前开始出现于亚欧大陆和巴布亚新几内亚的化石点中。[20]史前个人饰品专家兰德尔·怀特提出，某些动物会被特意选中，并赋予象征性的用途。他发现，最早的穿孔牙齿并不是偶然间从被捕食的猎物身上得来的，也就是身上具有狩猎或腐食迹象的动物遗骸。常见的装饰性牙齿包括狐狸、狼、马鹿和熊，但它们分散的骨骼却很少出现在古代人类的住所中。这些牙齿可能是从当地栖息地发现的动物遗骸上获取的。我承认，我小时候在纽约州北部的森林中漫步时，会被发现的动物骨骼深深吸引，还会把奇怪的浣熊头骨或鹿的下颌带回家，让它们成为我小小解剖学博物馆的藏品。或许，我们有种与生俱来的倾向，想要收集并展示惊人的自然物品，比如贝壳、骨骼和牙齿。

猜猜最受欢迎的牙齿饰品是什么？这一头衔要颁给马鹿的犬齿——一种早期欧洲人常用的装饰物。[21]穿孔的鹿犬齿似乎具有很重要的意义，甚至还有用象牙和石头制作的仿品和雕塑。我们真的不知道这些牙齿为何如此特殊。人类使用的原材料还扩展到了四足哺乳动物之外的生物。[22]在欧洲，他们会收集并使用鱼类的咽喉齿，在巴布亚新几内亚则是鲨鱼牙齿。史前人类甚至会用其他人的牙齿来做饰品！多个考古地点都发现了与穿孔动物牙齿类似的人类牙齿。有些牙齿上具有深深的切痕，说明它们是在死者还未完全白骨化的时候被取下的。举例来说，一处法国洞穴中发现的神秘下颌就让人想到这样可怕的解释。这枚下颌来自一名年轻的原始人类，旁边还有大量经过加工的动物牙齿和一枚穿孔的成年人门齿。下颌上舌部肌肉与骨骼相连的部位有很多划痕。我们无法确认颌骨上的痕迹是来自食人行为、埋葬前的准备、象征性的牙齿移除，还是死后的环境改造。更多的化石证据或许能帮助我们了解人类牙齿作为象征性物品的普遍程度和原因。

在个人饰品研究方面，极具争议的问题之一就是它们究竟是由谁制造的。穿孔牙齿在欧亚大陆最早出现的时间恰好与尼安德特人统治终结，而与现代人开始出现的时间重合。这些族群共同存在了几千年，不过其替代规律或可能的共存模式在欧洲和中东地区的不同地点各不相同。[23] 有一种能够判断每个地点究竟属于哪种人类的方法，是通过文化器物判断，它们的数量要比骨骼或牙齿更多。较古老的尼安德特人骨骼发掘时通常有经典的工具类型在旁，还有一段简短的时期出现了较特殊的器物风格，但大多数人类学家认为它们也属于尼安德特人。这些器物大约在3.9万—4.1万年前从欧洲各地的多个地点消失，因此被视为灭绝。被看作现代人产物的新技术最早出现于4.4万—4.7万年前，包括复杂的石刀、各种各样的饰品，还有象征性的艺术。[24]

法国屈尔河畔阿尔西洞穴与最早个人装饰品的制作人问题尤

其相关。[25]在多年的发掘中，考古学家积累了大量的穿孔牙齿、染色剂和骨器。这些器物与具有尼安德特人特征的牙齿发现于同一个地质层位中。我们在第5章讨论过牙齿遗迹为何能成为鉴别某些人类物种的强有力工具，但这并不是没有困难的。尼安德特人和现代人的牙齿非常相似，在经过磨损时尤其如此。要判断牙齿的主人，人类学家不得不辨别细微的形态差异或内部特征，例如牙釉质的厚度等。

阿尔西洞穴所发现的牙齿咀嚼表面上长有特殊的脊，还有较长的齿根，说明它们更像尼安德特人而非现代人。批评尼安德特人会制作象征性物品的学者指出，该地点的测年存在问题，而且上层的现代人文化器物有可能混入了更老的地层中。然而最近的研究表明，有多件物品都与尼安德特人牙齿埋藏于同一时间，大约在4.1万—4.5万年前，早于尼安德特人灭绝的时间。

部分科学家推测，相似的文化传统是尼安德特人与现代人相遇的结果。[26]古人类学家让-雅克·胡布林和他的同事们相信，现代人在欧洲西部将象征行为引入到尼安德特人群体中，就像在阿尔西洞穴看到的个人装饰品和尼安德特人遗骸那样。但新证据显示，法国的尼安德特人在5万年前就能制作复杂的骨器，而西班牙的尼安德特人则在11.5万年前已存在给海洋贝壳穿孔的行为，远远早于目前记载的现代人出现时间。[27]这引出了三个有趣的可能性：第一，尼安德特人和现代人各自独立地发展出相似的文化传统；第二，现代人抵达亚欧大陆的时间要早于现有证据支持的数据，并随后影响了尼安德特人的技术；第三，在现代人抵达欧洲之后，是尼安德特人将他们的文化传给了现代人。

　　能够绝对支持尼安德特人与现代人在欧洲相遇的证据是很难发现的。据估计，两者最早的基因交换发生在5万—7.5万年前。充满冒险精神的现代人谱系离开非洲，途经中东，将尼安德特人的DNA引入了自身的基因组。随着后来的人类迁入欧洲东部，他们与尼安德特人再次直接发生接触。我们之所以了解这些，是因为一名3.7万—4.2万年前的罗马尼亚现代人DNA显示，他的家族在4~6代之前曾出现过尼安德特人祖先。[28]

　　直到最近，尼安德特人一直被认为缺乏抽象思维和广泛象征行为的能力。还有人曾提出类似的反对观点，认为他们不可能制作和使用牙签。但我们现在已经了解，这早在尼安德特人出现之前的100多万年就已经很常见了。新发现的欧洲尼安德特人与现代人过渡时期的考古记录指出，两者在认知上的相似之处要多于差异。[29]回到穿孔动物牙齿的例子上，我们在非洲的早期现代人群体中还尚未发现类似的饰品。[30]法国最早的穿孔牙齿和复杂骨器要早于现代人的抵达数千年，说明尼安德特人中可能存在工匠。这会再次改变我们对现代人物种是否独特的认知，但部分学者还在踌躇能否接受这一情况。长久存在的人类最优观点可能反映出欧洲学者的主观偏见，当然还反映出长期以来缺乏其他人科物种中象征行为的证据。

　　是什么促使尼安德特人去收集和修饰牙齿呢？有些人类学家认为，晚期尚存的尼安德特人是因为来自其他尼安德特人群体或现代人的竞争增强，才制作个人饰品来维持群体认同。[31]评估该观点的难处在于，我们十分缺乏该时期的墓葬的清晰资料。两个物种在欧洲共存时期的化石记录十分稀少，使我们很难了解牙齿饰物的用途，以及制作和佩戴它的人们。尼安德特人晚期和现代人早期考古地点发现的器物和骨骼遗骸一般都没有在更晚期人类上能看到的信息，例如1.4万年前那名做过牙科手术的意大利男性。你应该还记得，他身边埋有工具箱，身上还有染色的石头。这比只发现几枚牙齿能提供的信息要完整得多。

关于穿孔牙齿的重要性，过去几千年的发现得到了更令人满意的见解。我最喜欢的例子之一是名成年的澳大利亚原住民男性，以及与他同时发现的大量穿孔袋獾牙齿。[32]他的骨骼在埋藏后的几千年间一直未受外界干扰。在仔细的发掘下，我们看到其颈椎上围着一串牙齿。这条单绳项链由超过159颗穿孔的牙齿构成，至少来自46只袋獾。该埋藏处发现的更多牙齿碎片无法准确鉴定，但它们的存在意味着，原始项链上的牙齿可能来自超过100只这种凶猛的肉食性哺乳动物。收集牙齿、穿孔、制作项链一定费了很大的功夫，更彰显了该男性的重要地位。

另一个令人惊叹的装饰品例子就是欧洲著名的"狗牙钱包"，被称为世界上最古老的钱包。[33]德国考古学家发现了一个袋状的物品，里面装有几百颗牙冠。经过4 000多年的洗礼，钱包已经基本分解殆尽，只剩下一排排整齐的矿化犬科牙齿。虽然这个钱包不太可能在今天的时尚界掀起潮流，但亮闪闪的天然饰品可在网上珠宝店和海滩边的旅游商店随处可见，比如鲨鱼牙吊坠和猛禽爪项链等，说明它们具有永恒的魅力。

古代口腔健康

在上一节中，我提到一种更古老的行为，能在牙齿上留下永久记录。牙签的使用可能出现在近200万年前，使它成为已知最古老的牙科操作。科学家已经在两个非洲原始人类物种的牙齿上都发现清晰的横沟，两者中间相隔1 000多英里。它们分属能人和直立人，是人属很早期的成员。[34]你能相信，这些牙齿化石侧面的细长沟痕是由于使用牙签形成的吗？这个观点在1911年被一名欧洲牙医提出，此后一直争议不断。几十年后，著名的古生物学家弗兰兹·魏敦瑞也反对古代原始人类使用牙签的想法，认为它"太荒诞而不可能是真的"。[35]

值得庆幸的是，生物人类学家莱斯莉·鲁斯科最近帮忙解决了这个问题。[36]她利用天然草梗牙签以及狒狒和人类的头骨设计了一项巧妙的实验。正如我们在第7章中讨论的，草含有很小的坚硬微粒，能造成细微的划痕，在人一生的咀嚼活动中慢慢磨损牙釉质。在开始实验前，莱斯莉在牙齿周围的骨骼上安装好人造牙龈，将骨骼浸泡了一整天，并在后续的牙签使用过程中令其保持湿润。她先从狒狒颅骨开始，用牙签短促地划动牙齿达8个小时，在表面上留下细长的水平纹。当证明简单的草茎能够在狒狒牙齿上留下沟痕后，莱斯莉便转向人类颌骨开始工作。实验同样形成了细长的水平沟痕，与200万年前的能人化石几乎一模一样。她向我解释道，她是在一次学术研讨会上用牙签处理颌骨的，那个无聊的活动正适合搞点儿研究！类似的沟痕也出现在埃塞俄比亚、格鲁吉亚共和国和中国的直立人牙齿上，以及海德堡人和尼安德特人的牙齿上，这说明牙签早在现代人出现之前就已经广泛存在了。事实上，牙签使用可能是我们能在化石记录中看到的最早的卫生习惯。

然而，大猿并没有被人类表亲所超越，它们也会用小树枝来摆弄牙齿。威尔·麦格鲁、卡罗琳·蒂坦和珍·古道尔记录过美国杜兰大学里一群圈养黑猩猩令人震惊的牙科行为。[37]这个群体从非洲的出生地被转移到路易斯安那州，在一起舒服地生活了几年，直到事情开始变得有趣起来。首先，人们观察到一名叫"贝尔"的年轻雌性开始摆弄自己松动的乳齿，群体中的其他幼崽也开始这样做。当她开始用小木棍摆弄牙齿后，有几名个体也随之效仿。有一天，人们看到贝尔用香烟大小的松枝为一名叫作"班迪特"的年轻雄性清理牙齿。令人震惊的是，班迪特也自愿接受贝尔的照顾，而其他个体则聚集过来，看着班迪特的口腔观察贝尔的动作。最终，贝尔成功地取下了班迪特的一颗乳齿，并在几分钟后将其收入囊中。饲养员最终成功转移了它们的注意力，以取回黑猩猩的牙科工具和牙齿。这可是牙仙子一生难得的纪念品啊！

人们很早就知道，黑猩猩能够使用工具，能精心挑选和制备用来钓白蚁的细木棍，甚至会照顾"木棍娃娃"。[38]所以，它们会用木棍来摆弄自己的牙齿也就不足为奇了。或许更令人惊讶的是黑猩猩竟然会自愿地接受另一名个体提供的亲密护理，这对于很多人类牙病患者来说都是极其令人焦虑的体验！然而，黑猩猩和其他灵长类却有着广泛的社会性护理行为。它们会花上好几个小时，用双手、牙齿和嘴唇来梳理另一只的毛发。在黑猩猩群体中，牙齿护理（不管用不用木棍）一般发生在更长时间的全身护理期间。这种常规的社会联系很可能帮助了班迪特放松身心，接受贝尔的牙科服务。

如果你曾经把爆米花仁的外壳卡在牙齿缝里或者牙龈底下，那你肯定很清楚口腔里的不适感可以有多么突然和难受。这种感觉是我们和猿类及猴类所共有的。为了缓解不适感，我们会用牙签或牙线剔牙，而我们的灵长类亲属也有类似的行为。[39]举例来说，一只圈养的雌性猕猴会把自己身体上或者被梳理对象的毛发用作牙线，来做常规的牙齿清洁。但伴侣们并不总是会容忍她对口腔卫生的挑剔，有时会在她过度用力拉扯毛发时提出异议！类似的，泰国自由生活的猕猴也会骑在游客头上，扯下人类的头发，随后拿来清洁牙齿。母亲甚至会把这种技巧教授给后代。当有婴儿在近旁时，她们使用牙线会有更多的停顿、重复的动作，并持续更长的时间。

猕猴并不是唯一用牙线洁牙的猴类。有人曾拍到一只圈养的雌性狒狒从房间内的扫帚上拔下一根毛，来清洁口腔上下的牙齿。野生猩猩、黑猩猩和倭黑猩猩也会用树枝或木棍来清洁牙齿。我们年轻的黑猩猩患者班迪特就曾用一段丝带状的布来清理松动的乳齿，并最终成功将其取下。房间内有镜子的圈养黑猩猩有时还会用镜子来检查口腔内部，并清洁牙齿。尽管这些行为可能不会像牙签实验那样留下不可磨灭的印记，但它们仍然确凿地证明，非人灵长类对自己的口腔环境有内在的感知，并有能力改变它。

这些我分享的逸闻可能会给你留下清洁牙齿在非人灵长类中十分普遍的印象，但这些行为实际上并不常见。尽管一只甚至一群具有创新性的个体可能会规律地清洁牙齿，但其他个体其实很少模仿这样的行为。这就限制了该行为在群体间交换或在代际传递的机会。

研究人员已经提出多种理论来解释牙签使用在人属中的广泛存在。[40]有些人认为是牙龈炎症，或它导致的牙周疾病驱使原始人类使用牙签。具有牙签沟痕的古老牙齿通常与骨骼的连接较为松动，但我们也要记住，化石化过程使我们难以判断个体在死前的健康状况。彼得·昂加尔和他的同事支持使用牙签可能是由于日常食用肉食的观点。我们很难评估食用坚硬或富含纤维的野生食物是否促使祖先使用牙签。如果确实如此，那我们就不清楚为何牙签的使用直到180万年前才普遍起来。我们在上一章讨论过，屠宰动物的证据要早于最早的人属成员近100万年。此外，我们也不是唯一食肉的灵长类。某些黑猩猩群体会日常性捕猎猴类，而猩猩偶尔也捕捉并食用缓慢移动的灵长类——懒猴。

非人灵长类和古代原始人类的证据使得判断牙签使用、口腔健康和饮食结构之间的直接联系更为复杂。我不禁好奇，喜爱食用肉食的现代人是否比偏爱素食的人或素食主义者更频繁地剔牙呢？很期待在去进行半年一次的牙齿清洁时，我能有机会向牙医提出这样的问题！

众所周知，探索有记载以前的人类行为是非常困难的。因为牙齿硬组织比身体其他部位的组织更容易保留下来，它们便成为研究文字记录之前的人群和文化差异最主要的信息来源。诸如牙齿脱位、锉削和镶嵌等牙科操作都是个体在过去行为的直接证据。其他形式的身体修饰，包括文身和疤痕，并不能在死后保存很长的时间。服装这样的装饰品同样容易腐烂。破解修饰牙齿的文化信息是一个不小的挑战。埋藏和化石化过程可能会模糊、歪曲甚至损坏关键的证据。对近代小型社会的研究表明，在人类行为的诸多方面中，时间和地点是解读这种象征主义形式的关键因素。我们正在尽最大的努力来建造一个人类学框架，将牙齿生物学、考古学、非人灵长类行为和跨文化视角的知识都综合起来。

牙齿的预言

在牙齿的发育过程中，那些细胞劳动留下的微小记录让我们得以前所未有地一窥远古人类的童年。然而，深入研究牙齿生长细节能带来的信息可远不止我们的过往。遗传学家正致力于利用出生前就开始的细胞舞蹈来编辑我们的未来。口腔生物学家忙着探索导致龋齿、牙列不齐和牙齿脱落的环境因素。这些进展非常及时，因为人类的牙齿发育很可能是在加速的，这会导致这些问题更加频繁。我们还需要更多的研究来探索牙齿发育在过去一个世纪内的变化，尤其是要区别基因和环境因素的影响。

毫无疑问，人类的生理特征仍在持续演化，这在一定程度上由于快速的文化创新所驱动，也正是它使我们能够遍布全球，而且数量增长迅速。农业和工业革命期间发生的根本变化对几乎所有现代人的发育、演化和行为都有深远的影响。我们的牙齿继续以多种方式记录着现代的行为，成为未来研究我们这个好奇物种的时间胶囊。我们可以放心，无论牙齿对于高度加工的食物是否仍必不可少，人类都将继续对它们着迷。我们会装饰它、收集它，并在它需要痛苦的治疗时，痛骂它。

发育

牙齿脱落是几乎普遍的人类经历，也是一个严重的公共健康问题。在第3章中，我们讨论过一种古老的治疗方法，就是将穷人捐赠者的牙齿植入能够买得起的有钱人口中，是种很大程度上无效的疗法。幸运的是，现代医学正在努力改变这一点，多个领域的研究团队都将生物工程作为主要的努力方向。大家的目标是用患者自身的细胞来培育替换的组织或器官。这应该能够缓解目前无法得到满足的捐赠器官需求，还能降低身体对异源细胞的排斥。这种制造替换牙齿的创新方法可能最终会取代假牙、植牙或牙桥。这些器械十分昂贵，而且缺乏健康牙齿的活力和感觉能力。在过去的十年中，我一直在关注牙科修复领域，因为分子生物学、组织工程和3D打印技术方面的突破已经给这一领域带来了翻天覆地的变化。[1]

你可能已经听说过或读到过干细胞研究，这是新闻中常出现的话题，主要是由于围绕胚胎组织和人类克隆方面的争议。干细胞具有非凡的能力，能根据接收到的化学信号激活相应的基因，从而转化成体内任何一种成熟细胞。这种能力使生物学家对它们特别感兴趣，致力于修复或培养新组织和器官的人尤为如此。在受精后几天内，人类胚胎会形成一小团这些尚未特化的细胞，它们要么不断增殖，要么走上特定的细胞命运。原来，成年人的体内也有类似的细胞。骨髓、脂肪组织和牙齿均包含多种干细胞，能帮助身体不断衰老的系统重现活力。干细胞疗法已经被用于治疗血液和免疫疾病多年，目前正在进行试验，以缓解更多的疾病和损伤。[2]

　　牙齿干细胞的研究利用了这样一个事实，即某些哺乳动物的门齿（包括啮齿类和大象）能够持续生长。[3]这些牙齿的基部深埋进颌骨内，包含一个叫作颈环结构的区域。上皮和间叶干细胞就是在这里得到指示，分别转变为成釉质细胞和成牙本质细胞。一旦细胞被激活，它们就会离开该区域开始分泌硬组织。细胞必须被不断替换，以保证门齿的缓慢和稳定生长。还有些动物（例如斑马鱼），其牙齿会终生替换，为我们认识干细胞如何促进这种发育提供了重要信息。临床研究人员会对这些"模式生物"进行试验，因为人类牙齿发育的大量信息都保留在脊椎动物的演化过程中。

　　只在有限时间内生长的牙齿内也有干细胞，例如人类的牙齿。[4]你应该还记得，一旦牙齿形成，成牙本质细胞就会被困在齿根深处，在那里继续向髓腔内缓慢分泌保护性的牙本质。牙齿内还有少量间叶干细胞。当牙齿严重磨损导致牙髓暴露，而且成熟的成牙本质细胞被摧毁后，这些干细胞就会被激活。由于它们留在齿根内部，我们或许能用其代替损失的细胞来修复牙本质。近期的小鼠研究显示，我们有可能通过化学方法来刺激这些细胞，让它们在牙本质被人工损坏后也开始工作。[5]或许有一天，未来的牙医可以利用分析信号通道的知识开启这一修补过程，从而减少制造大块牙齿填充物的需求。

重要的是，干细胞可以从自然脱落和手术拔除的乳牙牙髓组织中提取。[6]这些细胞可以离体存活，并保存起来以备后用。甚至还有收费帮你"储藏"牙齿干细胞的公司，以备将来之需！目前正在试验的干细胞应用之一就是利用它令根管治疗过程中流失的组织再生。当牙齿被感染后，目前的临床手段要将柔软的牙髓去除，清洁，再用牙粘固粉永久填充管道。尽管这或许能防止未来的感染，但牙齿也无法产生修复性的牙本质来保护自身了。我十分期待了解这些临床试验能否成功，因为它能使可怕的根管治疗成为历史。

牙齿干细胞的另一个潜在用途就是牙齿的生物工程。科学家们正致力于体外培育出新的牙齿，植入口腔内来替代受损或缺失的牙齿，这简直是牙科修复领域的"圣杯"。尽管最初的结果颇令人鼓舞，但我们还需更多研究来改进成年干细胞在牙齿生物工程中的使用。[7]一部分问题在于，这些细胞在实验室条件下的反应经常与在体内时不同，使得为人类培育"试管"牙齿的努力变得十分复杂。有些学者在探索其他不涉及干细胞的方法。举例来说，生物学家让孝带领的团队将第1章中讨论过的组织重组研究作为基础，并取得了成功。[8]他们在实验室中将小鼠牙齿上皮细胞和间叶细胞组合起来，制造出发育早期的牙蕾，然后将其植入臼齿在近期脱落的成年小鼠颌部。在60个案例中，有34例的植入细胞都发育为牙齿，并在口腔中成功发出，抵达咀嚼面。这些牙齿在功能上与正常生长的牙齿相同，但比其他臼齿略小。科学家正在努力探究导致牙齿大小和牙尖形态的决定因素，以期将该方法用于人类牙齿工程。这能带来的收益是巨大的，包括牙齿矫正、外伤修复，或是病齿替换等。只是接受者要耐心地等上几年，直到新牙齿萌出！

另一种牙齿生物工程涉及使用特殊的支架或人造牙蕾来帮助指导组织发育。[9]口腔生物学家帕梅拉·叶利克组建了一个研究团队，其成员都在动物身上尝试过最先进的技术，包括小鼠和猪。在一项近期研究中，他们制作出了人造牙蕾，还形成了分泌细胞和支撑的血管。更引人注目的是，他们制造的牙蕾竟然开始产生矿化组织。这些重大成就以几百年来对牙齿发育的细致研究为基础，并预示着修复牙科的光明前景！

演化

在本书开头，我承诺过会讨论人类是否仍在演化的棘手问题。当我们准备对缺失的身体部位进行生物工程，或者修复无法正常工作的部位时，这个问题就显得尤为重要，因为它可能会干扰自然选择的过程。当种群的遗传结构发生自然改变，导致"适者生存"时，演化就发生了。这种变化很难测量，在增长缓慢、人口众多且交织在一起的种群中尤为如此。我们真的不是理想的研究对象！

我经常与学生讨论的一个演化案例就是视力障碍，这在充满肉食动物和陷阱的古代环境中可能是致命的。今天，现代矫正镜片和激光手术已经将这片演化场地基本填平，也就是说像我这样视力不佳的人并没有受到很大的负面影响。相比更恶劣的原始条件，现代患有可治疗病症的个体能够存活下来并留下后代，使得导致视力差的基因突变可能在现代更为常见。然而，近视率在20世纪急速上升，说明这里还有环境因素的影响。[10]

　　研究人类演化变化的科学家更喜欢关注受基因强烈影响的可测量特征。一项对超过1 000名澳大利亚双胞胎的长期研究已经确定，遗传因素比环境因素对牙齿大小的影响更大。[11]这个系统的优点在于，如果牙齿大小逐代变化，那么种群的基因结构很可能也会改变，意味着它正式发生了演化。虽然这听起来很容易确定，但对我们这个长寿的物种进行种群级别的研究是非常昂贵的，而且很难管理。一个有力的例子来自美国马萨诸塞州弗雷明汉市在1948年开始的一项健康调查，是目前运行时间最长的多世代医学研究。[12]它开始于一项心脏健康研究，招募了5 000多人同意每隔几年就接受一次医疗检查。这些人生下孩子后，其后代也会被纳入研究中。第二代也包括了5 000多名个体，他们现在也有了孩子，组成了第三代研究对象。

　　研究人员测量了其中女性的健康、生理特征和生殖成果，并与她们的子女进行对比，从而估算出基因随时间的变化。在此，我就不介绍将测量数据转化为演化变化率所需的复杂理论和数学知识了，而是着重讲述相关的结果。科学家预测，弗雷明汉研究中最初一批母亲的女儿会在略年轻的时候产下第一胎，而进入更年期的时间则会略晚。第三代很可能会延续这个趋势。结果可能会让你感到很惊讶，因为很多工业化国家的女性诞育后代的年龄都比母亲更晚，甚至完全不生小孩。弗雷明汉研究中的女儿们呈现出相反的趋势，意味着她们的"生物钟"出现了演化性延长。

　　这不是唯一一发现自然选择在延长女性繁殖周期的研究。[13]澳大利亚双胞胎的证据同样显示，该国女性的首次生育年龄也在变小。类似地，一个加拿大法语区的小村庄也表现出，女性生育年龄在工业发展前逐代降低。你可能熟悉另一个经常被讨论的繁殖趋势，就是西方工业化国家的女孩比前几代人开始月经周期的时间更早。[14]科学家把这部分归因于环境因素，例如当代女孩的营养条件比前几代人更好，而且参与的体力活动较少。身体会重新分配剩余的能量，加速生殖发育，比先辈们更早成熟。在营养丰富的圈养动物中也能观察到类似的发育变化，因为它们很大程度上不再需要通过高耗能的觅食或狩猎来满足自己的营养需求。

我们如何判断生物的变化是否缘于环境因素，而不是遗传配置导致的呢？一项对第二次世界大战前后出生的丹麦双胞胎研究深入探索了繁殖的决定因素。[15]研究团队对比了不同发育环境下基因相似的个体，以及历史较为稳定时期中的无亲属关系个体。他们的结论认为，女性的生殖能力受到很强的遗传因素影响，而她生育的子女数量也受到社会和经济压力的影响。换句话说，生育力主要受遗传影响，但文化也很重要。这就促使我们去寻找可能不那么容易被复杂社会中的规范所影响的其他演化证据。

骨骼结构似乎是一个不错的起点。事实上，我已经着重介绍过史前时期发生的许多牙齿变化。在第3章中，我们了解到现代人的第三臼齿缺失比过去更频繁。在第5章中，我们讨论了牙齿在过去1万年间的缩小趋势。遗憾的是，这些研究并没有比较连续世代中有亲属关系的个体，也就不可能分离环境与基因的影响。在这样的局限下，有两项研究是少有的例外。它们发现，牙齿大小的变化趋势很可能正在向相反的方向移动，因为英国儿童和中国儿童的牙齿比他们的父母稍大一些。[16]既然我们知道，牙齿大小主要由基因控制，那么这些儿童牙齿的增大就表明，牙齿仍在持续演化。

科学家试图通过探究人类发育是否随时间变化，来解决相关个体解剖学数据匮乏的问题。举例来说，锁骨是人体内最晚形成的骨骼，锁骨生长的相关证据揭示出人类从20世纪早期开始加速发育。[17]我们的上下肢骨也表现出类似的趋势。你可能会问，这是不是由于西方国家的儿童拥有更好的营养而且活动较少呢，毕竟这些都是女孩提早开始月经的可能因素。牙齿为我们更全面地探索这一问题提供了很好的案例，因为它们的发育相比其他骨骼和生殖发育来说受基因的调节作用更大。科学家对欧洲、美国和中国儿童的牙齿钙化进行了时间上的纵向比较。[18]大部分研究都表明，目前牙齿钙化的年龄比20—50年前更早，而且女孩的加速比男孩更快。尽管这与我们讨论过的其他发育研究结果一致，但它们包含的是无亲属关系儿童间的比较。[19]要想真正确定，我们还需招募并追踪有亲属关系的个体，就像弗雷明汉的心脏研究那样。你想要把未来的儿女、孙辈和曾孙辈都登记上，来验证人类是否持续演化吗？

行为

在这些对近代人类演化的思考中，科学家面临的一个首要挑战就是，判断能否用非遗传的原因来解释我们观察到的变化，例如行为或环境影响。我们已经确定，农业的广泛普及和工业生产食品已经对我们的生理和解剖特征产生了深远的影响，包括牙齿。这种影响包括龋齿、阻生和牙列不齐等问题的急剧增长。如果不了解这些行为在过去1万年间的变化，我们很可能错误地得出结论，认为牙齿演化得更容易患龋齿了。而实际上，这是一种细菌演化到了这么一个水平——可以利用我们饮食行为的变化。

我们口腔中有各种各样的细菌，它们被统称为口腔微生物组。对这些细菌的研究有望帮我们将古代的行为（包括农业生活的开始）与人类当下的生理特征联系起来。科学家正在探索致病细菌的流行与演化，以及口腔微生物组能告诉我们什么史前饮食信息。[20]在第7章中，我们讨论过研究人员可以通过微小的牙结石样品来判断饮用动物乳汁的起源。乳品业在过去8 000—9 000年间的出现和传播就是近代人类演化的一个经典例证。具有古老乳业传统的地区人群能生产乳糖酶的基因频率较高，这是一种能使成年人继续消化乳汁的酶。在奶业牲畜的驯化之前，大多数人类在婴儿期后就会失去这种能力，就像今天的很多亚洲和非洲人那样。诸如此类的研究才刚刚开始，因为我们直到最近才有能力探测细菌及其人类宿主体内的古DNA，以及从牙结石中提取膳食蛋白质和微体化石。

另一类前沿科学则激发了热衷于探究古代人类行为的生物人类学家的好奇心。[21]在牙釉质的形成过程中，极少量的蛋白质会被夹在矿物晶体之间，从而稳定蛋白质，使其原始的有机结构在牙齿中能保存得比DNA更长久。我们能从牙釉质中提取这些蛋白质，并将它解码为氨基酸序列，其中部分在男性和女性中不同。目前，科学家正在研究用它来判断古代人类性别的潜力，初步结果令人十分兴奋！正如我们在第8章看到的，通过个体牙齿来判断性别的标准方法存在很大问题，从而限制了我们认识古代社会关系的能力，包括侵略性互动、领地行为和繁殖传播等。未来的科学家或许能对牙齿进行"纳米尺度的分析"，来更精确地了解某人是谁，从哪里来，吃过什么，和群体成员是何关系，以及了解比他们更古老的人类。

　　精细采样还能让我们把化学变化与牙齿形成的每日记录联系起来，从而了解有历史记录以前诸多行为的时间，如哺乳和断奶等。例如，我和同事所做的就是测量钡的摄入。同时，环境暴露生物学这个相关领域也正在利用牙齿中类似的"生物标记物"，如铅和锰。摄入这些金属元素可能与之后的健康问题有关，包括认知障碍等。[22] 近期，美国密歇根州弗林特市的饮用水发生了铅污染，此时不幸饮用了当地自来水的孩子就很可能在牙齿上留下痕迹。但愿这种信息能帮我们尽早对处于高风险的人群进行干预，但要完全理解这场悲剧的影响还需很多年的时间。

　　牙齿讲述的另一个更黑暗的故事涉及核辐射的环境暴露。[23] 在第二次世界大战使用原子弹后，一群政治上较活跃的科学家开始研究，其中包括诺贝尔奖获得者莱纳斯·鲍林，为了向公众普及核武器试验带来的危险。1953年，美国密苏里州的圣路易斯市有一段时间核试验尤其频繁。这群科学家便开展了一项"婴儿牙齿调查"，来评估在这段时间前后和其中出生的儿童体内放射性锶同位素的含量。他们研究的是一种锶同位素——锶90，它与钙的性质类似，在乳汁中含量较高，会被发育中的牙齿和骨骼矿物质捕获。

通过收集和分析30万颗婴儿牙齿，科学家能够证明，在1953年前长牙的儿童体内放射性锶含量仅为生于1957年的儿童的1/8。整体数据显示，儿童研究对象体内的致癌物锶90含量在13年内增加了近50倍。这些发现在1963年被呈交给美国国会，似乎打动了一些政客。同年晚些时候，一项国际条约签署，部分禁止了核武器试验。我们不禁想起乌克兰切尔诺贝利和日本福岛核灾难附近的居民。我衷心地希望，未来几年出生的婴儿牙齿上不会带有任何核印记。

我经常被问到的最后一个问题是，"未来的人长什么样？"假设人类饮食继续以柔软、富含糖类的加工食品为中心，我们的牙齿磨损不会很快，但它们也不会彼此咬合得很整齐。我们会继续需要医疗护理来对抗常见的龋齿和阻生臼齿，因为臼齿能发出的空间会更加狭小。由于颌部窄小而牙齿较大、未经磨损，很多人可能与完美的微笑无缘。如果人们认真对待目前整形牙科的趋势，解决这个困境的办法将取决于一个人所处的文化或国家。有些人肯定会继续通过牙齿来表达自我个性，可能会故意磨掉牙齿，加上贵金属外套，或者庄重地对牙齿进行锉削。我们可以确定，未来的人类学家会有新的牙齿故事去思考和探索。

致谢

　　哈佛大学出版社的贾尼丝·奥代特激发了本书的创作。面对这样深度和广度都未知的博士后级别项目，是她耐心地与我讨论，缓解我的焦虑。对于她和加州大学出版社的里德·马尔科姆，我在此深表谢意。本书的写作跨越美国东西海岸，最终完成于两个大洲。其中，麻省理工学院出版社的编辑罗伯特·普赖尔给予了最大的耐心与善意。他的出版团队始终保持着积极沟通和专业的态度，尤其是凯瑟琳·阿尔梅达、安妮-玛丽·博诺、克里斯托弗·埃耶和自由撰稿人克里斯蒂·赖莉。

　　在研究和写作过程中，我聚集了一群宝贵的朋友和同事，包括曼尼什·阿若拉、克里斯蒂娜·奥斯汀、露露·库克、克里斯托弗·迪安、阿瑟·杜尔班德、马蒂厄·杜瓦尔、丽贝卡·费雷尔、雷纳·格伦、菲利普·云斯、布赖恩·黑尔、莱斯莉·鲁斯科、扎林·马坎达、特斯拉·蒙森、唐纳德·里德、保罗·塔福罗、南希·唐、马克·泰福和迈克尔·韦斯塔韦。更多来自石溪大学、马克斯·普朗克研究所、哈佛大学和格里菲斯大学的合作者及同事们极大地拓展了我对过去20年间人类演化生物学进展的认识。凯特·卡特、威廉·德莱尼、卢卡·菲奥伦扎、迈克尔·福利、迈克拉·赫夫曼、米歇尔·朗格莱、唐纳德·里德、霍利·史密斯和凯蒂·津克帮忙对不同章节进行了品读。书中如有任何错误或遗漏，都是我的问题。

策划照片和图表是真的非常有趣。哈佛大学的皮博迪考古学与民族学博物馆允许我参观其人类遗迹藏品。我去加州大学伯克利分校拜访一位学者时，也有幸得见菲比·A.赫斯特人类学博物馆中的同类藏品。在此，我要向博物馆的管理员们表示由衷的感谢，包括皮博迪博物馆的米歇尔·摩根和奥利维娅·赫申松，以及赫斯特博物馆的娜塔莎·约翰逊和本杰明·波特。阿塞琳·诺埃尔在她的第一次照片拍摄中就耐心地捕捉到我的样子。为我提供原始图片或者帮我获得许可的人员包括泽拉伊·阿莱姆塞吉德、萨赫尔·阿尔卡坦、鲍勃·阿内莫内、克里斯蒂娜·奥斯汀、菲利普·法维耶、佩姬·高夫、莱斯莉·鲁斯科、迈克拉·赫夫曼、韦罗妮克·哈特曼、斯特拉·约安努、加藤爱子、河野礼子、埃琳·劳勒、威廉·麦格鲁、米歇尔·摩根、中务真人、马修·斯金纳、保罗·塔福罗、埃里克·特林考斯和蒂姆·怀特。我要在此为你们提供的帮助深表谢意。

我的研究由石溪大学、马克斯·普朗克学会、哈佛大学、拉德克利夫高等研究院、格里菲斯大学、美国国家科学基金会、利基基金会和美国维纳格林人类学基金会资助。哈佛大学为本书的准备工作提供了资金支持，其中离不开莉尼娅·康斯坦丁努、梅格·林奇和莫妮卡·大山的帮助。格里菲斯大学帮助我走完了这本书的全程，在此要尤其感谢雷纳·格伦和戴安·赖斯利。

这个项目还得到朋友和家人坚定不移的支持，包括凯特·艾默里、谢尔·巴杰、罗宾·菲尼、亨利·基姆西–豪斯、扎林·马坎达、贝丝·拉塞尔、丽贝卡·施莱辛格和我的母亲卡罗尔·史密斯。鲍勃·阿内莫内、丹尼尔·格林和唐纳德·里德的善良和忠诚给了我最大的鼓舞，当然还有我的课程"人类演化生物学1421——牙齿"的学生们。朱莉·西尔弗和哈佛医学院医疗专业写作、出版和社交媒体项目的2015届参与者们给了我极大的启发与鼓励。马修·巴托斯、伊莱恩·戴维和迈克尔·费根帮助我处理出版与合同等事宜。我还在俄勒冈州萨默湖的湖盆创作胜地度过一段难忘的写作时光，结识了众多优秀的艺术家、摄影师和作家。此外，尼娜·卡茨和克雷格·厄普森在他们位于伯克利的工作室接待了我，玛丽·斯迈尔给了我无比的关怀，而莱斯莉·鲁斯科和蒂姆·怀特则热情大方地欢迎我拜访加州大学伯克利分校的人类演化研究中心。珍妮特·芬克的文字、治愈能量以及她对我从不减退的信任产生了神奇的力量。我最后的感谢要献给露露·库克，是她每天耐心地在我们家中播撒幸福与快乐。

引言　为什么是牙齿？

1. Quoted on p. 1 of Simon Hillson, *Dental Anthropology* (Cambridge, UK: Cambridge University Press, 1996).

2. The term *dentine* was coined by the British anatomist Richard Owen but is often spelled "dentin" in the United States. I prefer "dentine" in homage to my British doctoral advisors and mentors, Lawrence Martin and Donald Reid. For more information see Michael John Trenouth, "The Origin of the Terms Enamel, Dentine and Cementum," *Faculty Dental Journal* 5 (January 2014): 27–31.

3. Michel Toussaint and Stéphane Pirson, "Neandertal Studies in Belgium: 2000–2005," *Periodicum Biologorum* 108 (2006): 373–387.

4. Teeth are estimated to make up 70% to 90% of all fossils recovered from several hominin sites in Africa, for example: Bernard A. Wood, "Tooth Size and Shape and Their Relevance to Studies of Hominid Evolution," *Philosophical Transactions of the Royal Society of London* B292 (1981): 65–76.

5. Zeresenay Alemseged et al., "A Juvenile Early Hominin Skeleton from Dikika, Ethiopia," *Nature* 443 (2006): 296–301.

6. Raymond A. Dart, "*Australopithecus africanus*: The Ape-Man of South Africa," *Nature* 115, no. 2884 (February 1925): 195–199.

7. Quote from ibid., 196.

8. Noreen von Cramon-Taubadel, "Global Human Mandibular Variation Reflects Differences in Agricultural and Hunter-Gatherer Subsistence Strategies," *Proceedings of the National Academy of Sciences USA* 108 (December 2011): 19546–19551.

01. 显微镜、细胞和生物节律

1. Described further in Alan Boyde, *The Structure and Development of Mammalian Enamel* (London: PhD dissertation, The London Hospital Medical College, 1964); William J. Croft, *Under the Microscope: A Brief History of Microscopy* (Singapore: World Scientific Press, 2006).

2. Quote from page 181 of Robert Hooke, *Micrographia* (London, Royal Society, 1665).

3. Dianna K. Padilla, "Inducible Phenotypic Plasticity of the Radula in *Lacuna* (Gastropoda: Littorinidae)," *The Veliger* 41 (April 1998): 201–204; Asa H. Barber, Dun Lu, and Nicola M. Pugno, "Extreme Strength Observed in Limpet Teeth," *Interface* 12 (2015): 20141326.

4. Quote from p. 1002 of Anthony Leeuwenhoeck, "Microscopical Observations of the Structure of Teeth and Other Bones: Made and Communicated in a Letter by Mr. Anthony Leeuwenhoeck," *Philosophical Transactions of the Royal Society of London* 12 (1665–1678): 1002–1003.

5. Technically, growth is an increase in size or number, while development is a more comprehensive term describing a transformation. Growth is encompassed within development.

6. The following sources provide more detailed reviews of the embryology and molecular biology of tooth formation: A. Richard Ten Cate, Paul T. Sharpe, Stéphane Roy, and Antonio Nancy, "Development of the Teeth and Its Supporting Structures," in *Ten Cate's Oral Histology*, ed. Antonio Nanci (St. Louis, MO: Mosby, 2003), 79–110; Andrew H. Jheon, Kerstin Seidel, Brian Biehs, and Ophir D. Klein, "From Molecules to Mastication: The Development and Evolution of Teeth," *WIREs Developmental Biology* (2012), doi: 10.1002/wdev.63; P. David Polly, "Gene Networks, Occlusal Clocks, and Functional Patches: New Understanding of Pattern and Process in the Evolution of the Dentition," *Odontology* 103 (2015): 117–125.

7. In contrast, bone is constantly being reworked, which removes and overwrites earlier records of its growth.

8. Described further in Peter Lucas, Paul Constantino, Bernard Wood, and Brian Lawn, "Dental Enamel as a Dietary Indicator in Mammals," *BioEssays* 30 (2008): 374–385.

9. I reviewed this topic in greater detail in my 2004 PhD thesis, available here: http://paleoanthro.org/dissertations/download/. There is a large literature on annual rings in trees; see, for example: Claudio S. Lisi et al., "Tree-Ring Formation, Radial Increment Periodicity, and Phenology of Tree Species From a Seasonal Semi-Deciduous Forest in Southeast Brazil," *IAWA Journal* 29 (2008): 189–207.

10. Evidence for daily and long-period rhythms in bone can be found in Hisashi Shinoda and Masahiro Okada, "Diurnal Rhythms in the Formation of Lamellar Bone in Young Growing Animals," *Proceedings of the Japanese Academy Series B* 64 (1988): 307–310; Timothy G. Bromage et al., "Lamellar Bone Is an Incremental Tissue Reconciling Enamel Rhythms, Body Size, and Organismal Life History," *Calcified Tissue International* (2009) 84: 388–404.

11. A curious historical detail about these studies is the fact that Okada submitted an English-language summary of his work to *The Shanghai Evening Post*, an American-owned newspaper originally published in China until the Japanese shut it down during World War II. The paper restarted again in New York in 1943, the year Okada published his summary—and one can only wonder why a Japanese scientist would report his research on tooth growth in a special edition of an anti-Japanese newspaper 2 years before the war ended: Masahiro Okada, "Hard Tissues of Animal Body: Highly Interesting Details of Nippon Studies in Periodic Patterns of Hard Tissues are Described," *The Shanghai Evening Post* (1943): 15–31. These studies are dramatized in Masahiro Okada, *The Hard Tissue: A Faithful Record of Metabolic Fluctuations* (video presented at the International Physiological Association Meetings, Leiden, 1963). These difficult to obtain sources are also described in M. C. Dean, "The Nature and Periodicity of Incremental Lines in Primate Dentine and Their Relationship to Periradicular Bands in OH 16 (*Homo habilis*)," in *Aspects of Dental Biology: Paleontology, Anthropology and Evolution*, ed. Jacopo Moggi-Cecchi (Florence: International Institute for the Study of Man, 1995), 239–265. Dean also reviews similar research from the 1930s by Isaac Schour and colleagues in the United States that informed Okada and Mimura's experimental design. The former research team developed experimental labeling protocols to determine the speed of hard tissue growth in a terminally ill human child and in other mammals.

12. Their model was subsequently expanded upon in Alan Boyde, "Enamel," in *Handbook of Microscopic Anatomy: Teeth*, vol. V, part 6, eds. A. Oksche and L. Vollrath (Berlin: Springer-Verlag, 1989), 309–473; M. C. Dean, "The Nature and Periodicity of Incremental Lines in Primate Dentine"; Tanya M. Smith, "Experimental Determination of the Periodicity of Incremental Features in Enamel," *Journal of Anatomy* 208 (2006): 99–114.

13. Described further in M. C. Dean, "The Nature and Periodicity of Incremental Lines in Primate Dentine"; Mie Ohtsuka and Hisashi Shinoda, "Ontogeny of Circadian Dentinogenesis in the Rat Incisor," *Archives of Oral Biology* 40, no. 6 (1995): 481–485; Tanya M. Smith, "Experimental Determination of the Periodicity of Incremental Features in Enamel."

14. G. D. Rosenberg and D. J. Simmons, "Rhythmic Dentinogenesis in the Rabbit Incisor: Circadian, Ultradian, and Infradian Periods," *Calcified Tissue International* 32 (1980): 29–44; Mie Ohtsuka-Isoya, Haruhide Hayashi, and Hisashi Shinoda, "Effect of Suprachiasmatic Nucleus Lesion on Circadian Dentin Increment in Rats,"

American Journal of Physiology—Regulatory, Integrative and Comparative Physiology 280 (2001): R1364–R1370.

15. These are called Retzius lines in enamel and Andresen lines in dentine, eponymous terms that reflect the scientists who described them. They manifest on the tooth and root surface as perikymata and periradicular bands, respectively. See M. C. Dean, "The Nature and Periodicity of Incremental Lines in Primate Dentine" for a review of the origins of these terms.

16. Gysi, A. "Metabolism in Adult Enamel," *Dental Digest* 37 (1931): 661–668.

17. Tanya M. Smith, "Incremental Dental Development: Methods and Applications in Hominoid Evolutionary Studies," *Journal of Human Evolution* 54 (2008): 205–24; Timothy G. Bromage et al., "Lamellar Bone Is an Incremental Tissue."

18. Daniel E. Lieberman, "The Biological Basis for Seasonal Increments in Dental Cementum and Their Application to Archaeological Research," *Journal of Archaeological Science* 21 (1994): 525–539. Ursula Wittwer-Backofen, Jutta Gampe, and James W. Vaupel, "Tooth Cementum Annulation for Age Estimation: Results From a Large Known-Age Validation Study," *American Journal of Physical Anthropology* 123 (2004): 119–129.

19. For example, see WeiJia Zhang, ZhengBin Li, and Yang Lei, "Experimental Measurement of Growth Patterns on Fossil Corals: Secular Variation in Ancient Earth-Sun Distances," *Chinese Science Bulletin* 55, no. 35 (2010): 4010–4017; M. Christopher Dean, "Progress in Understanding Hominoid Dental Development," *Journal of Anatomy* 197 (2000): 77–101; Tanya M. Smith, "Incremental Dental Development."

20. Described further in Alan Boyde, *The Structure and Development of Mammalian Enamel*; W. J. Schmidt and A. Keil, "Enamel," in *Polarizing Microscopy of Dental Tissues*, eds. W. J. Schmidt and A. Keil (Oxford: Pergamon Press, 1971), 319–427.

21. This is technically called propagation phase contrast X-ray synchrotron microtomography, and is described further in Paul Tafforeau and Tanya M. Smith, "Nondestructive Imaging of Hominoid Dental Microstructure Using Phase Contrast X-ray Synchrotron Microtomography," *Journal of Human Evolution* 54 (2008): 272–278. Also see Paul Tafforeau et al., "Applications of X-ray Synchrotron Microtomography for Nondestructive 3D Studies of Paleontological Specimens," *Applied Physics A* 83 (2006): 195–202.

22. Paul Tafforeau, John P. Zermeno, and Tanya M. Smith, "Tracking Cellular-level Enamel Growth and Structure in 4D with Synchrotron Imaging," *Journal of Human Evolution* 62, no. 3 (2012): 424–428.

02. 纵观全局：出生、死亡，以及中间的一切

1. For more information, see Maury Massler, Isaac Schour, and Henry G. Poncher, "Developmental Pattern of the Child as Reflected in the Calcification Pattern of the Teeth," *American Journal of Diseases of Children* 629 (1941): 33–67; D. K. Whittaker and D. Richards, "Scanning Electron Microscopy of the Neonatal Line in Human Enamel," *Archives of Oral Biology* 23 (1978): 45–50; Jörgen G. Norén, "Microscopic Study of Enamel Defects in Deciduous Teeth of Infants Born to Diabetic Mothers," *Acta Odontologica Scandinavica* 42 (1984): 154–156; Wendy Birch and M. Christopher Dean, "Rates of Enamel Formation in Human Deciduous Teeth," in *Comparative Dental Morphology. Frontiers of Oral Biology*, vol. 13. (Basel: Karger, 2009), 116–120.

2. Jörgen G. Norén, "Microscopic Study of Enamel Defects in Deciduous Teeth of Infants Born to Diabetic Mothers"; but see Lotta Ranggård, Jörgen G. Norén, and Nina Nelson, "Clinical and Histologic Appearance in Enamel of Primary Teeth in Relation to Neonatal Blood Ionized Calcium Values," *Scandinavian Journal of Dental Research* 102 (1994): 254–259.

3. My colleagues and I have found similar disruptions during periods of weight loss in young monkeys long after birth, hinting at a causal connection among different types of accentuated lines in teeth. See Christine Austin et al., "Uncovering System-Specific Stress Signatures in Primate Teeth with Multimodal Imaging," *Science Reports* 5 (2016): 18802.

4. Ilana Eli, Haim Sarnat, and Eliezer Talmi, "Effect of the Birth Process on the Neonatal Line in Primary Tooth Enamel," *Pediatric Dentistry* 11 (1989): 220–223; Clément Zanolli, Luca Bondioli, Franz Manni, Paola Rossi, and Roberto Macchiarelli, "Gestation Length, Mode of Delivery and Neonatal Line Thickness Variation," *Human Biology* 83 (2011): 695–713. The authors of the second study did find that preterm babies had wider neonatal lines than those born on schedule and those born after their due date, although there was a fair degree of overlap in line widths among babies born after different gestation lengths.

5. At birth, teeth are small and conical, and—although teeth should be sliced perpendicular to the growth axis—it's easy to miss the tip of the growth center during sectioning. This could contribute to measurement error, as growth lines will be less well defined if there is even a small amount of angular deviation, and their thickness can be artificially exaggerated. This is an example of when a synchrotron imaging approach would be helpful for controlling the section plane and allowing more precise estimates of the thickness of the neonatal line.

6. Jeffrey H. Schwartz, Frank Houghton, Roberto Macchiarelli, and Luca Bondioli, "Skeletal Remains from Punic Carthage Do Not Support Systematic Sacrifice of Infants," *PLoS ONE* 5 (2012): e9177.

7. Wendy Birch and M. Christopher Dean, "A Method of Calculating Human Deciduous Crown Formation Times and of Estimating the Chronological Ages of Stressful Events Occurring During Deciduous Enamel Formation," *Journal of Forensic and Legal Medicine* 22 (2014): 127–144.

8. For more information, see M. Christopher Dean and Fadil Elamin, "Parturition Lines in Modern Human Wisdom Tooth Roots: Do They Exist, Can They Be Characterized and Are They Useful for Retrospective Determination of Age at First Reproduction and/or Inter-birth Intervals?" *Annals of Human Biology* 41 (2014): 358–367.

9. Jacqui E. Bowman, *Life History, Growth and Dental Development in Young Primates: A Study Using Captive Rhesus Macaques* (PhD dissertation, Cambridge University, Cambridge, 1991).

10. Christine Austin et al., "Uncovering System-Specific Stress Signatures in Primate Teeth with Multimodal Imaging."

11. B. R. Townend, "The Non-therapeutic Extraction of Teeth and Its Relation to the Ritual Disposal of Shed Deciduous Teeth," *British Dental Journal* 115, no. 8–10 (October 1963): 312–315, 354–357, 394–396; Rosemary Wells, "The Making of an Icon," in *The Good People: New Fairylore Essays*, ed. Peter Narváez (New York: Garland Publishing, 1991), 426–453; https://www.salon.com/2014/02/09/dont_tell_the_kids_the_real_history_of_the_tooth_fairy/; https://www.reuters.com/article/us-toothfairy-inflation-idUSBRE97T04M20130830/.

12. Deciduous tooth data from: L. Lysell, B. Magnusson, and Birgit Thilander, "Time and Order of Eruption of the Primary Teeth: A Longitudinal Study," *Odontologisk Revy* 13 (1962): 117–134. Permanent tooth data from Kaarina Haavikko, "The Formation and the Alveolar and Clinical Eruption of the Permanent Teeth: An Orthopantomographic Study," *Proceedings of the Finnish Dental Society* 66 (1970): 103–170; S. J. AlQahtani, M. P. Hector, and H. M. Liversidge, "Accuracy of Dental Age Estimation Charts: Schour and Massler, Ubelaker, and the London Atlas," *American Journal of Physical Anthropology* 154 (2014): 70–78. See this final source for ages of alveolar eruption and full eruption.

13. http://johnhawks.net/weblog/topics/history/aristotle_wisdom_teeth.html.

14. A. Richard Ten Cate and Antonio Nanci, "Physiologic Tooth Movement: Eruption and Shedding," in *Ten Cate's Oral Histology*, ed. Antonio Nanci (St. Louis, MO: Mosby, 2003), 275–298; M. Christopher Dean and Peter Vesey, "Preliminary Observations on Increasing Root Length During the Eruptive Phase of Tooth Development in Modern Humans and Great Apes," *Journal of Human Evolution* 54 (2008): 258–271.

15. A. Richard Ten Cate and Antonio Nanci, "Physiologic Tooth Movement: Eruption and Shedding."

16. For an overview of these different approaches, see Simon Hillson, *Dental Anthropology* (Cambridge, UK: Cambridge University Press, 1996).

17. S. J. AlQahtani, M. P. Hector, and H. M. Liversidge, "Accuracy of Dental Age Estimation Charts: Schour and Massler, Ubelaker, and the London Atlas," *American Journal of Physical Anthropology* 154 (2014): 70–78.

18. For more information, see Albert Edward William Miles, "Dentition in the Estimation of Age," *Journal of Dental Research* 42, suppl. to no. 1 (1963): 255–263; Richard Bassed, Jeremy Graham, and Jane A. Taylor, "Age Assessment," in *Forensic Odonotology: Principles and Practice*, eds. Jane A. Taylor and Jules A. Kieser (West Sussex, UK: Wiley Blackwell, 2016), 209–227; Edwin Saunders, *The Teeth a Test of Age, Considered with Reference to the Factory Children: Addressed to Members of Both Houses of Parliament* (London: H. Renshaw, 1837).

19. Ekta Priya, "Applicability of Willem's Method of Dental Age Assessment in 14 Years Threshold Children in South India—A Pilot Study," *Journal of Forensic Research* S4 (2015): S4–002.

20. Andreas Schmeling, Pedro Manuel Garamendi, Jose Luis Prieto, and María Irene Landa, "Forensic Age Estimation in Unaccompanied Minors and Young Living Adults," in *Forensic Medicine—From Old Problems to New Challenges*, ed. Duarte Nuno Vieira (Rijeka, Croatia: InTech Europe, 2011), 77–120.

21. This is provided that the individual has not completed root formation prior to death, since no additional days are added to the root after the root tip closes.

22. Because this repeat interval is constant within a tooth, it isn't necessary to count the days between each pair of long-period lines.

23. Pierre Formenty, "Ebola Virus Outbreak among Wild Chimpanzees Living in a Rain Forest of Côte d'Ivoire," *Journal of Infectious Diseases* 179, Suppl. 1 (1999): S120–S126.

24. The crown formation time for this cusp is 722 days, as it includes 31 days of prenatal enamel formation (691 + 31 days). Originally reported in Tanya M. Smith and Paul Tafforeau, "New Visions of Dental Tissue Research: Tooth Development, Chemistry, and Structure," *Evolutionary Anthropology* 17 (2008): 213–226.

25. For more information, see Daniel Antoine, Simon Hillson, and M. Christopher Dean, "The Developmental Clock of Dental Enamel: A Test for the Periodicity of Prism Cross-striations in Modern Humans and an Evaluation of the Most Likely Sources of Error in Histological Studies of this Kind," *Journal of Anatomy* 214 (2009): 45–55; Tanya M. Smith, "Teeth and Human Life-History Evolution," *Annual Review of Anthropology* 42 (2013):191–208.

26. Mark Skinner and Gail S. Anderson, "Individualization and Enamel Histology: A Case Report in Forensic Anthropology," *Journal of Forensic Sciences* 36 (1991): 939–948; M. A. Katzenberg et al., "Identification of Historical Human Skeletal Remains: A Case Study Using Skeletal and Dental Age, History and DNA," *International Journal of Osteoarcheology* 15 (2005): 61–72.

27. For more information, see Ursula Wittwer-Backofen et al., "Basics in Paleodemo-graphy: A Comparison of Age Indicators Applied to the Early Medieval Skeletal Sample of Lauchheim," *American Journal of Physical Anthropology* 137 (2008): 384–396; C. Cave and M. Oxenham, "Identification of the Archaeological 'Invisible Elderly': An Approach Illustrated with an Anglo-Saxon Example," *International Journal of Osteoarcheology* 26 (2016): 163–175.

28. J. A. Kieser, C. B. Preston, and W. G. Evans, "Skeletal Age at Death: An Evalua-tion of the Miles Method of Ageing," *Journal of Archaeological Science* 10 (1983): 9–12.

29. Discussed further in A. E. W. Miles, "Teeth as an Indicator of Age in Man," in *Development, Function, and Evolution of Teeth*, eds. P. M. Butler and K. A. Joysey (London, Academic Press, 1978), 455–464; Simon Hillson, *Dental Anthropology*.

30. Antonio Nanci, "Dentin-Pulp Complex," in *Ten Cate's Oral Histology*, ed. Antonio Nanci (Mosby St. Louis, MO, 2003), 192–239.

31. N. G. Clarke, S. E. Carey, W. Srikandi, R. S. Hirsch, and P. I. Leppard, "Peri-odontal Disease in Ancient Populations," *American Journal of Physical Anthropology* 71 (1986): 173–183.

32. Discussed further in P. Morris, "The Use of Teeth for Estimating the Age of Wild Mammals," in *Development, Function, and Evolution of Teeth*, eds. P. M. Butler and K. A. Joysey (London: Academic Press, 1978), 483–494; Richard F. Kay, D. Tab Rasmussen, and K. Christopher Beard, "Cementum Annulus Counts Provide a Means for Age Determination in *Macaca mulatta* (Primates, Anthropoidea)," *Folia Primatologica* 42 (1984): 85–95; Simon Hillson, *Dental Anthropology*; Ursula Wittwer-Backofen, Jutta Gampe, and James W. Vaupel, "Tooth Cementum Annulation for Age Estimation: Results From a Large Known-Age Validation Study," *American Journal of Physical Anthropology* 123 (2004): 119–129; H. Renz and R. J. Radlanski, "Incremental Lines in Root Cementum of Human Teeth a Reliable Age Marker?" *Homo* 57 (2006): 29–50; Stephan Naji et al., "Cementochronology, to Cut or Not to Cut?" *International Jour-nal of Paleopathology* 15 (2016): 113–119.

33. Keith Condon, Douglas K. Charles, James M. Cheverud, and Jane E. Buikstra, "Cementum Annulation and Age Determination in *Homo sapiens*. II. Estimates and Accuracy," *American Journal of Physical Anthropology* 71 (1986): 321–330.

34. Ursula Wittwer-Backofen, Jutta Gampe, and James W. Vaupel, "Tooth Cementum Annulation for Age Estimation: Results from a Large Known-Age Validation Study."

35. Ursula Wittwer-Backofen et al., "Basics in Paleodemography."

36. Quote from p. 209 of Simon Hillson, *Dental Anthropology*.

37. Numerous presentations on cementum aging continue to be given at academic conferences, including special sessions at the 2012 and 2017 *American Association of Physical Anthropologists'* annual conferences, and more than a dozen presentations

at the *International Symposium on Dental Morphology* in 2017. See Stephan Naji et al., "Cementochronology, To Cut or Not to Cut?" for more context on this European-led resurgence in cementum annulation research.

03. 危机四伏：压力、疾病和演化失调

1. Daniel W. Sellen and Diana B. Smay, "Relationship Between Subsistence and Age at Weaning in 'Preindustrial' Societies." *Human Nature* 12, no. 1 (2001): 47–87.

2. Robert E. Black, Saul S. Morris, and Jennifer Bryce, "Where and Why Are 10 Million Children Dying Every Year?" *Lancet* 361 (June 2003): 2226–2234; Louise T. Humphrey, "Enamel Traces of Early Lifetime Events," in *Between Biology and Culture*, ed. Holger Schutkowski (Cambridge University Press, Cambridge, UK, 2008), 186–206.

3. Reidar F. Sognnaes, "Histological Evidence of Developmental Lesions in Teeth Originating From Paleolithic, Prehistoric, and Ancient Man," *The American Journal of Pathology* 32, no. 3 (1956): 547–577. Discussed further in Simon Hillson, *Tooth Development in Human Evolution and Bioarcheology* (Cambridge, UK: Cambridge University Press, 2014); Tanya M. Smith and Christopher Boesch, "Developmental Defects in the Teeth of Three Wild Chimpanzees from the Taï Forest," *American Journal of Physical Anthropology* 157 (2015): 556–570.

4. Wendy Birch and M. Christopher Dean, "A Method of Calculating Human Deciduous Crown Formation Times and of Estimating the Chronological Ages of Stressful Events Occurring During Deciduous Enamel Formation," *Journal of Forensic and Legal Medicine* 22 (2014): 127–144.

5. Examples are given from these studies: Jacqui E. Bowman, *Life History, Growth and Dental Development in Young Primates: A Study Using Captive Rhesus Macaques* (PhD dissertation, Cambridge University, Cambridge, 1991); Gary T. Schwartz, Don J. Reid, M. Christopher Dean, and Adrienne L. Zihlman, "A Faithful Record of Stressful Life Events Preserved in the Dental Developmental Record of a Juvenile Gorilla," *International Journal of Primatology* 27, no. 4 (August 2006): 1201–1219; Tanya M. Smith, "Teeth and Human Life-History Evolution," *Annual Review of Anthropology* 42 (2013): 191–208.

6. There may be at least 500 studies of enamel defects and nearly 100 identified causes, which are discussed further in Alan H. Goodman and Jerome C. Rose, "Dental Enamel Hypoplasias as Indicators of Nutritional Stress," in *Advances in Dental Anthropology*, eds. Marc A. Kelley and Clark Spencer Larsen (New York: Wiley-Liss, 1991), 279–293; Simon Hillson, *Tooth Development in Human Evolution and Bioarcheology*.

7. See illustrations in Stella Ioannou, Sadaf Sassani, Maciej Henneberg, and Renata J. Henneberg, "Diagnosing Congenital Syphilis Using Hutchinson's Method: Differentiating between Syphilitic, Mercurial, and Syphilitic-Mercurial Dental Defects," *American Journal of Physical Anthropology* 159 (2016): 617–629.

8. Jay Kelley, "Identification of a Single Birth Cohort in *Kenyapithecus kizili* and the Nature of Sympatry Between *K. kizili* and *Griphopithecus alpani* at Pasalar," *Journal of Human Evolution* 54 (2008): 530–537.

9. Quote from pp. 664–665 of Alfred Gysi, "Metabolism in Adult Enamel," *Dental Digest* 37 (1931): 661–668.

10. An example is provided from M. L. Blakey, T. E. Leslie, and J. P. Reidy, "Frequency and Chronological Distribution of Dental Enamel Hypoplasia," *American Journal of Physical Anthropology* 95 (1994): 371–383. This is discussed further in M. Katzenberg, D. A. Herring, and S. R. Saunders, "Weaning and Infant Mortality: Evaluating the Skeletal Evidence," *Yearbook of Physical Anthropology* 39 (1996): 177–99; Tanya M. Smith and Christopher Boesch, "Developmental Defects in the Teeth of Three Wild Chimpanzees from the Taï Forest."

11. Richard L. May, Alan H. Goodman, and Richard S. Meindl, "Response of Bone and Enamel Formation to Nutritional Supplementation and Morbidity Among Malnourished Guatemalan Children," *American Journal of Physical Anthropology* 92 (1993): 37–51. A broader consideration can be found in Alan H. Goodman and Jerome C. Rose, "Dental Enamel Hypoplasias as Indicators of Nutritional Stress."

12. Discussed further in Clark Spencer Larsen, "Biological Changes in Human Populations with Agriculture," *Annual Review of Anthropology* 24 (1995): 185–213; Simon Hillson, *Tooth Development in Human Evolution and Bioarcheology*; Daniel E. Lieberman, *The Story of the Human Body* (New York: Vintage Books, 2013).

13. Judith Littleton, "Invisible Impacts But Long-Term Consequences: Hypoplasia and Contact in Central Australia," *American Journal of Physical Anthropology* 126 (2005): 295–304.

14. See references in Clark Spencer Larsen, "Biological Changes in Human Populations with Agriculture."

15. Sergio Sergi, "Missing Teeth Inherited," *The Journal of Heredity* 5, no. 12 (1914): 559–560; K. Carter and S. Worthington, "Morphologic and Demographic Predictors of Third Molar Agenesis: A Systematic Review and Meta-Analysis," *Journal of Dental Research* 94, no. 7 (2015): 886–894; K. Carter and S. Worthington, "Predictors of Third Molar Impaction: A Systematic Review and Meta-analysis," *Journal of Dental Research* 95, no. 3 (2016): 267–276.

16. See references in Daniel E. Lieberman, *The Evolution of the Human Head* (Cambridge, MA: Harvard University Press, 2011); Katherine Carter, *The Evolution of Third Molar Agenesis and Impaction* (PhD dissertation, Harvard University, 2016). Evidence for M3 impaction in australopithecines is presented in Kathleen R. Gibson and James M. Calcagno, "Brief Communication: Possible Third Molar Impactions in the Hominid Fossil Record," *American Journal of Physical Anthropology* 91, no. 4 (August

1993): 517–521. However, it is difficult to know if these teeth might have been displaced after death.

17. Discussed further in Hannah J. O'Regan and Andrew C. Kitchener, "The Effects of Captivity on the Morphology of Captive, Domesticated and Feral Mammals," *Mammal Review* 35, nos. 3&4 (2005): 215–230; Daniel E. Lieberman, *The Evolution of the Human Head.*

18. Sergio Sergi, "Missing Teeth Inherited"; Daniel E. Lieberman, *The Evolution of the Human Head.*

19. James M. Calcagno and Kathleen R. Gibson, "Human Dental Reduction: Natural Selection or the Probable Mutation Effect," *American Journal of Physical Anthropology* 77 (1988): 505–517; Martin Kunkel, Wilfried Kleis, Thomas Morbach, and Wilfred Wagner, "Several Third Molar Complications Including Death—Lessons From 100 Cases Requiring Hospitalization," *Journal of Maxillofacial Surgery* 65 (2007): 1700–1706; C. Bowdler Henry and G. M. Morant, "A Preliminary Study of the Eruption of the Mandibular Third Molar Tooth in Man Based on Measurements Obtained from Radiographs, with Special Reference to the Problem of Predicting Cases of Ultimate Impaction of the Tooth," *Biometrika* 28, no. 3/4 (December 1936): 378–427; Mary Otte, *Teeth: The Story of Beauty, Inequality and the Struggle for Oral Health in America* (New York: The New Press, 2017).

20. In fairness to the bacteria that live in our mouths, many are beneficial for our health—or at least neutral in their impact—as is true of the bacteria in other parts of our digestive system.

21. Christina J. Adler et al., "Sequencing Ancient Calcified Dental Plaque Shows Changes in Oral Microbiota with Dietary Shifts of the Neolithic and Industrial Revolutions," *Nature Genetics* 45 (2013): 450–455; Christina Warinner et al., "Pathogens and Host Immunity in the Ancient Human Oral Cavity," *Nature Genetics* 46 (2014): 336–346.

22. For a general discussion of this topic, see Loren Cordain, *The Paleo Diet* (Boston: Houghton Mifflin Harcourt, 2011); Daniel E. Lieberman, *The Story of the Human Body*; Daniel H. Temple, "Caries: The Ancient Scourge," in *A Companion to Dental Anthropology*, eds. Joel D. Irish and G. Richard Scott (West Sussex, UK: John Wiley and Sons, 2016), 433–449; Luis Pezo Lanfranco and Sabine Eggers, "The Usefulness of Caries Frequency, Depth, and Location in Determining Cariogenicity and Past Subsistence: A Test on Early and Later Agriculturalists From the Peruvian Coast," *American Journal of Physical Anthropology* 143 (2010): 75–91. Specific studies discussed in the paragraphs that follow: Christina J. Adler et al., "Sequencing Ancient Calcified Dental Plaque Shows Changes in Oral Microbiota with Dietary Shifts of the Neolithic and Industrial Revolutions"; Omar E. Cornejo, "Evolutionary and Population Genomics of the Cavity Causing Bacteria *Streptococcus mutans*," *Molecular Biology and Evolution*

30, no. 4 (2013): 881–893; P.-F. Puech, H. Albertini, and N. T. W. Mills, "Dental Destruction in Broken-Hill Man," *Journal of Human Evolution* 9 (1980): 33–39.

23. Christy G. Turner II, "Dental Anthropological Indications of Agriculture Among the Jomon People of Central Japan," *American Journal of Physical Anthropology* 51 (1979): 619–636. Also see discussions in Clark Spencer Larsen, "Biological Changes in Human Populations with Agriculture"; Simon Hillson, "The Current State of Dental Decay," in *Technique and Application in Dental Anthropology*, eds. Joel D. Irish and Greg C. Nelson (Cambridge, UK: Cambridge University Press, 2008), 111–135.

24. These numbers represent conservative estimates of cavity prevalence, since it is often necessary to use radiography to locate cavities inside the tooth, which wasn't possible in Turner's study. Importantly, Turner omitted modern people consuming processed diets, as he felt that this would lead to artificially inflated rates. Given the differences in average values across subsistence groups, scientists have investigated whether the frequency of cavities can be used to predict the subsistence method of prehistoric humans. Unfortunately, this isn't as straightforward as one might hope. Populations within each subsistence type show considerable variation in the occurrence of cavities. For example, Turner's agricultural populations have frequencies that range from 2% in ancient Egyptians to 27% in the South Atlantic islanders from Tristan da Cunha. The lower end of the range for agriculturalists overlaps with hunter-gathers and populations that employed mixed-subsistence methods.

25. Nancy C. Lovell, *Patterns of Injury and Illness in Great Apes* (Washington, D.C.: Smithsonian Institution Press, 1990).

26. Louise T. Humphrey, "Earliest Evidence for Caries and Exploitation of Starchy Plant Foods in Pleistocene Hunter-Gatherers from Morocco," *Proceedings of the National Academy of Sciences USA* 111, no. 3 (January 2014): 954–959.

27. Simon Hillson, "The Current State of Dental Decay"; Ann Gibbons, "An Evolutionary Theory of Dentistry," *Science* 336 (May 2012): 973–975.

28. Elma Maria Vega Lizama and Andrea Cucina, "Maize Dependence or Market Integration? Caries Prevalence Among Indigenous Maya Communities With Maize-Based Versus Globalized Economies," *American Journal of Physical Anthropology* 153 (2014): 190–202. Of the 12 comparisons of specific age and sex groups between the two villages, one was tied at 100% of individuals affected in both communities.

29. John R. Lukacs and Leah L. Largaespada, "Explaining Sex Differences in Dental Caries Prevalence: Saliva, Hormones, and 'Life-History' Etiologies," *American Journal of Human Biology* 18 (2006): 540–555. Also see a critical discussion of this paper in Daniel H. Temple, "Caries: The Ancient Scourge."

30. See references in S. M. Hashim Nainar, "Is It Ethical to Withhold Restorative Dental Care From a Child with Occlusoproximal Caries Lesions Into Dentin of Primary Molars?" *Pediatric Dentistry* 37, no. 4 (July/August 2015): 329–331.

31. Bruce L. Pihlstrom, Bryan S. Michalowicz, and Newell W. Johnson, "Periodontal Diseases," *Lancet* 366 (2005): 1809–1820; Greg C. Nelson, "A Host of Other Dental Diseases and Disorders," in *A Companion to Dental Anthropology*, eds. Joel D. Irish and G. Richard Scott (West Sussex, UK: John Wiley and Sons, 2016), 465–483.

32. Bruce L. Pihlstrom, Bryan S. Michalowicz, and Newell W. Johnson, "Periodontal Diseases."

33. N. G. Clarke, S. E. Carey, W. Srikandi, R. S. Hirsch, and P. I. Leppard "Periodontal Disease in Ancient Populations," *American Journal of Physical Anthropology* 71 (1986): 173–183. Christina J. Adler et al., "Sequencing Ancient Calcified Dental Plaque Shows Changes in Oral Microbiota with Dietary Shifts of the Neolithic and Industrial Revolutions."

34. Ann Margvelashvili, Christoph P. E. Zollikofer, David Lordkipanidze, Paul Tafforeau, and Marcia S. Ponce de Leon, "Comparative Analysis of Dentognathic Pathologies in the Dmanisi Mandibles," *American Journal of Physical Anthropology* 160 (2016): 229–253; María Martinón-Torres et al., "Early Pleistocene Human Mandible from Sima del Elefante (TE) Cave Site in Sierra de Atapuerca (Spain): A Palaeopathological Study," *Journal of Human Evolution* 61 (2011): 1–11; Ana Gracia-Téllez et al., "Orofacial Pathology in *Homo heidelbergensis*: The case of Skull 5 from the Sima de los Huesos Site (Atapuerca, Spain)," *Quaternary International* 295 (2013): 83–93.

35. Stefan Baumgartner et al., "The Impact of the Stone Age Diet on Gingival Conditions in the Absence of Oral Hygiene," *Journal of Periodontology* 80, no. 5 (May 2009): 759–767.

36. James E. Anderson, "Human Skeletons of Tehuacán," *Science* 148, no. 3669 (April 1965): 496–497; Greg C. Nelson, "A Host of Other Dental Diseases and Disorders."

37. Lordkipanidze et al., "Anthropology: The Earliest Toothless Hominin Skull," *Nature* 434 (April 2005): 717–718.

38. Rachel Caspari and Sang-Hee Lee, "Older Age Becomes Common Late in Human Evolution," *Proceedings of the National Academy of Sciences USA* 101, no. 30 (July 2004): 10895–10900; Ann Margvelashvili, Christoph P. E. Zollikofer, David Lordkipanidze, Paul Tafforeau, and Marcia S. Ponce de Leon, "Comparative Analysis of Dentognathic Pathologies in the Dmanisi Mandibles."

39. S. Listl, J. Galloway, P. A. Mossey, and W. Marcenes, "Global Economic Impact of Dental Diseases," *Journal of Dental Research* 94, no. 10 (2015): 1355–1361.

40. Sydney Garfield, *Teeth Teeth Teeth* (New York: Simon and Schuster, 1969).

41. Robert S. Corrucini, "Anthropological Aspects of Orofacial and Occlusal Variations and Anomalies," in *Advances in Dental Anthropology*, eds. Marc A. Kelley and Clark Spencer Larson (New York: Wiley-Liss, 1991), 143–68; Jerome C. Rose and Richard D. Roblee, "Origins of Dental Crowding and Malocclusions: An Anthropological

Perspective," *Compendium of Continuing Education in Dentistry* 30, no. 5 (June 2009): 292–300.

42. P. R. Begg, "Stone Age Man's Dentition," *American Journal of Orthodontics* 40, no. 5 (1954): 373–383.

43. D. S. Carlson and D. P. Van Gerven, "Masticatory Function and Post-Pleistocene Evolution in Nubia," *American Journal of Physical Anthropology* 46, no. 3 (1977): 495–506.

44. Robert S. Corrucini, "Anthropological Aspects of Orofacial and Occlusal Variations and Anomalies."

45. Discussed further in Jerome C. Rose and Richard D. Roblee, "Origins of Dental Crowding and Malocclusions: An Anthropological Perspective"; M. Makaremi, K. Zink, and F. de Brondeau, "Apport des contraintes masticatrices fortes dans la stabilization de l'expansion maxillaire [The Importance of Elevated Masticatory Forces on the Stability of Maxillary Expansion]," *Revue d'Orthopédie Dento Faciale* 49 (2015): 11–20.

46. Robert S. Corruccini, *How Anthropology Informs the Orthodontic Diagnosis of Malocclusion's Causes* (Edwin Mellen Press, Lewiston, 1999); Daniel E. Lieberman, *The Evolution of the Human Head*; Ann Gibbons, "An Evolutionary Theory of Dentistry"; M. Makaremi, K. Zink, and F. de Brondeau, "Apport des contraintes masticatrices fortes dans la stabilisation de l'expansion maxillaire."

04. 从鱼到灵长类的转化

1. Peter S. Ungar, *Teeth: A Very Short Introduction* (Oxford, UK: Oxford University Press, 2014).

2. See the following for different perspectives on this topic: Michal J. Benton, *Vertebrate Palaeontology* (West Sussex, UK: John Wiley and Sons, 2015); Neil Shubin, *Your Inner Fish: A Journey into the 3.5-Billion-Year History of the Human Body* (New York: Pantheon Books, 2009); Moya Meredith Smith et al., "Early Development of Rostrum Saw-Teeth in a Fossil Ray Tests Classical Theories of the Evolution of Vertebrate Dentitions," *Proceedings of the Royal Society of Biology Series B* 282 (2015): 20151628; Philip C. J. Donoghue and Martin Rücklin, "The Ins and Outs of the Evolutionary Origin of Teeth," *Evolution and Development* 18, no. 1 (2016): 19–30.

3. Donglei Chen, Henning Blom, Sophie Sanchez, Paul Tafforeau, and Per E. Ahlberg, "The Stem Osteichthyan *Andreolepis* and the Origin of Tooth Replacement," *Nature* 539 (2016): 237–224.

4. Jean-Yves Sire and Ann Huysseune, "Formation of Dermal Skeletal and Dental Tissues in Fish: A Comparative and Evolutionary Approach," *Biology Review* 78 (2003): 219–249; Qingming Qu, Tatjana Haitina, Min Zhu, and Per Erik Ahlberg,

"New Genomic and Fossil Data Illuminate the Origin of Enamel," *Nature* 526 (October 2015): 108–111; Martin D. Brazeau and Matt Friedman, "The Origin and Early Phylogenetic History of Jawed Vertebrates," *Nature* 520 (April 2015): 490–497.

5. Discussed further in Michal J. Benton, *Vertebrate Palaeontology*; Neil Shubin, *Your Inner Fish.*

6. Philip C. J. Donoghue and Martin Rücklin, "The Ins and Outs of the Evolutionary Origin of Teeth."

7. Images of shark and fish teeth can be seen in Barry K. Berkovitz and R. P. Shellis, *The Teeth of Non-Mammalian Vertebrates* (London: Academic Press, 2016).

8. Liam J. Rasch et al., "An Ancient Dental Gene Set Governs Development and Continuous Regeneration of Teeth in Sharks," *Developmental Biology* 415 (2016): 347–370; Donglei Chen, Henning Blom, Sophie Sanchez, Paul Tafforeau, and Per E. Ahlberg, "The Stem Osteichthyan *Andreolepis* and the Origin of Tooth Replacement."

9. Barry K. Berkovitz and R. P. Shellis, *The Teeth of Non-Mammalian Vertebrates.*

10. Discussed further in Michal J. Benton, *Vertebrate Palaeontology*; Jennifer A. Clack, "The Fish–Tetrapod Transition: New Fossils and Interpretations," *Evolution Education Outreach* 2 (2009): 213–223.

11. Edward B. Daeschler, Neil H. Shubin, and Farish A. Jenkins, "A Devonian Tetrapod-Like Fish and the Evolution of the Tetrapod Body Plan," *Nature* 440 (2006): 757–763; discussed further in Neil Shubin, *Your Inner Fish.*

12. Grzegorz Niedźwiedzki, Piotr Szrek, Katarzyna Narkiewicz, Marek Narkiewicz, and Per E. Ahlberg, "Tetrapod Trackways from the Early Middle Devonian Period of Poland," *Nature* 463 (January 2010): 43–48.

13. Another group of poorly studied legless amphibians known as cecilians show varied forms of reproduction, and do not rely as heavily on water as do other amphibians. Images of amphibian teeth can be found in Barry K. Berkovitz and R. P. Shellis, *The Teeth of Non-Mammalian Vertebrates.*

14. Discussed further in Michal J. Benton, *Vertebrate Palaeontology*; P. Martin Sander, "Reproduction in Early Amniotes," *Science* 337 (August 2012): 806–808.

15. Discussed further in Michal J. Benton, *Vertebrate Palaeontology.*

16. Discussed further in Michal J. Benton, *Vertebrate Palaeontology*; Matt Cartmill, William L. Hylander, and James Shafland, *Human Structure* (Cambridge, MA: Harvard University Press, 1987).

17. Paul C. Sereno, "Taxonomy, Morphology, Masticatory Function and Phylogeny of Heterodontosaurid Dinosaurs," *ZooKeys* 226 (2012): 1–225.

18. John M. Grady, Brian J. Enquist, Eva Dettweiler-Robinson, Natalie A. Wright, and Felisa A. Smith, "Evidence for Mesothermy in Dinosaurs," *Science* 344, no. 6189 (June 2014): 1268–1272; M. D. D'Emic, "Comment on "Evidence for Mesothermy in Dinosaurs" *Science* 348, no. 6238 (May 2015): 982; Robert A. Eagle et al., "Dinosaur Body Temperatures Determined from Isotopic (13C-18O) Ordering in Fossil Biominerals," *Science* 333, no. 6041 (June 2011): 443–445.

19. Pascal Godefroit et al., "A Jurassic Avialan Dinosaur from China Resolves the Early Phylogenetic History of Birds," *Nature* 498 (June 2013): 359–362.

20. E. J. Kollar and C. Fisher, "Tooth Induction in Chick Epithelium: Expression of Quiescent Genes for Enamel Synthesis," *Science* 207, no. 4434 (February 1980): 993–995.

21. Matthew P. Harris, Sean M. Hasso, Mark W. J. Ferguson, and John F. Fallon, "The Development of Archosaurian First-Generation Teeth in a Chicken Mutant," *Current Biology* 16 (February 2006): 371–377.

22. Recent work has argued that the genes needed to produce enamel have been irreparably altered in the chicken genome, meaning that if these mutants had survived they were unlikely to have been able to form fully functional teeth. Jean-Yves Sire, Sidney C. Delgado, and Marc Girondot, "Hen's Teeth with Enamel Cap: From Dream to Impossibility," *BMC Evolutionary Biology* 8, no. 246 (2008), doi: 10.1186/1471-2148-8-246.

23. Discussed further in Michael J. Benton, *Vertebrate Palaeontology*.

24. The technical term for having multiple tooth types is *heterodonty*, in contrast to *homodonty*, the condition of having a uniform tooth shape throughout the tooth row common to most fish, amphibians, reptiles, and dinosaurs. Discussed further in Z. Zhao, K. M. Weiss, and D. W. Stock, "Development and Evolution of Dentition Patterns and Their Genetic Basis," in *Development, Function and Evolution of Teeth*, eds. Mark F. Teaford, Moya Meredith Smith, and Mark W. J. Ferguson (Cambridge, UK: Cambridge University Press, 2007), 152–172.

25. B. Holly Smith, "'Schultz's Rule' and the Evolution of Tooth Emergence and Replacement Patterns in Primates and Ungulates," in *Development, Function and Evolution of Teeth*, eds. Mark F. Teaford, Moya Meredith Smith, and Mark W. J. Ferguson (Cambridge, UK: Cambridge University Press, 2007), 212–227.

26. Discussed further in Michael J. Benton, *Vertebrate Palaeontology*.

27. H. L. H. H. Green, "The Development and Morphology of the Teeth of *Ornithorhynchus*," *Philosophical Transactions of the Royal Society of London B* 288 (1937): 367–420; Masakazu Asahara, Masahiro Koizumi, Thomas E. Macrini, Suzanne J. Hand, and Michael Archer, "Comparative Cranial Morphology in Living and Extinct Platypuses: Feeding Behavior, Electroreception, and Loss of Teeth," *Science Advances* 2, no. 10 (2016): e1601329.

28. Barry Berkovitz, "Tooth Replacement Patterns in Non-Mammalian Vertebrates," in *Development, Function and Evolution of Teeth*, eds. Mark F. Teaford, Moya Meredith Smith, and Mark W. J. Ferguson (Cambridge, UK: Cambridge University Press, 2007), 186–200; Barry K. Berkovitz and R. P. Shellis, *The Teeth of Non-Mammalian Vertebrates*.

29. Alexander F. H. van Nievelt and Kathleen K. Smith, "To Replace or Not to Replace: The Significance of Reduced Functional Tooth Replacement in Marsupial and Placental Mammals," *Paleobiology*, 31, no. 2 (2005): 324–346.

30. See illustrations and discussion in Peter S. Ungar, *Mammal Teeth: Origin, Evolution, and Diversity* (Baltimore, MD: Johns Hopkins University Press, 2010); Simon Hillson, *Teeth* (Cambridge, UK: Cambridge University Press, 1986).

31. Oscar W. Johnson and Irven O. Buss, "Molariform Teeth of Male African Elephants in Relation to Age, Body Dimensions, and Growth," *Journal of Mammalogy* 46, no. 3 (August 1965): 373–384.

32. K. A. Kermack, Frances Mussett, and H. W. Rigney, "The Lower Jaw of *Morganucodon*," *Zoological Journal of the Linnean Society* 53 (September 1973): 87–175.

33. Discussed further in Peter S. Ungar, *Mammal Teeth*; Michael J. Benton, *Vertebrate Palaeontology*.

34. Discussed further in John G. Fleagle, *Primate Adaptation and Evolution* (San Diego, CA: Academic Press, 2013); Robert W. Sussman, D. Tab Rasmussen, and Peter H. Raven, "Rethinking Primate Origins Again," *American Journal of Primatology* 75 (2013): 95–106.

35. Xijun Ni, Qiang Li, Lüzhou Li, and K. Christopher Beard, "Oligocene Primates from China Reveal Divergence Between African and Asian Primate Evolution," *Science* 352 (2016): 673–677; Sunil Bajpai et al., "The Oldest Asian Record of Anthropoidea," *Proceedings of the National Academy of Sciences USA* 105 (2008): 11093–11098.

36. Dentists prefer to call them the first and second bicuspids.

37. Sunil Bajpai et al., "The Oldest Asian Record of Anthropoidea"; Xijun Ni, Qiang Li, Lüzhou Li, and K. Christopher Beard, "Oligocene Primates from China Reveal Divergence Between African and Asian Primate Evolution"; discussed further in John G. Fleagle, *Primate Adaptation and Evolution*.

38. Sally McBrearty and Nina G. Jablonski, "First Fossil Chimpanzee," *Nature* 437 (September 2005): 105–108; Brenda J. Bradley, "Reconstructing Phylogenies and Phenotypes: A Molecular View of Human Evolution," *Journal of Anatomy* 212 (2008) 337–353; Kevin E. Langergraber et al., "Generation Times in Wild Chimpanzees and Gorillas Suggest Earlier Divergence Times in Great Ape and Human Evolution," *Proceedings of the National Academy of Sciences USA* 109 (2102): 15716–15721.

05. 从弱小到强大：人类的起源与演化

1. The Greek philosopher Aristotle actually produced a binomial classification system more than 2,000 years before Linnaeus, introducing the concepts of genus and species, as well as a logic-based comparative approach to classify organisms.

2. The species name *neanderthalensis* reflects the combination of "Neander" and "thal" (meaning "valley" in German); thus this name refers to the members of the genus *Homo* that originated from the Neander Valley. When the German language was modernized, the letter "h" was removed from the spelling of "thal," leading some to refer to this group as "Neandertals." While casual reference to either "Neanderthal" or "Neandertal" is accepted by paleoanthropologists, the formal name *Homo neanderthalensis* retains the original spelling, following the formal rules of taxonomic classification.

3. For more information, see John Reader, *Missing Links: In Search of Human Origins* (Oxford, UK: Oxford University Press, 2011); David Young, *The Discovery of Evolution* (Cambridge, UK: Cambridge University Press, 2007).

4. Dubois originally named the fossils from Java *Pithecanthropus erectus*, meaning "upright ape-like human," but the generic name *Pithecanthropus* was eventually disregarded since it was determined that this species was similar enough to other species in the genus *Homo* to be formally included. For more information, see Pat Shipman and Paul Storm, "Missing Links: Eugène Dubois and the Origins of Paleoanthropology," *Evolutionary Anthropology* 11 (2002): 108–116; John de Vos, "The Dubois Collection: A New Look at an Old Collection," *Scripta Geologic*, Special Issue 4 (2004): 267–285.

5. Kira E. Westaway et al., "An Early Modern Human Presence in Sumatra 73,000–63,000 Years Ago," *Nature* 548 (2017): 522–525. Also see the original description in D. A. Hoiijer, "Prehistoric Teeth of Man and of the Orang-utan from Central Sumatra, with Notes on the Fossil Orang-utan from Java and Southern China," *Zoologische Mededeelingen* 29 (1948): 175–301.

6. Pat Shipman and Paul Storm, "Missing Links: Eugène Dubois and the Origins of Paleoanthropology."

7. Many anthropologists consider that a fossil is a "hominin" when it has been shown to have any adaption for bipedal locomotion, irrespective of whether the majority of its skeletal features are ape-like. We will adopt this inclusive definition here for simplicity. When using "human" I refer only to *Homo sapiens*, as this is the only hominin species that possesses the full suite of traits that are found in living humans today.

8. Discussed further in Tanya M. Smith, Anthony J. Olejniczak, Stefan Reh, Donald J. Reid, and Jean-Jacques Hublin, "Brief Communication: Enamel Thickness Trends

in the Dental Arcade of Humans and Chimpanzees," *American Journal of Physical Anthropology* 136 (2008): 237–241.

9. Discussed further in Isabelle De Groote et al., "New Genetic and Morphological Evidence Suggests a Single Hoaxer Created 'Piltdown Man,'" *Royal Society Open Science* 3 (2016): 160328.

10. Gerrit S. Miller, "The Piltdown Jaw," *American Journal of Physical Anthropology* 1, no. 1 (1918): 25–52, with plates.

11. An interesting historical perspective is given by the founder of the *American Journal of Physical Anthropology* in the article preceding Miller's: Aleš Hrdlička, "Physical Anthropology: Its Scope and Aims; Its History and Present Status in America," *Journal of Physical Anthropology* 1, no. 1 (1918): 3–23.

12. Leonard Owen Greenfield, "Taxonomic Reassessment of Two *Ramapithecus* Species," *Folia Primatologica* 22 (1974): 97–115; David Pilbeam, "Hominoid Evolution and Hominoid Origins," *American Anthropologist* 88, no. 2 (1986): 295–312.

13. Quote from p. 35 of Gerrit S. Miller, "The Piltdown Jaw."

14. Tanya M. Smith et al., "Taxonomic Assessment of the Trinil Molars Using Non-Destructive 3D Structural and Development Analysis," *PaleoAnthropology* (2009): 117–129.

15. Tanya M. Smith, "Dental Development in Living and Fossil Orangutans," *Journal of Human Evolution* 94 (2016): 92–105.

16. Susana Carvalho, Eugenia Cunha, Cláudia Sousa, and Tetsuro Matsuzawa, "Chaînes Opératoires and Resource-Exploitation Strategies in Chimpanzee (*Pan troglodytes*) Nut Cracking," *Journal of Human Evolution* 55 (2008): 148–163; William C. McGrew, "In Search of the Last Common Ancestor: New Findings on Wild Chimpanzees," *Philosophical Transactions of the Royal Society B* 365 (2010): 3267–3276.

17. Tim D. White, Gen Suwa, and Berhane Asfaw, "*Australopithecus ramidus,* a New Species of Early Hominid from Aramis, Ethiopia," *Nature* 371 (1994): 306–312; Ann Gibbons, *The First Human* (New York: Doubleday, 2006).

18. There is ongoing debate about whether all or any of these fossil taxa should be considered hominins; see, for example, Bernard Wood and Terry Harrison, "The Evolutionary Context of the First Hominins," *Nature* 470 (2011): 347–352.

19. Dates of first and last appearance taken from Bernard Wood and Eve K. Boyle, "Hominin Taxic Diversity: Fact or Fantasy?"

20. Quote from p. 325 of Charles R. Darwin, *The Descent of Man, and Selection in Relation to Sex*, vol. 2 (London, UK: John Murray, 1871).

21. John Reader, *Missing Links: In Search of Human Origins.*

22. L. R. Berger and W. S. McGraw, "Further Evidence for Eagle Predation of, and Feeding Damage on, the Taung Child," *South African Journal of Science* 103 (2007): 496–498.

23. A report of a single robust australopithecine partial skeleton from east Africa suggests that they may have been fairly strong, muscular hominins. Manuel Domínguez-Rodrigo et al., "First Partial Skeleton of a 1.34-Million-Year-Old *Paranthropus boisei* from Bed II, Olduvai Gorge, Tanzania," *PLoS ONE* 8, no. 12 (2013): e80347.

24. Lee R. Berger et al., "*Australopithecus sediba*: A New Species of *Homo*-like Australopith from South Africa," *Science* 328 (2009): 195–204; Lee R. Berger, "The Mosaic Nature of *Australopithecus sediba*," *Science* 340 (2013): 163–165.

25. Shannon P. McPherron et al., "Evidence for Stone-Tool-Assisted Consumption of Animal Tissues Before 3.39 Million Years Ago at Dikika, Ethiopia," *Nature* 466 (2010): 857–860; Sonia Harmand et al., "3.3-Million-Year-Old Stone Tools from Lomekwi 3, West Turkana, Kenya," *Nature* 521 (2015): 310–315.

26. L. S. B. Leakey, P. V. Tobias, and J. R. Napier, "A New Species of the Genus *Homo* From the Olduvai Gorge," *Nature* 202 (1964): 7–9.

27. Bernard Wood and Mark Collard, "The Human Genus," *Science* 284 (1999): 65–71; Jeffrey H. Schwartz and Ian Tattersall, "Defining the Genus *Homo*," *Science* 349, no. 6251 (2015): 931–932.

28. Discussed further in Susan C. Antón, Richard Potts, and Leslie C. Aiello, "Evolution of Early *Homo*: An Integrated Biological Perspective," *Science* 345, no. 6192 (2014): 1236828. Climate cycles are illustrated in an online exhibit from the Smithsonian Institution: http://humanorigins.si.edu/evidence/human-evolution-timeline-interactive.

29. Brian Villmoare et al., "Early *Homo* at 2.8 Ma from Ledi-Geraru, Afar, Ethiopia," *Science* 347 no. 6228 (March 2015): 1352-1355; W. H. Kimbel et al., "Late Pliocene *Homo* and Oldowan Tools from the Hadar Formation (Kada Hadar Member), Ethiopia," *Journal of Human Evolution* 31 (1996): 549–561.

30. C. Loring Brace, "Environment, Tooth Form, and Size in the Pleistocene," *Journal of Dental Research* 46, suppl. to no. 5 (1967): 809–816.

31. John Hawks, Darryl J. de Ruiter, and Lee R. Berger, "Comment on "Early *Homo* at 2.8 Ma from Ledi-Geraru, Afar, Ethiopia," *Science* 348, no. 6241 (2015): 1326.

32. The classification of *Homo erectus* in Africa, Eurasia, and East Asia has been subject to debate, which is reviewed in Bernard Wood and Eve K. Boyle, "Hominin Taxic Diversity: Fact or Fantasy?" *Yearbook of Physical Anthropology* 159 (2016): S37–S78. I have used *Homo erectus* here to include all this material for simplicity.

33. David Lordkipanidze et al., "A Complete Skull from Dmanisi, Georgia, and the Evolutionary Biology of Early *Homo*," *Science* (2013) 342: 326–331. The primitive

nature of material from Georgia and Flores may imply that a species like *Homo habilis* left Africa, evolving into *Homo erectus* and then returning to Africa. Discussed further in Bernard Wood, "Did Early Homo Migrate 'Out Of' or 'In To' Africa?" *Proceedings of the National Academy of Sciences USA* 108 (2011): 10375–10376.

34. Dennis M. Bramble and Daniel E. Lieberman, "Endurance Running and the Evolution of *Homo*," *Nature* (2004) 432: 345–352; Katherine D. Zink and Daniel E. Lieberman, "Impact of Meat and Lower Palaeolithic Food Processing Techniques on Chewing in Humans," *Nature* (2016) 531: 500–503.

35. Anna-Sapfo Malaspinas et al., "A Genomic History of Aboriginal Australia," *Nature* 538 (2016): 207–214; Swapan Mallick et al., "The Simons Genome Diversity Project: 300 Genomes from 142 Diverse Populations," *Nature* 538 (2016): 201–206.

36. Matthias Meyer et al., "Nuclear DNA Sequences from the Middle Pleistocene Sima de los Huesos Hominins," *Nature* (2016) 531: 504–507.

37. Discussed further in Daniel E. Lieberman, "Speculations about the Selective Basis for Modern Human Craniofacial Form," *Evolutionary Anthropology* 17 (2008): 55–68; Chris Stringer, "The Origin and Evolution of *Homo sapiens*," *Philosophical Transactions of the Royal Society* B 371 (2016): 20150237.

38. Jean-Jacques Hublin et al., "New Fossils from Jebel Irhoud, Morocco and the Pan-African Origin of *Homo sapiens*," *Nature* 546 (2017): 289–292; Daniel Richter et al., "The Age of the Hominin Fossils from Jebel Irhoud, Morocco, and the Origins of the Middle Stone Age," *Nature* 546 (2017): 293–296.

39. Tanya M. Smith et al., "Dental Evidence for Ontogenetic Differences Between Modern Humans and Neanderthals," *Proceedings of the National Academy of Sciences USA* 107, no. 49 (2010): 20923–20928; Tanya M. Smith et al., "Variation in Enamel Thickness Within the Genus *Homo*," *Journal of Human Evolution* 62 (2012): 395–411.

40. C. Loring Brace, "Environment, Tooth Form, and Size in the Pleistocene"; Milford H. Wolpoff, *Metric Trends in Dental Evolution* (Cleveland, OH: Case Western Reserve University Press, 1971); Daniel E. Lieberman, *The Evolution of the Human Head* (Cambridge, MA: Harvard University Press, 2011); Debbie Guatelli-Steinberg, *What Teeth Reveal about Human Evolution* (Cambridge, UK: Cambridge University Press, 2016).

41. Albert A. Dahlberg, "Dental Evolution and Culture," *Human Biology* 35, no. 3 (1963): 237–249; C. Loring Brace, "Environment, Tooth Form, and Size in the Pleistocene"; Richard Wrangham, James Holland Jones, Greg Laden, David Pilbeam, and Nancy Lou Conklin-Brittain, "The Raw and the Stolen," *Current Anthropology* 40, no. 5 (1999): 567–593.

42. For an alternative perspective on this subject, see John A. J. Gowlett and Richard W. Wrangham, "Earliest Fire in Africa: Towards the Convergence of Archaeological

Evidence and the Cooking Hypothesis," *Azania: Archaeological Research in Africa*, 48, no. 1 (2013): 5–30.

43. Ron Shimelmitz et al., "'Fire at Will': The Emergence of Habitual Fire use 350,000 Years Ago," *Journal of Human Evolution* 77 (2014): 196–203.

44. Katherine D. Zink and Daniel E. Lieberman, "Impact of Meat and Lower Palaeolithic Food Processing Techniques on Chewing in Humans."

45. C. Loring Brace, "Environment, Tooth Form, and Size in the Pleistocene." See a discussion of the origins of this event in William L. Hylander and John T. Mayhall, "In Memoriam: Albert A. Dahlberg (1908-1993)," *American Journal of Physical Anthropology* 99 (1996): 627–633.

46. For example, see Patricia Smith, Yochanan Wax, Fanny Adler, Uri Silberman, and Gady Heinic, "Post-Pleistocene Changes in Tooth Root and Jaw Relationships," *American Journal of Physical Anthropology* (1986) 70: 339–348; James M. Calcagno, "Dental Reduction in Post-Pleistocene Nubia," *American Journal of Physical Anthropology* 70 (1986): 349–363.

47. Clark Spencer Larsen, "The Agricultural Revolution as Environmental Catastrophe: Implications for Health and Lifestyle in the Holocene," *Quaternary International* 150, no. 1 (2006): 12–20; Amanda Mummert, Emily Esche, Joshua Robinson, and George J. Armelagos, "Stature and Robusticity During the Agricultural Transition: Evidence from the Bioarchaeological Record," *Economics and Human Biology* 9, no. 3 (2011): 284–301.

48. C. Loring Brace, "Australian Tooth-Size Clines and the Death of a Stereotype," *Current Anthropology* (1980) 21: 141–164; C. Loring Brace, Karen R. Rosenberg, and Kevin D. Hunt, "Gradual Changes in Human Tooth Size in the Late Pleistocene and Post-Pleistocene," *Evolution* 41, no. 4 (1987): 705–720.

49. Reviewed in Debbie Guatelli-Steinberg, *What Teeth Reveal About Human Evolution*.

50. James M. Calcagno and Kathleen R. Gibson, "Human Dental Reduction: Natural Selection or the Probable Mutation Effect," *American Journal of Physical Anthropology* 77 (1988): 505–517.

51. See, for example, Terry Harrison, Changzhu Jin, Yingqi Zhang, Yuan Wang, and Min Zhu, "Fossil *Pongo* from the Early Pleistocene *Gigantopithecus* Fauna of Chongzuo, Guangxi, Southern China," *Quaternary International* 354 (2014): 59–67. Data on changes in the loss of enamel and dentine can be found in Tanya M. Smith et al., "Dental Tissue Proportions in Fossil Orangutans From Mainland Asia and Indonesia," *Human Origins Research* (2011): 1:e1.

52. Richard J. Smith and David R. Pilbeam, "Evolution of the Orang-utan," *Nature* 284 (1980): 447–448.

53. Thomas Sutikna et al., "Revised Stratigraphy and Chronology for *Homo floresiensis* at Liang Bua in Indonesia," *Nature* 532 (2016): 366–369; Gerrit D. van den Bergh et al., "*Homo floresiensis*-like Fossils From the Early Middle Pleistocene of Flores," *Nature* 534 (2016): 245–248; Debbie Argue, Colin P. Groves, Michael S. Y. Lee, and William L. Jungers, "The Affinities of *Homo floresiensis* Based on Phylogenetic Analyses of Cranial, Dental, and Postcranial Characters," *Journal of Human Evolution* 107 (2017): 107–133.

54. An interesting mechanistic explanation for tooth size reduction is the inhibitory cascade model, reviewed in Debbie Guatelli-Steinberg, *What Teeth Reveal About Human Evolution*. This model was recently applied to the human fossil record, suggesting that the reduction of tooth size in *Homo* is linked to a change in the proportions of the front and back molars: Alistair R. Evans et al., "A Simple Rule Governs the Evolution and Development of Hominin Tooth Size," *Nature* 530 (2016): 477–480.

06. 人类生长发育的演化视角

1. Data from Melissa Emery Thompson, "Comparative Reproductive Energetics of Human and Nonhuman Primates," *Annual Review of Anthropology* 42 (2013): 287–304; Melissa Emery Thompson, "Reproductive Ecology of Female Chimpanzees," *American Journal of Primatology* 75 (2013): 222–237; Fernando Colchero et al., "The Emergence of Longevous Populations," *Proceedings of the National Academy of Sciences USA* 113, no. 48 (2016): E7681–E7690; Shannen L. Robson and Bernard Wood, "Hominin Life History: Reconstruction and Evolution," *Journal of Anatomy* 212 (2008): 394–425; Daniel W. Sellen, "Comparison of Infant Feeding Patterns Reported for Nonindustrial Populations with Current Recommendations," *The Journal of Nutrition* 131 (2001): 2707–2715; Anne E. Pusey, "Mother-Offspring Relationships in Chimpanzees After Weaning," *Animal Behaviour* 31 (1983): 363–377; Ramon J. Rhine, Guy W. Norton, and Samuel K. Wasser, "Lifetime Reproductive Success, Longevity, and Reproductive Life History of Female Yellow Baboons (*Papio cynocephalus*) of Mikumi National Park, Tanzania," *American Journal of Primatology* 51, no. 4 (2000): 229–241.

2. B. Holly Smith, "Life History and the Evolution of Human Maturation," *Evolutionary Anthropology* 1 (1992): 134–42; Tanya M. Smith, "Teeth and Human Life-History Evolution," *Annual Review of Anthropology* 42 (2013): 191–208.

3. Melissa Emery Thompson, "Comparative Reproductive Energetics of Human and Nonhuman Primates,"; Fernando Colchero et al., "The Emergence of Longevous Populations."

4. Tanya M. Smith, Christine Austin, Katie Hinde, Erin R. Vogel, and Manish Arora, "Cyclical Nursing Patterns in Wild Orangutans," *Science Advances* 3 (2017): e1601517.

5. James J. McKenna, "The Evolution of Allomothering Behavior Among Colobine Monkeys: Function and Opportunism in Evolution," *American Anthropologist*

81 (1979): 818–840; Lynn A. Fairbanks, "Reciprocal Benefits of Allomothering for Female Vervet Monkeys," *Animal Behavior* 40 (1990): 553–562.

6. Melissa Emery Thompson, "Faster Reproductive Rates Trade Off Against Offspring Growth in Wild Chimpanzees," *Proceedings of the National Academies of Science USA* 113 (2016): 7780–7785.

7. K. Hawkes, J. F. O'Connell, N. G. Blurton Jones, H. Alvarez, and E. L. Charnov, "Grandmothering, Menopause, and the Evolution of Human Life Histories," *Proceedings of the National Academy of Sciences USA* (1998) 95: 1336–1339; Karen L. Kramer, "Cooperative Breeding and its Significance to the Demographic Success of Humans," *Annual Review of Anthropology* 39 (2010): 417–36.

8. Discussed further in Karen L. Kramer, Russell D. Greaves, and Peter T. Ellison, "Early Reproductive Maturity Among Pume Foragers: Implications of a Pooled Energy Model to Fast Life Histories," *American Journal of Human Biology* 21 (2009): 430–37.

9. Fernando Colchero et al., "The Emergence of Longevous Populations."

10. Kim Hill et al., "Mortality Rates Among Wild Chimpanzees," *Journal of Human Evolution* 40 (2001): 437–450.

11. For more information, see B. Holly Smith, Tracey L. Crummett, and Kari L. Brandt, "Ages of Eruption of Primate Teeth: a Compendium for Aging Individuals or Comparing Life Histories," *Yearbook of Physical Anthropology* 37 (1994): 177–231.

12. B. Holly Smith, "Dental Development as a Measure of Life History Variation in Primates," *Evolution* 43 (1989): 683–88.

13. Discussed further in Shannen L. Robson and Bernard Wood, "Hominin Life History: Reconstruction and Evolution," Louise T. Humphrey, "Weaning Behaviour in Human Evolution," *Seminars in Cell and Developmental Biology* 21 (2010): 453–461; Tanya M. Smith, "Teeth and Human Life-History Evolution."

14. Tanya M. Smith et al., "First Molar Eruption, Weaning, and Life History in Living Wild Chimpanzees,"; *Proceedings of the National Academy of Sciences USA* 110 (2013): 2787–2791; Zarin Machanda et al., "Dental Eruption in East African Wild Chimpanzees," *Journal of Human Evolution* 82 (2015): 137–144.

15. We're not the first to suggest that diet has a strong influence on primate molar eruption ages; these authors argued that this is true irrespective of life-history timing: Laurie R. Godfrey, K. E. Samonds, W. L. Jungers, and M. R. Sutherland, "Teeth, Brains, and Primate Life Histories," *American Journal of Physical Anthropology* 114 (2001): 192–214.

16. Discussed further in Melissa Emery Thompson, "Reproductive Ecology of Female Chimpanzees."

17. For example, see Aleš Hrdlička, "The Taungs Ape," *American Journal of Physical Anthropology* 8, no. 4 (1925): 379–392.

18. Donald Reid and M. Christopher Dean, "Variation in Modern Human Enamel Formation Times," *Journal of Human Evolution* 50 (2006): 329–346; Robert Walker et al., "Growth Rates and Life Histories in Twenty-Two Small-Scale Societies," *American Journal of Human Biology* 18 (2006): 295–311; Helen M. Liversidge, "Timing of Human Mandibular Third Molar Formation," *Annuals of Human Biology* 35 (2008): 294–321.

19. Timothy G. Bromage and M. Christopher Dean, "Re-Evaluation of the Age at Death of Immature Fossil Hominids," *Nature* 317 (1985): 525–527.

20. Rodrigo S. Lacruz, Fernando Ramirez Rozzi, and Timothy G. Bromage, "Dental Enamel Hypoplasia, Age at Death, and Weaning in the Taung Child," *South African Journal of Science* 101 (2005): 567–69. For information on the revised age of Sts 24, see Tanya M. Smith et al., "Dental Ontogeny in Pliocene and Early Pleistocene Hominins," *PLoS ONE* 10 (2015): e0118118

21. M. Christopher Dean et al., "Growth Processes in Teeth Distinguish Modern Humans from *Homo erectus* and Earlier Hominins," *Nature* 414 (2001): 628–631; José María Bermúdez de Castro et al.," New Immature Hominin Fossil from European Lower Pleistocene Shows the Earliest Evidence of a Modern Human Dental Development Pattern," *Proceedings of the National Academies of Science USA* 107 (2010): 11739–11744; Melvin Konner, *The Evolution of Childhood: Relationships, Emotions, Mind* (Cambridge, MA: Belknap Press, 2010).

22. Ronda R. Graves, Amy C. Lupo, Robert C. McCarthy, Daniel J. Wescott, and Deborah L. Cunningham, "Just How Strapping was KNM-WT 15000?" *Journal of Human Evolution* 59 (2010): 542–554.

23. Jeremy M. DeSilva and Julie J. Lesnik, "Brain Size at Birth Throughout Human Evolution: A New Method for Estimating Neonatal Brain Size in Hominins," *Journal of Human Evolution* 55 (2008): 1064–1074; M. Christopher Dean and B. Holly Smith, "Growth and Development of the Nariokotome Youth, KNM-WT 15000," in *The First Humans: Origin and Early Evolution of the Genus Homo*, eds. Frederick E. Grine, John G. Fleagle, and Richard E. Leakey (New York: Springer, 2009), 101–20; M. Christopher Dean, "Measures of Maturation in Early Fossil Hominins: Events at the First Transition from Australopiths to Early *Homo*," *Philosophical Transactions of the Royal Society B* 371 (2016): 20150234.

24. See extended discussions in Debbie Guatelli-Steinberg, "Recent Studies of Dental Development in Neandertals: Implications for Neandertal Life Histories," *Evolutionary Anthropology* 18 (2009): 9–20; Tanya M. Smith, "Teeth and Human Life-History Evolution."

25. Tanya M. Smith et al., "Earliest Evidence of Modern Human Life History in North African Early *Homo sapiens*," *Proceedings of the National Academies of Science*

USA 104 (2007): 6128–6133; Tanya M. Smith et al., "Dental Evidence for Ontogenetic Differences Between Modern Humans and Neanderthals." *Proceedings of the National Academies of Science USA* 107 (2010): 20923–20928.

26. At the time we published our developmental study, this fossil was estimated to be 160,000 years old, but the date was subsequently revised to approximately 300,000 years old, due in part to a mathematical error in the original calculation and the addition of newly dated sediments detailed in Daniel Richter et al., "The Age of the Hominin Fossils From Jebel Irhoud, Morocco, and the Origins of the Middle Stone Age," *Nature* 546 (2017): 293–296.

27. Michel Toussaint and Stéphane Pirson, "Neandertal Studies in Belgium: 2000–2005," *Periodicum Biologorum* 108, no. 3 (2006): 373–387.

28. See extended discussion in Jean-Jacques Hublin, Simon Neubauer, and Philipp Gunz, "Brain Ontogeny and Life History in Pleistocene Hominins," *Philosophical Transactions of the Royal Society* B 370 (2015): 20140062. Further information on dental differences can be found here: Clément Zanolli, Mathilde Hourset, Rémi Esclassan, and Catherine Mollereau, "Neanderthal and Denisova Tooth Protein Variants in Present-Day Humans," *PLoS ONE* 12 (2017): e0183802.

29. Holly M. Dunsworth, Anna G. Warrener, Terrence Deacon, Peter T. Ellison, and Herman Pontzer, "Metabolic Hypothesis for Human Altriciality," *Proceedings of the National Academies of Science USA* 109 (2012): 15212–15216.

30. B. Holly Smith, "Dental Development as a Measure of Life History Variation in Primates"; Steven R. Leigh and Gregory E. Blomquist, "Life History," in *Primates in Perspective*, eds. Christina J. Campbell, Agustin Fuentes, Katherine C. MacKinnon, Melissa Panger, and Simon K. Bearder (Oxford, UK: Oxford University Press, 2007), 396–407; Shannen L. Robson and Bernard Wood, "Hominin Life History: Reconstruction and Evolution"; Christopher W. Kuzawa et al., "Metabolic Costs and Evolutionary Implications of Human Brain Development," *Proceedings of the National Academies of Science USA* 111 (2014): 13010–13015.

31. B. Holly Smith, "Dental Development as a Measure of Life History Variation in Primates"; Barry Bogin, *Patterns of Human Growth* (Cambridge, UK: Cambridge University Press, 1999); Sue Taylor Parker, "Evolutionary Relationships Between Molar Eruption and Cognitive Development in Anthropoid Primates," in *Human Evolution Through Developmental Change*, eds. Nancy Minugh-Purvis and Kenneth J. McNamara (Baltimore, MD: The Johns Hopkins University Press, 2002), 305–316.

32. Richard J. Smith, Patrick J. Gannon, and B. Holly Smith, "Ontogeny of Australopithecines and Early *Homo*: Evidence from Cranial Capacity and Dental Eruption," *Journal of Human Evolution* 29 (1995): 155–68.

33. A recent example can be found in Antonio Rosas et al., "The Growth Pattern of Neandertals, Reconstructed from a Juvenile Skeleton from El Sidrón (Spain)," *Science* 357 (2017): 1282–1287.

34. Jay N. Giedd et al., "Brain Development During Childhood and Adolescence: A Longitudinal MRI Study," *Nature Neuroscience* 2 (1999): 861–863; Daniel E. Lieberman, *The Evolution of the Human Head* (Cambridge, MA: Harvard University Press, 2011); Jean-Jacques Hublin, Simon Neubauer, and Philipp Gunz, "Brain Ontogeny and Life History in Pleistocene Hominins."

35. Tomáš Paus, Matcheri Keshavan, and Jay N. Giedd, "Why Do Many Psychiatric Disorders Emerge During Adolescence?" *Nature Reviews* 9 (2008): 947–957; José María Bermúdez de Castro, Mario Modesto-Mata, and María Martinón-Torres, "Brains, Teeth and Life Histories in Hominins: A Review," *Journal of Anthropological Sciences* 93 (2015): 21–42.

36. Shannen L. Robson and Bernard Wood, "Hominin Life History: Reconstruction and Evolution"; Marcia S. Ponce de León et al., "Neanderthal Brain Size at Birth Provides Insights into the Evolution of Human Life History," *Proceedings of the National Academies of Science USA* 105: 13764–13768; but see Jay Kelley and Gary T. Schwartz, "Life-history Inference in the Early Hominins *Australopithecus* and *Paranthropus*," *International Journal of Primatology* 33 (2012): 1332–1363.

37. Steve R. Leigh, "Brain Growth, Life History, and Cognition in Primate and Human Evolution," *American Journal of Primatology* 62 (2004): 139–164; Jean-Jacques Hublin, Simon Neubauer, and Philipp Gunz, "Brain Ontogeny and Life History in Pleistocene Hominins."

38. See, for example, Christopher B. Stringer, M. Christopher Dean, and Robert D. Martin, "A Comparative Study of Cranial and Dental Development Within a Recent British Sample and Among Neandertals," in *Primate Life History and Evolution*, ed. C. J. De Rousseau (New York: Wiley-Liss, 1990), 115–152; Hélène Coqueugniot and Jean-Jacques Hublin, "Endocranial Volume and Brain Growth in Immature Neanderthals," *Periodicum Biologorum* 109 (2007): 379–385; Marcia S. Ponce de León, Thibaut Bienvenu, Takeru Akazawa, and Christoph P. E. Zollikofer, "Brain Development is Similar in Neanderthals and Modern Humans," *Current Biology* 26 (2016): R641–R666; Antonio Rosas et al., "The Growth Pattern of Neandertals, Reconstructed from a Juvenile Skeleton from El Sidrón (Spain)."

39. Rachel Caspari and Sang-Hee Lee, "Older Age Becomes Common Late in Human Evolution," *Proceedings of the National Academies of Science USA* 101 (2004): 10895–10900.

40. Fernando Colchero et al., "The Emergence of Longevous Populations."

41. Tanya M. Smith, "Teeth and Human Life-History Evolution."

42. See, for example, Hillard Kaplan, Kim Hill, Jane Lancaster, and A. Magdalena Hurtado, "A Theory of Human Life History Evolution: Diet, Intelligence, and Longevity," *Evolutionary Anthropology* 9 (2000): 156–85; Phyllis C. Lee, "Growth and Investment in Hominin Life History Evolution: Patterns, Processes, and Outcomes," *International Journal of Primatology* 33 (2012): 1309–1331; M. Christopher Dean, "Measures of Maturation in Early Fossil Hominins: Events at the First Transition from Australopiths to Early *Homo*."

43. Christopher W. Kuzawa et al., "Metabolic Costs and Evolutionary Implications of Human Brain Development"; Steve R. Leigh, "Brain Growth, Life History, and Cognition in Primate and Human Evolution."

44. But, not to be outdone, orangutan males may delay their final skeletal maturation for up to 10 years after sexual maturation, see Melissa Emery Thompson, Amy Zhou, and Cheryl D. Knott, "Low Testosterone Correlates with Delayed Development in Male Orangutans," *PLoS ONE* 7 (2012): e47282.

07. 古人类的饮食习惯

1. Quote from p. 4 of Loren Cordain, *The Paleo Diet* (Boston, MA: Houghton Mifflin Harcourt, 2011).

2. Loren Cordain, *The Paleo Diet*.

3. John D. Speth, "Early Hominid Hunting and Scavenging: The Role of Meat as an Energy Source," *Journal of Human Evolution* 18 (1989) 329–343; Manual Domínguez-Rodrigo and Travis Rayne Pickering, "Early Hominid Hunting and Scavenging: A Zooarcheological Review," *Evolutionary Anthropology* 12 (2003) 275–282; Henry T. Bunn, "Meat Made Us Human," in *Evolution of the Human Diet*, ed. Peter S. Ungar (Oxford, UK: Oxford University Press, 2007), 191–211; Sujata Gupta, "Clever Eating," *Nature* 531 (March 2016): S12–13.

4. Peter S. Ungar, *Evolution of the Human Diet* (New York: Oxford University Press, 2007). Also see his popular science book, *Evolution's Bite: A Story of Teeth, Diet, and Human Origins* (Princeton, NJ: Princeton University Press, 2017).

5. Peter S. Ungar, "Dental Topography and Human Evolution with Comments on the Diets of *Australopithecus africanus* and *Paranthropus robustus*," in *Dental Perspectives on Human Evolution: State of the Art Research in Dental Paleoanthropology*, eds. S. Bailey and J.-J. Hublin (Dordrecht: Springer, 2007), 321–343.

6. Among the 15 species of fossil hominins for which molar enamel thickness has been described, only two are considered to have thin enamel relative to living humans: *Ardipithecus ramidus* and *Homo neanderthalensis*. Detailed further in Table 1, p. 396 of Smith et al., "Variation in Enamel Thickness Within the Genus *Homo*,"

Journal of Human Evolution 62 (2012): 395–411. This source also contains more information on Jolly and Kay's studies, including references.

7. Peter Andrews and Lawrence Martin, "Hominoid Dietary Evolution," *Philosophical Transactions: Biological Sciences*, 334, no. 1270 (November, 1991): 199–209.

8. Akiko Kato et al., "Intra- and Interspecific Variation in Macaque Molar Enamel Thickness," *American Journal of Physical Anthropology* 155 (2014): 447–459.

9. See, for example, Albert A. Dahlberg, "Dental Evolution and Culture," *Human Biology* 35, no. 3 (September, 1963): 237–249; James E. Anderson, "Skeletons of Tehuacán," *Science* 148, no. 3669 (April 1965): 496–497; Stephen Molnar, "Human Tooth Wear, Tooth Function and Cultural Variability," *American Journal of Physical Anthropology* 34 (1971): 175–190; B. Holly Smith, "Patterns of Molar Wear in Hunter-Gatherers and Agriculturalists," *American Journal of Physical Anthropology* 63 (1984): 39–56.

10. Examples include Mark F. Teaford, "Primate Dental Functional Morphology Revisited," in *Development, Function and Evolution of Teeth*, eds. Mark F. Teaford, Moya Meredith Smith, and Mark W. J. Ferguson (Cambridge, UK: Cambridge University Press, 2007), 290–304; Peter S. Ungar, "Mammalian Dental Function and Wear: A Review," *Biosurface and Biotribology* 1 (2015): 25–41; Mark F. Teaford and Alan Walker, "Dental Microwear in Adult and Still-Born Guinea Pigs (*Cavia porcellus*)," *Archives of Oral Biology* 28, no. 11 (1983): 1077–1081.

11. Experiments have shown that tiny features can appear after a single chewing cycle, particularly after eating hard foods, and tooth surfaces may be nearly completely reworked or replaced in a matter of days or weeks. M. F. Teaford and C. A. Tylenda, "A New Approach to the Study of Tooth Wear," *Journal of Dental Research* 70, no. 3 (1991): 204–207; Mark F. Teaford and Ordean J. Oyen, "In Vivo and in Vitro Turnover in Dental Microwear," *American Journal of Physical Anthropology* 80 (1989): 447–460; Mark F. Teaford and Kenneth E. Glander, "Dental Microwear in Live, Wild-Trapped *Alouatta palliata* from Costa Rica," *American Journal of Physical Anthropology* 85 (1991): 313–319.

12. Alan Walker, Hendrick N. Hoeck, and Linda Perez, "Microwear of Mammalian Teeth as an Indicator of Diet," *Science* 201, no. 4359 (September 1978): 908–910.

13. Mark F. Teaford and Jacqueline A. Runestad, "Dental Microwear and Diet in Venezuelan Primates," *American Journal of Physical Anthropology* 88 (1992): 347–364; Semprebon et al., "Can Low-Magnification Stereomicroscopy Reveal Diet?" *Journal of Human Evolution* 47 (2004): 115–144.

14. The discussion below is based on information from Scott et al., "Dental Microwear Texture Analysis Shows Within-Species Diet Variability in Fossil Hominins," *Nature* 436 (August 2005): 693–695; Peter S. Ungar and M. Sponheimer, "The Diets of Early Hominins," *Science* 334 (October 2011): 190–193; Peter S.

Ungar, Fredrick E. Grine, and Mark F. Teaford, "Dental Microwear and Diet of the Plio-Pleistocene Hominin *Paranthropus boisei*," *PLoS ONE* 3, no. 4 (2008): e2044; Peter S. Ungar, Fredrick E. Grine, Mark F. Teaford, and Sireen El Zaatari, "Dental Microwear and Diets of African Early *Homo*," *Journal of Human Evolution* 50 (2006): 78–95.

15. David Strait et al., "Viewpoints: Diet and Dietary Adaptations in Early Hominins: The Hard Food Perspective," *American Journal of Physical Anthropology* 151 (2013): 339–355.

16. Summarized in Steven E. Churchill, *Thin on the Ground: Neanderthal Biology, Archeology, and Ecology* (Ames, Iowa: John Wiley and Sons, 2014), 179–218.

17. Sireen El-Zaatari, "Occlusal Microwear Texture Analysis and the Diets of Historical/ Prehistoric Hunter-Gatherers," *International Journal of Osteoarcheology* 20 (2010): 67–87. However, see the lack of microwear formed by meat covered with abrasive grit in Li-Cheng Hua, Elizabeth T. Brandt, Jean-Francois Meullenet, Zhong-Rong Zhou, and Peter S. Ungar, "Technical Note: An In Vitro Study of Dental Microwear Formation Using the BITE Master II Chewing Machine," *American Journal of Physical Anthropology* 158 (2015): 769-775.

18. Mark F. Teaford and James D. Lytle, "Brief Communication: Diet-Induced Changes in Rates of Human Tooth Microwear: A Case Study Involving Stone-Ground Maize," *American Journal of Physical Anthropology* 100 (1996): 143–147.

19. M. A. Smith, "The Antiquity of Seedgrinding in Arid Australia," *Archaeology in Oceania* 21, no. 1 (1986): 29–39.

20. Herbert H. Covert and Richard F. Kay, "Dental Microwear and Diet: Implications for Determining the Feeding Behaviors of Extinct Primates, With a Comment on the Dietary Pattern of *Sivapithecus*," *American Journal of Physical Anthropology* 55 (1981): 331–336; Peter S. Ungar, Mark F. Teaford, Kenneth E. Glander, and Robert F. Pastor, "Dust Accumulation in the Canopy: A Potential Cause of Dental Microwear in Primates," *American Journal of Physical Anthropology* 97 (1995): 93–99.

21. Research on rabbits complicates things further, as adding abrasive particles to a uniform diet reduced microwear variation when compared to diets with few abrasives: see Ellen Schulz et al., "Dietary Abrasiveness Is Associated with Variability of Microwear and Dental Surface Texture in Rabbits," *PLoS ONE* 8, no. 2 (February 2013): e56167.

22. Peter W. Lucas, "Mechanisms and Causes of Wear in Tooth Enamel: Implications for Hominin Diets," *Journal of the Royal Society Interface* 10 (2013): 20120923; Li-Cheng Hua, Elizabeth T. Brandt, Jean-Francois Meullenet, Zhong-Rong Zhou, and Peter S. Ungar, "Technical Note: An In Vitro Study of Dental Microwear Formation Using the BITE Master II Chewing Machine"; Pia Nystrom, Jane E. Phillips-Conroy, and Clifford J. Jolly, "Dental Microwear in Anubis and Hybrid Baboons (*Papio hamadryas*,

Sensu Lato) Living in Awash National Park, Ethiopia," *American Journal of Physical Anthropology* 125 (2004): 279–291; Paul J. Constantino et al., "Tooth Chipping Can Reveal the Diet and Bite Forces of Fossil Hominins," *Biology Letters* 6 (2010): 826–829.

23. Fluoride is an exception, as it can increase in the outer enamel due to fluorination of water or clinical application. The mechanism of influx is not well understood.

24. Louise T. Humphrey, "Weaning Behaviour in Human Evolution," *Seminars in Cell and Developmental Biology* 21 (2010): 453–461; Christine Austin et al., "Barium Distributions in Teeth Reveal Early-Life Dietary Transitions in Primates," *Nature* 498 (2013): 216–219.

25. Tanya M. Smith, Christine Austin, Katie Hinde, Erin R. Vogel, and Manish Arora, "Cyclical Nursing Patterns in Wild Orangutans," *Science Advances* 3 (2017): e1601517.

26. Discussed further in D. W. Sellen, "Evolution of Human Lactation and Complementary Feeding: Implications for Understanding Contemporary Cross-cultural Variation," in *Breast-Feeding: Early Influences on Later Health*, eds. Gail Goldberg et al., (Netherlands: Springer, 2009), 253-82.

27. Christine Austin et al., "Barium Distributions in Teeth Reveal Early-Life Dietary Transitions in Primates." In full disclosure, it is much easier to study weaning in the teeth of living humans and primates than in fossil hominins. In addition to the challenges of getting permission to cut rare fossil teeth for mapping, it's crucial that the samples haven't been heavily modified after burial. Elements from the soil and groundwater often replace and obscure the original minerals in skeletal remains. The Belgian Neanderthal was in good shape; it retained enough original organic material to yield protein from the enamel and dentine, permitting other kinds of analyses discussed in chapter 8. My colleagues and I were quite lucky, as hominin fossils are rarely this well preserved!

28. The discussion below is based on information from Tim D. White et al., "Macrovertebrate Paleontology and the Pliocene Habitat of *Ardipithecus ramidus*," *Science* 326 (October 2009): 87–93; Matt Sponheimer et al., "Hominins, Sedges, and Termites: New Carbon Isotope Data from the Sterkfontein Valley and Kruger National Park," *Journal of Human Evolution* 48 (2005): 301–312; Thure E. Cerling et al., "Diet of *Paranthropus boisei* in the Early Pleistocene of East Africa," *Proceedings of the National Academy of Sciences USA* 108, no. 23 (June 2011): 9337–9341; Peter S. Ungar and Matt Sponheimer, "The Diets of Early Hominins," *Science* 334 (2011): 190–193; Henry et al., "The Diet of *Australopithecus sediba*," *Nature* 487 (July 2012): 90–93.

29. The unique and complex microwear signature of *Paranthropus robustus* is most similar to hard-object–eating primates, yet its ^{13}C values suggest a mixed C3-C4 diet similar to other hominins that did not appear to consume hard objects. In contrast, the simple striated pattern of *Paranthropus boisei* microwear implies that it ate

neither hard nor tough foods, while the ^{13}C signature is unlike that of any other hominin. Their extreme C4 signal is most similar to grass-eating warthogs, hippos, and zebras—pointing to a unique niche as a grazing hominin.

30. This debate is thoroughly discussed in the following sources: Frederick E. Grine et al., "Craniofacial Biomechanics and Functional and Dietary Inferences in Hominin Paleontology," *Journal of Human Evolution* 58 (2010): 293–308; David Strait et al., "Viewpoints: Diet and Dietary Adaptations in Early Hominins: The Hard Food Perspective"; Peter S. Ungar, Jessica R. Scott, Christine M. Steininger, "Dental Microwear Differences Between Eastern and Southern African Fossil Bovids and Hominins," *South African Journal of Science* 112, no. 3/4, art. #2015–0393 (2016); Justin A. Ledogar et al., "Mechanical Evidence That *Australopithecus sediba* Was Limited in Its Ability to Eat Hard Foods," *Nature Communications* 7 (2016): 10596.

31. There are subtle ^{13}C differences between plants in closed, forested environments and those in more open or dry environments, but they do not appear to distinguish grazers and browsers in France: see Michaela Ecker et al., "Middle Pleistocene Ecology and Neanderthal Subsistence: Insights from Stable Isotope Analysis in Payre (Ardèche, Southeastern France)," *Journal of Human Evolution* 65 (2013): 363–373.

32. Reviewed in Steven E. Churchill, *Thin on the Ground*. Molecular biologists have been successful in obtaining ancient DNA, enamel proteins, and enamel carbon ^{13}C values from older material.

33. Michael P. Richards and Erik Trinkaus, "Isotopic Evidence for the Diets of European Neanderthals and Early Modern Humans," *Proceedings of the National Academy of Sciences USA* 106, no. 38 (September 2009): 16034–16039.

34. Luca Fiorenza et al., "To Meat or Not to Meat? New Perspectives on Neanderthal Ecology," *Yearbook of Physical Anthropology* 156, suppl. S59 (2015): 43–71.

35. Yuichi I. Naito et al., "Ecological Niche of Neanderthals from Spy Cave Revealed by Nitrogen Isotopes of Individual Amino Acids in Collagen," *Journal of Human Evolution* 93 (April 2016): 82–90.

36. See, for example, Amanda G. Henry, "Recovering Dietary Information from Extant and Extinct Primates Using Plant Microremains," *International Journal of Primatology* 33 (2012): 702–715; Christina Warinner, Camilla Speller, Matthew J. Collins, and Cecil M. Lewis Jr., "Ancient Human Microbiomes," *Journal of Human Evolution* 79 (2015): 125–136.

37. Amanda G. Henry, Alison S. Brooks, and Dolores R. Piperno, "Microfossils in Calculus Demonstrate Consumption of Plants and Cooked Foods in Neanderthal Diets (Shanidar III, Iraq; Spy I and II, Belgium)," *Proceedings of the National Academy of Sciences USA* 108, no. 2 (January 2011): 486–491.

38. Karen Hardy et al., "Neanderthal Medics? Evidence for Food, Cooking, and Medicinal Plants Entrapped in Dental Calculus," *Naturwissenschaften* 99 (2012): 617–626.

39. Richard Wrangham, "The Cooking Enigma," in *Evolution of the Human Diet*, ed. Peter S. Ungar (New York: Oxford University Press, 2007), 308-323.

40. Chelsea Leonard, Layne Vashro, James F. O'Connell, and Amanda G. Henry, "Plant Microremains in Dental Calculus as a Record of Plant Consumption: A Test with Twe Forager-Horticulturalists," *Journal of Archaeological Science: Reports* 2 (2015): 449–457; Robert C. Power, Domingo C. Salazar-García, Roman M. Wittig, Martin Freiberg, Amanda G. Henry, "Dental Calculus Evidence of Taï Forest Chimpanzee Plant Consumption and Life History," *Scientific Reports* 5 (2015):15161.

41. Christina Warinner et al., "Direct Evidence of Milk Consumption from Ancient Human Dental Calculus," *Scientific Reports* 4 (2014): 7104.

42. Amanda G. Henry et al., "The Diet of *Australopithecus sediba*"; Justin A. Ledogar et al., "Mechanical Evidence That *Australopithecus sediba* Was Limited in Its Ability to Eat Hard Foods."

08. 牙齿——工具、警示和导航装备

1. Quoted from p. 172 of Albert A. Dalhberg, "Analysis of the American Indian Dentition," in *Dental Anthropology*, ed. Don R. Brothwell (New York: Pergamon Press, 1963).

2. Comment by C. Loring Brace on p. 397 in John A. Wallace, "Did La Ferrassie I Use His Teeth as a Tool?" *Current Anthropology* 16, no. 3 (September 1975): 393–401.

3. Examples are drawn from the following studies: Stephen Molnar, "Tooth Wear and Culture: A Survey of Tooth Functions Among Some Prehistoric Populations," *Current Anthropology* 13, no. 5 (December 1972): 511–526. Peter D. Shultz, "Task Activity and Anterior Tooth Grooving in Prehistoric Californian Indians," *American Journal of Physical Anthropology* 46 (1977): 87–92; John A. Wallace, "Did La Ferrassie I Use His Teeth as a Tool?"; Clark Spencer Larsen, "Dental Modifications and Tool Use in the Western Great Basin," *American Journal of Physical Anthropology* 67 (1985): 393–402; George R. Milner and Clark Spencer Larsen, "Teeth as Artifacts of Human Behavior: Intentional Mutilation and Accidental Modification," in *Advances in Dental Anthropology*, eds. Mark A. Kelley and Clarke S. Larsen (New York: Wiley-Liss, 1991), 357–378; Richard A. Gould, "Chipping Stones in the Outback," *Natural History* 77 (1968): 42–49; Inger Lous, "Om Mastikationsapparet Anvendt som Redskab [The Masticatory System as a Tool]," *Tandlaegebladet* 74, no. 1 (1970): 1–10; Kurt W. Alt and Sandra L. Pichler, "Artificial Modifications of Human Teeth," in *Dental Anthropology: Fundamentals, Limits, and Prospects*, eds. Kurt W. Alt, Friedrich W. Rösing, and Maria Teschler-Nicola (Vienna: Springer-Verlag, 1998), 387–415.

4. Bow drills are created by wrapping a taut bow string around a stick with a sharpened end, which is then rotated rapidly like a drill bit by moving the bow back and forth like a violin bow. This causes the sharpened end to spin, provided the free end is held in a socket, such as between slightly agape teeth. This technology was likely used to drill holes in teeth thousands of years ago, and is discussed in chapter 9.

5. John A. Wallace, "Did La Ferrassie I Use His Teeth as a Tool?"; Pierre-François Puech, "Tooth Wear in La Ferrassie Man," *Current Anthropology* 22, no. 4 (August 1981): 424–430; Peter S. Ungar, Karen J. Fennell, Kathleen Gordon, and Erik Trinkaus, "Neandertal Incisor Beveling," *Journal of Human Evolution* 32 (1997): 407–421.

6. Comment by C. Loring Brace on p. 396 of John A. Wallace, "Did La Ferrassie I Use His Teeth as a Tool?"

7. T. D. Stewart, "The Neanderthal Skeletal Remains from Shanidar Cave, Iraq: A Summary of Findings to Date," *Proceedings of the American Philosophical Society* 121, no. 2 (April 1977): 121–165.

8. José María Bermúdez de Castro, Timothy G. Bromage, and Yolanda Fernández Jalvo, "Buccal Striations on Fossil Human Anterior Teeth: Evidence of Handedness in the Middle and Early Upper Pleistocene," *Journal of Human Evolution* 17 (1988): 403–412; Marina Lozano, José M. Bermúdez de Castro, Eudald Carbonell, and Juan Luis Arsuaga, "Non-Masticatory Uses of Anterior Teeth of Sima de los Huesos Individuals (Sierra de Atapuerca, Spain)," *Journal of Human Evolution* 55 (2008): 713–728; Natalie T. Uomini, "Handedness in Neanderthals," in *Neanderthal Lifeways, Subsistence and Technology: One Hundred Fifty Years of Neanderthal Study*, eds. N. J. Conard and J. Richter (Dordrecht: Springer, 2011), 139–154.

9. Robert J. Hinton, "Form and Patterning of Anterior Tooth Wear Among Aboriginal Human Groups," *American Journal of Physical Anthropology* 54 (1981): 555–564; Peter S. Ungar, Karen J. Fennell, Kathleen Gordon, and Erik Trinkaus, "Neandertal Incisor Beveling."

10. Milford H. Wolpoff, "The Krapina Dental Remains," *American Journal of Physical Anthropology* 50 (1979): 67–114; Peter S. Ungar, Karen J. Fennell, Kathleen Gordon, and Erik Trinkaus, "Neandertal Incisor Beveling"; Adeline Le Cabec, Philipp Gunz, Kornelius Kupczik, José Braga, and Jean-Jacques Hublin, "Anterior Tooth Root Morphology and Size in Neanderthals: Taxonomic and Functional Implications," *Journal of Human Evolution* 64 (2013): 169–193.

11. Tanya M. Smith et al., "Variation in Enamel Thickness Within the Genus *Homo*," *Journal of Human Evolution* 62 (2012): 395–411; Tanya M. Smith, Kornelius Kupczik, Zarin Machanda, Matthew M. Skinner, and John P. Zermeno, "Enamel Thickness in Bornean and Sumatran Orangutan Dentitions," *American Journal of Physical Anthropology* 147 (2012): 417–426. This research has led me to wonder whether natural selection may have led to thickened enamel in anterior teeth that undergo routine compression

or high forces during biting. We don't yet know whether recent hunter-gatherers from the Pacific Northwest or Australia have thicker enamel or cementum on their front teeth than populations who don't engage in nondietary uses of teeth, but I'm hopeful that someone will tackle this question with nondestructive X-ray imaging.

12. Anna F. Clement, Simon W. Hillson, and Leslie C. Aiello, "Tooth Wear, Neanderthal Facial Morphology and the Anterior Dental Loading Hypothesis," *Journal of Human Evolution* 62 (2012): 367–376.

13. Reviewed in Steven R. Leigh, Joanna M. Setchell, Marie Charpentier, Leslie A. Knapp, and E. Jean Wickings, "Canine Tooth Size and Fitness in Male Mandrills (*Mandrillus sphinx*)," *Journal of Human Evolution* 55 (2008): 75–85.

14. Quote from p. 398 of Charles R. Darwin, *The Descent of Man, and Selection in Relation to Sex*, vol. 2 (London: John Murray, 1871).

15. Quote from ibid., 155.

16. Steven R. Leigh, Joanna M. Setchell, Marie Charpentier, Leslie A. Knapp, and E. Jean Wickings, "Canine Tooth Size and Fitness in Male Mandrills (*Mandrillus sphinx*)."

17. J. Michael Plavcan, "Sexual Size Dimorphism, Canine Dimorphism, and Male-Male Competition in Primates: Where Do Humans Fit In?" *Human Nature* 23 (2012): 45–67.

18. Canine dimorphism is moderate in common chimpanzees, who live in multi-male, multi-female groups. A band of related males form same-sex coalitions to defend territories inhabited by females through vocalizations, displays, and, in rare instances, physical violence. In this instance, strength in numbers appears to trump the need for an exaggerated "weapon for sexual strife"; see J. Michael Plavcan, Carel P. van Schaik, and Peter M. Kappeler, "Competition, Coalitions and Canine Size in Primates," *Journal of Human Evolution* 28 (1995): 245–276.

19. See measurements in Julius A. Keiser, *Human Adult Odontometrics* (Cambridge University Press, Cambridge, UK, 1990); J. Michael Plavcan, "Sexual Size Dimorphism, Canine Dimorphism, and Male-Male Competition in Primates"; Gen Suwa et al., "Paleobiological Implications of the *Ardipithecus ramidus* Dentition," *Science* 326 (October 2009): 94–99.

20. Alan J. Almquest, "Sexual Differences in the Anterior Dentition in African Primates," *American Journal of Physical Anthropology* 40 (1974): 359–368; Jay Kelley, "Sexual Dimorphism in Canine Shape Among Extant Great Apes," *American Journal of Physical Anthropology* 96 (1995): 365–389.

21. Gen Suwa et al., "Paleobiological Implications of the *Ardipithecus ramidus* Dentition."

22. C. Owen Lovejoy, "The Origin of Man," *Science* 211, no. 4480 (January 1981): 341–350.

23. M. D. Leakey and R. L. Hay, "Pliocene Footprints in the Laetolil Beds at Laetoli, Northern Tanzania," *Nature* 278 (March 1979): 317–323.

24. J. Michael Plavcan, "Sexual Size Dimorphism, Canine Dimorphism, and Male-Male Competition in Primates."

25. Jay Kelley, "Sexual Dimorphism in Canine Shape Among Extant Great Apes"; Brian Hare, Victoria Wobber, and Richard Wrangham, "The Self-Domestication Hypothesis: Evolution of Bonobo Psychology Is Due to Selection Against Aggression," *Animal Behavior* 83, no. 3 (March 2012): 573–585.

26. The story becomes more complicated when we consider sexual dimorphism in body size, which some scientists believe was greater in early hominins and australopithecines than dimorphism in canine size. Our current understanding of hominin body mass dimorphism is pretty nebulous, since there are several approaches for estimating body size from fossil remains, which often yield conflicting estimates. See discussion in J. Michael Plavcan, "Sexual Size Dimorphism, Canine Dimorphism, and Male-Male Competition in Primates."

27. Quote from p. 144 of Charles R. Darwin, *The Descent of Man, and Selection in Relation to Sex*, vol. 1 (London: John Murray, 1871).

28. Ralph L. Holloway, "Tools and Teeth: Some Speculations Regarding Canine Reduction," *American Anthropologist* 69 (1967): 63–67.

29. Robert L. Cieri, Steven E. Churchill, Robert G. Franciscus, Jingzhi Tan, and Brian Hare, "Craniofacial Feminization, Social Tolerance, and the Origins of Behavioral Modernity," *Current Anthropology* 55, no. 4 (August 2014): 419–443; Brian Hare, Victoria Wobber, and Richard Wrangham, "The Self-Domestication Hypothesis."

30. See table 12 in Jay Kelley, "Sexual Dimorphism in Canine Shape Among Extant Great Apes."

31. See, for example, M. R. Zingeser and C. H. Phoenix, "Metric Characteristics of the Canine Dental Complex in Prenatally Androgenized Female Rhesus Monkeys (*Macaca mulatta*)," *American Journal of Physical Anthropology* 49 (1978): 187–192; Tuomo Heikkinen, Virpi Harila, Juha S. Tapanainen, and Lassi Alvesalo, "Masculinization of the Eruption Pattern of Permanent Mandibular Canines in Opposite Sex Twin Girls," *American Journal of Physical Anthropology* 151 (2013): 566–572.

32. Wu Liu et al., "The Earliest Unequivocally Modern Humans in Southern China," *Nature* 526 (October 2015): 696–699; Kira E. Westaway et al., "An Early Modern Human Presence in Sumatra 73,000–63,000 Years Ago," *Nature* 548 (2017): 322–325. Paleoanthropologists have a special place in their hearts for priority—any time a fossil appears to be "the oldest" or "the first" it receives extra care and attention, which is reinforced by the popular science press and editorial preferences of elite scholarly journals. To be honest, a new fossil or artifact turns up every few years

to demonstrate that something happened earlier than we thought—usurping the significance of discoveries that had been sensationalized just a few years before.

33. See examples and discussion in G. Richard Scott and Christy G. Turner II, *The Anthropology of Modern Human Teeth: Dental Morphology and its Variation in Recent Human Populations* (Cambridge, UK: Cambridge University Press, 1997); Tsunehiko Hanihara, "Morphological Variation of Major Human Populations Based on Nonmetric Dental Traits," *American Journal of Physical Anthropology* 136 (2008): 169–182; Christopher M. Stojanowski, Kent M. Johnson, and William N. Duncan, "Sinodonty and Beyond: Hemispheric, Regional, and Intracemetry Approaches to Studying Dental Morphological Variation in the New World," in *Anthropological Perspectives on Tooth Morphology: Genetics, Evolution, Variation*, eds. G. Richard Scott and Joel D. Irish (Cambridge, UK: Cambridge University Press, 2013), 408–452.

34. Michael Richards et al., "Strontium Isotope Evidence of Neanderthal Mobility at the Site of Lakonis, Greece Using Laser-Ablation PIMMS," *Journal of Archaeological Science* 35 (2008): 1251–1256.

35. Malte Willmes et al., "The IRHUM (Isotopic Reconstruction of Human Migration) Database—Bioavailable Strontium Isotope Ratios for Geochemical Fingerprinting in France," *Earth System Science Data* 6 (2014): 117–122.

36. Sandi R. Copeland et al., "Strontium Isotope Evidence for Landscape Use by Early Hominins," *Nature* 474 (2011): 76–78.

37. A subsequent study of South African hominins explored a different question about landscape use: Vincent Balter, José Braga, Philippe Télouk, and J. Francis Thackeray, "Evidence for Dietary Change but Not Landscape Use in South African Early Hominins," *Nature* 489 (2012): 558–560. The authors suggested that similarities in strontium isotope ratios in three groups *(Paranthropus robustus, Australopithecus africanus,* and early *Homo)* showed similar ranging behavior. While the average strontium values did not differ among these hominins, it would be interesting to know if there were differences between small- and large-toothed individuals, particularly as *Paranthropus robustus* showed a wide range of ratios. Moreover, although the authors state that home ranges were of similar size among the groups, these ratios are simply a reflection of the geology of where an individual spent a few years of their childhood. Adult male chimpanzees and orangutans often range more broadly than adult females with dependent offspring.

38. See, for example, Rainer Grün, "Direct Dating of Human Fossils," *Yearbook of Physical Anthropology* 49 (2006): 2–48.

39. Collagen contains stable and radioactive carbon isotopes that can be measured in specialized mass spectrometers. Radioactive ^{14}C undergoes a complex structural transition over time, becoming ^{14}N, a stable isotope of nitrogen. The amount of ^{14}C decreases by half every 5,730 years, which is known as the half-life of radiocarbon.

By measuring the amount of remaining ^{14}C and comparing it to the stable isotope ^{12}C, scientists can determine how long ago an individual died.

40. Reviewed in R. Grün and C. B. Stringer, "Electron Spin Resonance Dating and the Evolution of Modern Humans," *Archaeometry* 33, no. 2 (1991): 153–199; Rainer Grün, "Direct Dating of Human Fossils"; Mathieu Duval, "Electron Spin Resonance Dating of Fossil Tooth Enamel," in *Encyclopedia of Scientific Dating Methods*, eds. Jack W. Rink and Jeroen W. Thompson (Dordrecht, Netherlands: Springer, 2015), 239-246.

41. Nadin Rohland and Michael Hofreiter, "Ancient DNA Extraction from Bones and Teeth," *Nature Protocols* 2, no. 7 (2007): 1756–1762; C. J. Adler, W. Haak, D. Donlon, A. Cooper, and the Genographic Consortium, "Survival and Recovery of DNA from Ancient Teeth and Bones," *Journal of Archaeological Science* 38 (2011) 956–964; Denice Higgins and Jeremy J. Austin, "Teeth as a Source of DNA for Forensic Identification of Human Remains: A Review," *Science and Justice* 53 (2013) 433–441.

42. C. J. Adler, W. Haak, D. Donlon, A. Cooper, and the Genographic Consortium, "Survival and Recovery of DNA from Ancient Teeth and Bones."

43. Andrew T. Ozga et al., "Successful Enrichment and Recovery of Whole Mitochondrial Genomes from Ancient Human Dental Calculus," *American Journal of Physical Anthropology* 160 (2016): 220–228.

44. Ludovic Orlando et al., "Revisiting Neandertal Diversity with a 100,000 year old mtDNA Sequence," *Current Biology* 16, no. 11 (2006): R400–R402; T. M. Smith, M. Toussaint, D. J. Reid, A. J. Olejniczak, and J.-J. Hublin, "Rapid Dental Development in a Middle Paleolithic Belgian Neanderthal," *Proceedings of the National Academy of Sciences USA* 104 (2007): 20220–20225; Christina M. Nielsen-Marsh, et al., "Extraction and Sequencing of Human and Neanderthal Mature Enamel Proteins using MALDI-TOF/TOF MS," *Journal of Archaeological Science* 36 (2009): 1758–1763; Christine Austin et al., "Barium Distributions in Teeth Reveal Early Life Dietary Transitions in Primates," *Nature* 498 (2013): 216–219.

45. Carles Lalueza-Fox et al., "Genetic Evidence for Patrilocal Mating Behavior Among Neandertal Groups," *Proceedings of the National Academy of Sciences USA* 108 (2011): 250–253.

46. Susanna Sawyer et al., "Nuclear and Mitochondrial DNA Sequences from Two Denisovan Individuals," *Proceedings of the National Academy of Sciences USA* 112 (2015): 15696–15700; Viviane Slon et al., "A Fourth Denisovan Individual," *Science Advances* 3 (2017): e1700186.

47. For example, see the ESRF Paleontological Microtomographic Database featuring open access synchrotron X-ray scans of hominin fossils established by Paul Tafforeau: http://paleo.esrf.eu.

48. See, for example, Svante Pääbo, *Neanderthal Man: In Search of Lost Genomes* (New York: Basic Books, 2014); George H. Perry and Ludovic Orlando, "Ancient DNA and Human Evolution," *Journal of Human Evolution* 79 (2015): 1–3; Qiaomei Fu et al., "The Genetic History of Ice Age Europe," *Nature* 534 (June 2016): 200–205; David Reich, *Who We Are and How We Got Here: Ancient DNA and the New Science of the Human Past* (Oxford: Oxford University Press, 2018).

49. Rebecca Rogers Ackermann, Alex Mackay, and Michael L. Arnold, "The Hybrid Origin of 'Modern' Humans," *Evolutionary Biology* 43 (2016): 1–11.

09. 改造牙齿的漫长历史

1. Javier Romero, "Dental Mutilation, Trephination, and Cranial Deformation," in *Handbook of Middle American Indians*, vol. 9., ed. T. Dale Stewart (Austin, TX: University of Texas Press, 1970), 50–67.

2. Gregorio Oxilia et al., "Earliest Evidence of Dental Caries Manipulation in the Late Upper Palaeolithic," *Scientific Reports* (2015): 12150.

3. It's not entirely clear why each tooth was drilled, since only four of the 11 teeth had evidence of decay. Might a few of these holes have been made for practice by the first dental students? Original reference: A. Coppa et al., "Early Neolithic Tradition of Dentistry," *Nature* 440 (2006): 755–756.

4. Federico Bernardini et al., "Beeswax as Dental Filling on a Neolithic Human Tooth," *PLOS ONE* 7, no. 9 (September 2012): e44904.

5. Apparently, dental extraction was uncommon or not employed at all in ancient Egypt, despite considerable evidence that dental disease was common during this time: see Roger J. Forshaw, "The Practice of Dentistry in Ancient Egypt," *British Dental Journal* 206, no. 9 (May 2009): 481–486.

6. This procedure is also referred to as evulsion or ablation, particularly in European literature. Overviews can be found in John C. Willman, Laura Shackelford, and Fabrice Demeter, "Incisor Ablation Among the Late Upper Paleolithic People of Tam Hang (Northern Laos): Social Identity, Mortuary Practice, and Oral Health," *American Journal of Physical Anthropology* 160 (2016): 519–528; Christopher M. Stojanowski, Kent M. Johnson, Kathleen S. Paul, and Charisse L. Carver, "Indicators of Idiosyncratic Behavior in the Dentition," in *A Companion to Dental Anthropology*, ed. Joel D. Irish and G. Richard Scott (West Sussex, UK: Wiley Blackwell), 377–395; Arthur C. Durband, Judith Littleton, and Keryn Walshe, "Patterns in Ritual Tooth Avulsion at Roonka," *American Journal of Physical Anthropology* 154 (2014): 479–485; George R. Milner and Clark Spencer Larsen, "Teeth as Artifacts of Human Behavior: Intentional Mutilation and Accidental Modification," in *Advances in Dental Anthropology*, eds. Mark A. Kelley and Clarke S. Larsen (New York: Wiley-Liss, 1991), 357–378;

Jim P. Mower, "Deliberate Ante-mortem Dental Modification and its Implications in Archaeology, Ethnography and Anthropology," *Papers from the Institute of Archaeology* 10 (1999): 37–53; Kurt W. Alt and Sandra L. Pichler, "Artificial Modifications of Human Teeth," in *Dental Anthropology: Fundamentals, Limits, and Prospects*, eds. Kurt W. Alt, Friedrich W. Rösing, and Maria Teschler-Nicola (Vienna: Springer-Verlag, 1998), 387–415.

7. Isabelle De Groote and Louise T. Humphrey, "Characterizing Evulsion in the Later Stone Age Maghreb: Age, Sex, and Effects on Mastication," *Quaternary International* 413 (2016): 50–61.

8. Steve Webb, *The Willandra Lakes Hominids* (Canberra: Research School of Pacific Studies, Australian National University, 1989), 66–67; James F. O'Connell and Jim Allen, "Pre-LGM Sahul (Pleistocene Australia-New Guinea) and the Archaeology of Early Modern Humans," in *Rethinking the Human Revolution*, eds. Paul Mellars, Katie Boyle, Ofer Bar-Yosef, and Chris Stringer (Cambridge, UK: Cambridge McDonald Institute Monographs, 2007), 395–410.

9. Archeological evidence currently supports the arrival of humans in Australia at least 65,000 years ago, but human skeletal remains from this time remain elusive. See Chris Clarkson et al., "Human occupation of northern Australia by 65,000 years ago," *Nature* 547 (2017): 306–310.

10. The convention "tooth mutilation" has been eschewed by recent scholars due to its potentially negative connotation in favor of "tooth modification." See Jim P. Mower, "Deliberate Ante-mortem Dental Modification and its Implications in Archaeology, Ethnography and Anthropology."

11. Overviews of this topic can be found in most of the references given in endnote 6.

12. B. C. Finucane, K. Manning, and M. Touré, "Prehistoric Dental Modification in West Africa—Early Evidence from Karkarichinkat Nord, Mali," *International Journal of Osteoarcheology* 18, no. 6 (2008): 632–640.

13. J. S. Handler, R. S. Corruccini, and R. J. Mutaw, "Tooth Mutilation in the Caribbean: Evidence from a Slave Burial Population in Barbados," *Journal of Human Evolution* 11 (1982): 297–313; Hannes Schroeder, Tamsin C. O'Connell, Jane A. Evans, Kristrina A. Shuler, and Robert E. M. Hedges, "Trans-Atlantic Slavery: Isotopic Evidence for Forced Migration to Barbados," *American Journal of Physical Anthropology* 139 (2009): 547–557.

14. Javier Romero, "Dental Mutilation, Trephination and Cranial Deformation"; Saúl Dufoo Olvera et al., "Decorados Dentales Prehispánicos [Pre-Hispanic Dental Decoration]," *Revista Odontológica Mexicana* 14, no. 2 (June 2010): 99–106; Christopher M. Stojanowski, Kent M. Johnson, Kathleen S. Paul, and Charisse L. Carver, "Indicators of Idiosyncratic Behavior in the Dentition."

15. Thomas J. Zumbroich and Analyn Salvador-Amores, "Gold Work, Filing and Blackened Teeth: Dental Modifications in Luzon," *The Cordillera Review* 2, no. 2 (2010): 3–42.

16. Overviews of this topic can be found in Jim P. Mower, "Deliberate Ante-mortem Dental Modification and its Implications in Archaeology, Ethnography and Anthropology"; A. Jones, "Dental Transfigurements in Borneo," *British Dental Journal* 191, no. 2 (July 2001): 98–102; Thomas J. Zumbroich, "'Teeth as Black as a Bumble Bee's Wings': The Ethnobotany of Teeth Blackening in Southeast Asia," *Ethnobotany Research & Applications* 7 (2009): 381–398; Christopher M. Stojanowski, Kent M. Johnson, Kathleen S. Paul, and Charisse L. Carver, "Indicators of Idiosyncratic Behavior in the Dentition"; Thomas J. Zumbroich, "'The *Missī*-Stained Finger-Tip of the Fair': A Cultural History of Teeth and Gum Blackening in South Asia," *eJournal of Indian Medicine* 8 (2015): 1–32; Rusyad Adi Suriyanto and Toetik Koesbardiati, "Dental Modifications: A Perspective of Indonesian Chronology and the Current Applications," *Dental Journal Majalah Kedokteran Gigi* 43, no. 2 (June 2010): 81-90.

17. Quote from p. 3 of Thomas J. Zumbroich, "'Teeth as Black as a Bumble Bee's Wings': The Ethnobotany of Teeth Blackening in Southeast Asia."

18. Records of dental practices in ancient Egypt suggest that numerous natural remedies were applied to attenuate pain or arrest disease; see F. Filce Leek, "The Practice of Dentistry in Ancient Egypt," *The Journal of Egyptian Archaeology* 53 (Dec., 1967): 51–58; R. J. Forshaw, "The Practice of Dentistry in Ancient Egypt." Intriguing historical accounts of dentistry can also be found in Sydney Garfield, *Teeth Teeth Teeth* (New York: Simon and Schuster, 1969) as well as through numerous online exhibits, such as the University of the Pacific's Virtual Dental Museum (http://www .virtualdentalmuseum.org). The American Academy of the History of Dentistry maintains a listing of numerous museums, libraries, archives, and historical societies.

19. Jeanne-Marie Granger and François Lévêque, "Castelperronian and Aurignacian Ornaments: A Comparative Study of Three Unexamined Series of Perforated Teeth," *Comptes Rendus de l'Académie des Sciences—Series IIA—Earth and Planetary Science* 325 (1997): 537–543; Randall White, "Systems of Personal Ornamentation in the Early Upper Palaeolithic: Methodological Challenges and New Observations," in *Rethinking the Human Revolution*, eds. Paul Mellars, Katie Boyle, Ofer Bar-Yosef, and Chris Stringer (Cambridge, UK: Cambridge McDonald Institute Monographs, 2007), 287–302.

20. Randall White, "Systems of Personal Ornamentation in the Early Upper Palaeolithic: Methodological Challenges and New Observations"; Matthew G. Leavesley, "A Shark-tooth Ornament from Pleistocene Sahul," *Antiquity* 81 (2007): 308–315; Lois Sherr Dubin. *The History of Beads: From 100,000 B.C. to the Present* (New York: Abrams, 2009).

21. Randall White, "Systems of Personal Ornamentation in the Early Upper Palaeolithic: Methodological Challenges and New Observations"; Fernando V. Ramirez

Rozzi et al., "Cutmarked Human Remains Bearing Neanderthal Features and Modern Human Remains Associated with the Aurignacian at Les Rois," *Journal of Anthropological Sciences* 87 (2009): 153–185.

22. Matthew G. Leavesley, "A Shark-tooth Ornament from Pleistocene Sahul," *Antiquity* 81 (2007): 308–315; Emanuela Cristiani, Ivana Zivaljevic, and Dusan Boric, "Residue Analysis and Ornament Suspension Techniques in Prehistory: Cyprinid Pharyngeal Teeth Beads from Late Mesolithic Burials at Vlasac (Serbia)," *Journal of Archaeological Science* 46 (2014): 292–310; Dominique Gambier, "Aurignacian Children and Mortuary Practice in Western Europe," *Anthropologie* 38, no. 1 (2000): 5–21.

23. Tom Higham et al., "The Timing and Spatiotemporal Patterning of Neanderthal Disappearance," *Nature* 512 (August 2014): 306–309.

24. Shara E. Bailey, Timothy D. Weaver, and Jean-Jacques Hublin, "Who Made the Aurignacian and Other Early Upper Paleolithic Industries?" *Journal of Human Evolution* 57 (2009): 11–26; Tom Higham et al., "The Timing and Spatiotemporal Patterning of Neanderthal Disappearance."

25. Shara E. Bailey and Jean-Jacques Hublin, "Dental Remains from the Grotte du Renne at Arcy-sur-Cure (Yonne)," *Journal of Human Evolution* 50 (2006): 485–508; François Caron, Francesco d'Errico, Pierre Del Moral, Frédéric Santos, and João Zilhão, "The Reality of Neandertal Symbolic Behavior at the Grotte du Renne, Arcy-sur-Cure, France," *PLOS ONE* 6, no. 6 (2011): e21545; Paul Mellars, "Neanderthal Symbolism and Ornament Manufacture: The Bursting of a Bubble?" *Proceedings of the National Academy of Sciences USA* 107, no. 47 (November, 2010): 20147–20148; François Caron, Francesco d'Errico, Pierre Del Moral, Frédéric Santos, and João Zilhão, "The Reality of Neandertal Symbolic Behavior at the Grotte du Renne, Arcy-sur-Cure, France"; Jean-Jacques Hublin et al., "Radiocarbon Dates from the Grotte du Renne and Saint-Césaire Support a Neandertal Origin for the Châtelperronian," *Proceedings of the National Academy of Sciences USA* 109, no. 46 (November 2012): 18743–18748.

26. Paul Mellars, "Neanderthal Symbolism and Ornament Manufacture: The Bursting of a Bubble?"; Jean-Jacques Hublin et al., "Radiocarbon Dates from the Grotte du Renne and Saint-Césaire Support a Neandertal Origin for the Châtelperronian."

27. Marie Soressi et al., "Neandertals Made the First Specialized Bone Tools in Europe," *Proceedings of the National Academy of Sciences USA* 110, no. 35 (August, 2013): 14186–14190; Dirk L. Hoffmann, Diego E. Angelucci, Valentín Villaverde, Josefina Zapata, and João Zilhão, "Symbolic Use of Marine Shells and Mineral Pigments by Iberian Neandertals 115,000 Years Ago," *Science Advances* 4, eaar5255 (February 2018), DOI: 10.1126/sciadv.aar5255

28. Qiaomei Fu et al., "An Early Modern Human from Romania with a Recent Neanderthal Ancestor," *Nature* 524 (August 2015): 216–219.

29. Paola Villa and Wil Roebroeks, "Neandertal Demise: An Archaeological Analysis of the Modern Human Superiority Complex" *PLOS ONE* 9, no. 4 (April 2014): e96424.

30. João Zilhão, "The Emergence of Ornaments and Art: An Archaeological Perspective on the Origins of "Behavioral Modernity," *Journal of Archaeological Research* 15, no. 1 (March 2007): 1–54.

31. Randall White, "Systems of Personal Ornamentation in the Early Upper Palaeolithic: Methodological Challenges and New Observations"; April Nowell, comment on Robert L. Cieri, Steven E. Churchill, Robert G. Franciscus, Jingzhi Tan, and Brian Hare, "Craniofacial Feminization, Social Tolerance, and the Origins of Behavioral Modernity," *Current Anthropology* 55, no. 4 (August 2014): 419–443.

32. N. W. G. Macintosh, K. N. Smith, and A. B. Bailey, "Lake Nitchie Skeleton— Unique Aboriginal Burial," *Archaeology & Physical Anthropology in Oceania* 5, no. 2 (July 1970): 85–101.

33. See https://news.nationalgeographic.com/news/2012/06/120627-worlds-oldest -purse-dog-teeth-science-handbag-friederich.

34. The teeth are L 894–1 RUP3 and LUP4, originally dated to 1.84 million years ago and attributed to *H. habilis*; and OH 60, attributed to *Homo erectus* and dated to 1.7–2.1 million years ago. Noel T. Boaz and F. Clark Howell, "A Gracile Hominid Cranium from Upper Member G of the Shungura Formation, Ethiopia," *American Journal of Physical Anthropology* 46 (1977): 93–107; Peter S. Ungar, Frederick E. Grine, Mark F. Teaford, and Alejandro Pérez- Pérez, "A Review of Interproximal Wear Grooves on Fossil Hominin Teeth with New Evidence from Olduvai Gorge," *Archives of Oral Biology* 46 (2001): 285–292.

35. Quote from p. 163 of Franz Weidenreich, "The Dentition of *Sinanthropus pekinensis*: A Comparative Odontography of the Hominids." In contrast to Weidenreich's position, some have gone so far as to infer that these marks proved that ancient hominins had the capacity to produce speech, and thus that human language originated 2.5 million years ago with early *Homo*: see William A. Agger, Timothy L. McAndrews, and John A. Hlaudy, "On Toothpicking in Early Hominids," *Current Anthropology* 45, no. 3 (June 2004): 403–404.

36. Leslea J. Hlusko, "The Oldest Hominid Habit? Experimental Evidence for Toothpicking with Grass Stalks," *Current Anthropology* 44, no. 5 (December 2003): 738–741.

37. William C. McGrew and Caroline E. G. Tutin, "Chimpanzee Dentistry," *The Journal of the American Dental Association* 85 (December 1972): 1198–1204; William C. McGrew and Caroline E. G. Tutin, "Chimpanzee Tool Use in Dental Grooming," *Nature* 241 (February 1973): 477–478; Jane Goodall, "Stanford Outdoor Primate Facility 'Gombe West,'" Kenneth M. Cuthbertson Papers (SC0582), Department of Special Collections and University Archives, Stanford University Libraries, box 40, folder 12 (ca. 1973).

38. Jane van Lawick-Goodall, "The Behaviour of Free-Living Chimpanzees in the Gombe Stream Reserve," *Animal Behavior Monographs* 1, part 3 (1968): 161–311; Sonya M. Kahlenberg and Richard W. Wrangham, "Sex Differences in Chimpanzees' Use of Sticks as Play Objects Resemble Those of Children," *Current Biology* 20, no. 24 (2010): R1067–1068.

39. Examples given in this passage derive from Jean-Baptiste Leca, Noëlle Gunst, and Michael A. Huffman, "The First Case of Dental Flossing by a Japanese Macaque (*Macaca fuscata*): Implications for the Determinants of Behavioral Innovation and the Constraints on Social Transmission," *Primates* 51 (2010): 13–22; Kunio Watanabe, Nontakorn Urasopon, and Suchinda Malaivijitnond, "Long-Tailed Macaques Use Human Hair as Dental Floss," *American Journal of Primatology* 69 (2007): 940–944; Nobuo Masataka, Hiroki Koda, Nontakorn Urasopon, and Kunio Watanabe, "Free-Ranging Macaque Mothers Exaggerate Tool-Using Behavior when Observed by Offspring," *PLOS ONE* 4, no. 3 (March 2009): e4768; Ellen J. Ingmanson, "Tool-Using Behavior in Wild *Pan paniscus*: Social and Ecological Considerations," in *Reaching Into Thought: The Minds of the Great Apes*, eds. Anne E. Russon, Kim A. Bard, and Sue Taylor Parker (Cambridge, UK: Cambridge University Press, 1996), 190–210; Anne E. Russon et al., "Innovation and Intelligence in Orangutans," in *Orangutans: Geographic Variation in Behavioral Ecology and Conservation*, eds. Serge A. Wich, S. Suci Utami Atmoko, Tatang Mitra Setia, and Carel P. van Schaik (New York: Oxford University Press, 2009), 279–298; Jane van Lawick-Goodall, "The Behaviour of Free-Living Chimpanzees in the Gombe Stream Reserve"; Gordon G. Gallup, Jr., "Chimpanzees: Self-Recognition," *Science* 167, No 3914 (Jan 1970): 86–87; *Daily Mail*, October 12, 2015, http://www.dailymail.co.uk/sciencetech/article-3269353/Dental-hygiene-monkey-business-Baboon-spotted-FLOSSING-teeth-using-bristles-broom.html.

40. B. Bonfigliolo, V. Mariotti, F. Facchini, M.G. Belcastro, and S. Condemi, "Masticatory and Non-masticatory Dental Modifications in the Epipalaeolithic Necropolis of Taforalt (Morocco)," *International Journal of Osteoarcheology* 14 (2004): 448–456; Ann Margvelashvili, Christoph P. E. Zollikofer, David Lordkipanidze, Timo Peltomäki, and Marcia S. Ponce de León, "Tooth Wear and Dentoalveolar Remodeling are Key Factors of Morphological Variation in the Dmanisi Mandibles," *Proceedings of the National Academy of Sciences USA* 110, no. 43 (October 2013): 17278–17283; Marina Lozano, Maria Eulàlia Subirà, José Aparicio, Carlos Lorenzo, and Gala Gómez-Merino, "Toothpicking and Periodontal Disease in a Neanderthal Specimen from Cova Foradà Site (Valencia, Spain)," *PLOS ONE* 8, no. 10 (October 2013): e76852.

结语　牙齿的预言

1. Sarang Sharma, Dhirendra Srivastava, Shibani Grover, and Vivek Sharma, "Biomaterials in Tooth Tissue Engineering: A Review," *Journal of Clinical and Diagnostic Research* 8, no. 1 (2014): 309–315; Ajaykumar Vishwakarma, Paul Sharpe, Songtao

Shi, and Murugan Ramalingam, eds., *Stem Cell Biology and Tissue Engineering in Dental Sciences* (London: Elsevier, 2015); Anne Baudry, Emel Uzunoglu, Benoit Schneider, Odile Kellermann, and Michel Goldberg, "From Pulpal Stem Cells to Tooth Repair: An Emerging Field for Dental Tissue Engineering," *Evidence-Based Endodontics* 1 (2016): 2.

2. The Stem Cell Australia research collective lists 18 ongoing stem cell therapy clinical trials that are actively recruiting patients as of June 2017; see http://www .stemcellsaustralia.edu.au/About-Stem-Cells/trials-in-australia.aspx.

3. For more information, see Andrew H. Jheon, Kerstin Seidel, Brian Biehs, and Ophir D. Klein, "From Molecules to Mastication: The Development and Evolution of Teeth," *WIREs Developmental Biology* (May 3, 2012), doi: 10.1002/wdev.63. A useful animation of this process can be seen here: https://www.youtube.com/watch ?time_continue=1&v=ozyKNVabfos

4. For more information, see Paul T. Sharpe, "Dental Mesenchymal Stem Cells," *Development* 143 (2016): 2273–2280; Anne Baudry, Emel Uzunoglu, Benoit Schneider, Odile Kellermann, and Michel Goldberg, "From Pulpal Stem Cells to Tooth Repair: An Emerging Field for Dental Tissue Engineering."

5. Vitor C. M. Neves, Rebecca Babb, Dhivya Chandrasekaran, and Paul T. Sharpe, "Promotion of Natural Tooth Repair by Small Molecule GSK3 Antagonists," *Scientific Reports* 7 (2017): 39654.

6. Masako Miura, "SHED: Stem Cells from Human Exfoliated Deciduous Teeth," *Proceedings of the National Academy of Sciences USA* 100 (2003): 5807–5812. A discussion of the value of banking these teeth can be found here: http://www.cnn.com/2017 /04/26/health/dental-stem-cell-banking/index.html.

7. A group of researchers led by Paul Sharpe combined stem cells with dental epithelium in mice, which begins the molecular cascade of tooth formation. They were able to do this in lab conditions outside the body, as well as in mouse kidneys, where the capsule around the organ provides a more natural environment. In three cases, they were able to grow recognizable mice teeth from the combination of bone marrow cells and dental epithelium. See Sonie A. C. Modino and Paul T. Sharpe, "Tissue Engineering of Teeth Using Adult Stem Cells," *Archives of Oral Biology* 50 (2005): 255–258. More recent studies have been rather cautionary about these results, as in Nelson Monteiro and Pamela C. Yelick, "Advances and Perspectives in Tooth Tissue Engineering," *Journal of Tissue Engineering and Regenerative Medicine* 11, no. 9 (2016): 2443, doi: 10.1002/term; Paul T. Sharpe, "Dental Mesenchymal Stem Cells."

8. Takashi Tsuji, "Bioengineering of Functional Teeth," in *Stem Cells in Craniofacial Development and Regeneration*, eds. George T.-J. Huang and Irma Thesleff (Hoboken, NJ: Wiley-Blackwell, 2013), 447–459.

9. Elizabeth E. Smith et al., "Developing a Biomimetic Tooth Bud Model," *Journal of Tissue Engineering and Regenerative Medicine* 10 (2017): 1–11; Atsuhiko Hikita,

Ung-il Chung, Kazuto Hoshi, and Tsuyoshi Takato, "Bone Regenerative Medicine in Oral and Maxillofacial Region Using a Three-Dimensional Printer," *Tissue Engineering: Part A* 23 (2017): 515–521. Scaffolds are constructed with natural and synthetic materials to create surfaces for cells to grow and interact, and they can be produced with special 3D printers. This additive manufacturing technology creates 3D objects from virtual computer models by adding solid layers upon one another in specialized printers. New applications seem to be developed constantly, including 3D-printed automotive parts, clothing, and even food! In one example, a combination of medical imaging and 3D bioprinting has helped researchers create customized bone implants for human patients. My Internet search for "3D-printed bone" brought up news coverage of several successful implantation surgeries over the past year. The truth is that it's much easier to bioengineer bones than teeth, since tooth production requires the interaction of several different embryonic cell types in a carefully timed sequence. And unlike bone, teeth don't remodel after their initial mineralization, so the placement and activation of secretory cells is a crucial aspect of their formation.

10. While studies of human twins have pointed to genetic underpinnings for certain visual impairments, the details of how these genes may have changed over time are only slowly coming into focus. The environmental determinants of poor vision are discussed in Daniel E. Lieberman, *The Story of the Human Body: Evolution, Health, and Disease* (New York, NY: Vintage Books, 2013)

11. Toby E. Hughes and Grant C. Townsend, "Twin and Family Studies of Human Dental Crown Morphology: Genetic, Epigenetic, and Environmental Determinants of the Modern Human Dentition," in *Anthropological Perspectives on Tooth Morphology*, eds. G. Richard Scott and Joel D. Irish (Cambridge, UK: Cambridge University Press, 2013), 31–68.

12. Sean G. Byars, Douglas Ewbank, Diddahally R. Govindaraju, and Stephen C. Stearns, "Natural Selection in a Contemporary Human Population," *Proceedings of the National Academy of Sciences USA* 107 (2010): 1787–1792.

13. Katherine M. Kirk, "Natural Selection and Quantitative Genetics of Life-History Traits in Western Women: A Twin Study," *Evolution* 55, no. 2 (2001): 423–435; Emmanuel Milot et al., "Evidence for Evolution in Response to Natural Selection in a Contemporary Human Population," *Proceedings of the National Academy of Sciences USA* 108, no. 41 (2011): 17040–17045.

14. Discussed further in Natalie R. Langley and Sandra Cridlin, "Changes in Clavicle Length and Maturation in Americans: 1840–1980," *Human Biology* 88, no. 1 (2016): 76–83.

15. Hans-Peter Kohler, Joseph L. Rodgers, and Kaare Christensen, "Is Fertility Behavior in Our Genes? Findings from a Danish Twin Study," *Population and Development Review* 25, no. 2 (1999): 253–288.

16. C. L. B. Lavelle, "Variation in the Secular Changes in the Teeth and Dental Arches," *Angle Orthodontist* 43 (1973): 412–421; Edward F. Harris, Rosario H. Potter, and Jiuxiang Lin, "Secular Trend in Tooth Size in Urban Chinese Assessed From Two-Generation Family Data," *American Journal of Physical Anthropology* 115 (2001): 312–318.

17. Natalie R. Langley and Sandra Cridlin, "Changes in Clavicle Length and Maturation in Americans: 1840–1980."

18. See, for example, Hugo F. V. Cardoso, Yann Heuzé, and Paula Júlio, "Secular Change in the Timing of Dental Root Maturation in Portuguese Boys and Girls," *American Journal of Human Biology* 22 (2010): 791–800; Anja Sasso et al., "Secular Trend in the Development of Permanent Teeth in a Population of Istria and the Littoral Region of Croatia," *Journal of Forensic Science* 58, no. 3 (2013): 673–677; J. Jayaraman, H. M. Wong, N. King, G. Roberts, "Secular Trends in the Maturation of Permanent Teeth in 5 to 6 Years Old Children," *American Journal of Human Biology* 25, no. 3 (2013): 329–334; Strahinja Vucic et al., "Secular Trend of Dental Development in Dutch Children," *American Journal of Physical Anthropology* 155 (2014): 91–98.

19. Some have argued that this acceleration may be partially due to socioeconomic factors, as Portuguese children from more affluent backgrounds show earlier third molar mineralization than their less-advantaged peers: see J. L. Carneiro, I. M. Caldas, A. Afonso, and H. F. V. Cardoso, "Examining the Socioeconomic Effects on Third Molar Maturation in a Portuguese Sample of Children, Adolescents and Young Adults," *International Journal of Legal Medicine* (2017) 131: 235–242. However, this study didn't control for jaw size, so it isn't clear whether this might have led to the differences in third molar calcification.

20. For example, see Christina Warinner, "Dental Calculus and the Evolution of the Human Oral Microbiome," *California Dental Association Journal* 44 (2016): 411–420; Andres Gomez et al., "Host Genetic Control of the Oral Microbiome in Health and Disease," *Cell Host & Microbe* 22 (2017): 269–278.

21. I. M. Porto et al., "Recovery and Identification of Mature Enamel Proteins in Ancient Teeth," *European Journal of Oral Sciences* 119 (2011): 83–87; G. A. Castiblanco et al., "Identification of Proteins from Human Permanent Erupted Enamel," *European Journal of Oral Sciences* 123 (2015): 390–395; Nicolas Andre Stewart et al., "The Identification of Peptides by NanoLC-MS/MS from Human Surface Tooth Enamel Following a Simple Acid Etch Extraction," *Royal Society of Chemistry Advances* 6 (2016): 61673–61679.

22. Reviewed in Manish Arora and Christine Austin, "Teeth as a Biomarker of Past Chemical Exposure," *Current Opinion Pediatrics* 25 (2013): 261–267; Guiqiang Liang et al., "Manganese Accumulation in Hair and Teeth as a Biomarker of Manganese Exposure and Neurotoxicity in Rats," *Environmental Science and Pollution Research* 23, no. 12 (2016): 12265–12271.

23. Louise Zibold Reiss, "Strontium-90 Absorption by Deciduous Teeth," *Science, New Series* 134, no. 3491 (Nov. 24, 1961): 1669–1673; Harold L. Rosenthal, John E. Gilster, and John T. Bird, "Strontium-90 Content of Deciduous Human Incisors," *Science, New Series* 140, no. 3563 (Apr. 12, 1963): 176–177; also see discussion on The Pauling Blog: https://paulingblog.wordpress.com/2011/06/01/the-baby-tooth-survey.

图引言-1 一枚900万一1 200万年前猿类臼齿化石的生长线。变化节律长达9天（较宽的斜线），短至24个小时（竖直排列、明暗交替的细小盒状特征），表现出该枚牙齿的齿冠需要2年时间才形成。图中的颜色是由于使用偏光显微镜的缘故，能突出矿物结构的变化。该化石来自英国自然历史博物馆

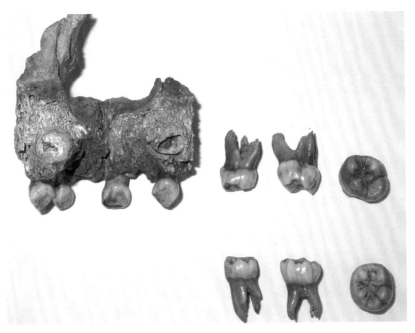

图引言-2 尼安德特人婴儿的上颌及相连的乳齿和恒齿。这个比利时的化石点俗称施梅林洞穴，或第二恩吉斯洞穴。人们在这里发现了世界上首批原始人类化石。化石来自比利时列日大学

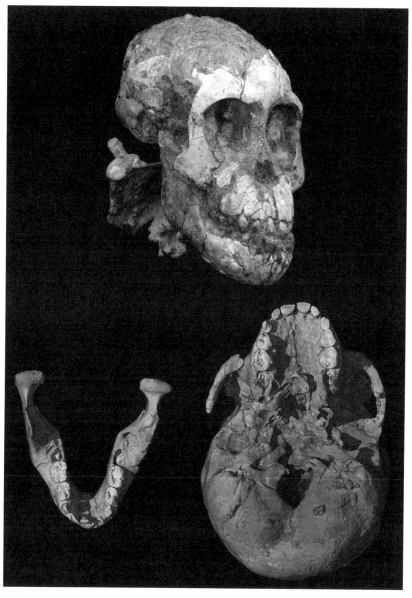

图引言-3　婴儿头骨，来自目前已发现最完整的南方古猿幼儿。上图为原始化石；下图为虚拟模型，表现出去除周围砂岩后头骨上已发出的乳牙。化石来自位于亚的斯亚贝巴的埃塞俄比亚国家博物馆。图片来源：泽拉伊·阿莱姆塞吉德和保罗·塔福罗

图引言-4 雷蒙德·达特研究的非洲南方古猿儿童。上颌和下颌都长有整套乳齿，还有第一恒臼齿。化石来自位于约翰内斯堡的南非金山大学

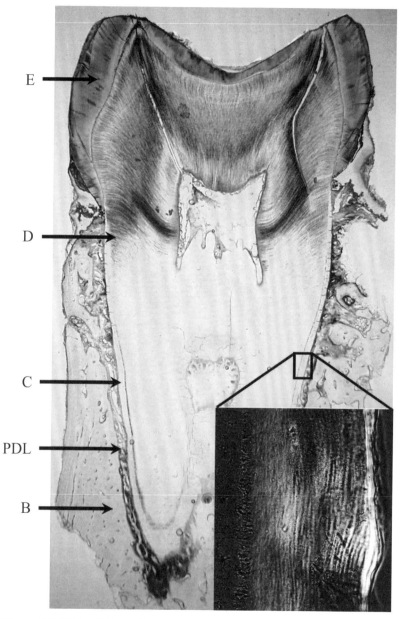

图1–3　臼齿薄片，展现出多种硬组织——牙釉质（E）、牙本质（D）和牙骨质（C）。图中还包括牙周韧带（PDL）和周围的骨骼（B）。右下角的插图展现了竖直方向明暗交替的环状结构，用偏光显微镜放大。黑猩猩标本来自唐纳德·里德

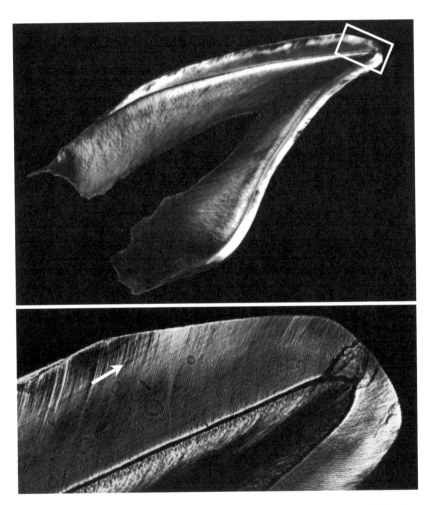

图2-1　自然脱落的乳牙上表现出新生（出生）线。上图展示出釉冠和余下的齿根牙本质。下图则是白色小框区域在更高放大倍数下的图像。新生线（白色箭头）指向牙齿的磨损表面。该人类牙齿来自哈里斯·吴

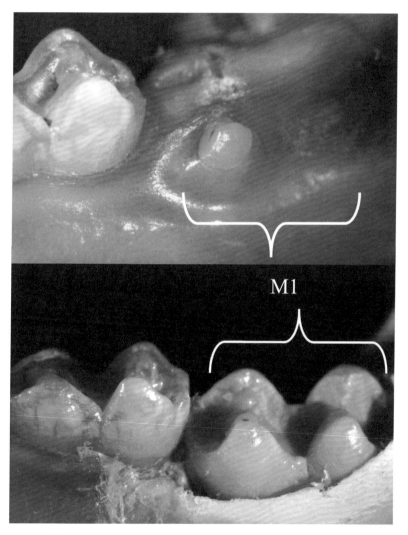

图2–3　猕猴第一臼齿的牙龈出牙。这枚标本在死后一直保存在乙醇中，使我们能够比较第一臼齿（M1）相对牙龈线（上图）和解剖后骨骼（下图）的形态。图片来自加藤爱子和塔尼亚·M.史密斯

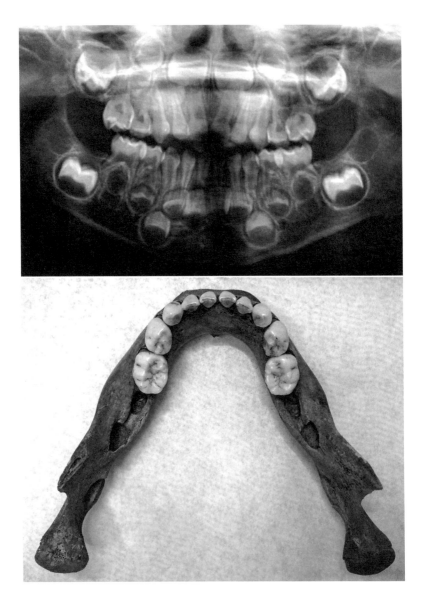

图2-4 两名年龄相仿人类儿童的放射影像和肉眼观察图。放射影像来自马斯罗尔·马卡莱米。人类颌骨来自菲比·A. 赫斯特人类学博物馆和加州大学董事会（标本号：12-10403(0)）

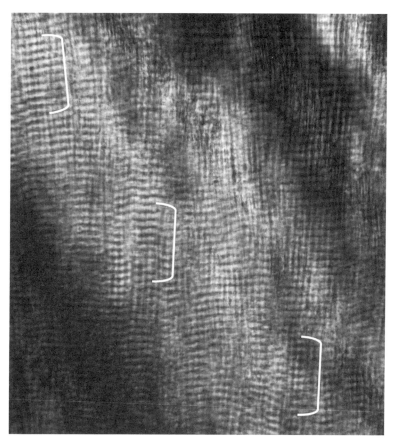

图2-5　原始人类化石牙齿的日生长线。白色括号代表一组10条日生长线（成对的亮线与暗线），平均间隔5.5微米。该化石来自亚的斯亚贝巴埃塞俄比亚国家博物馆

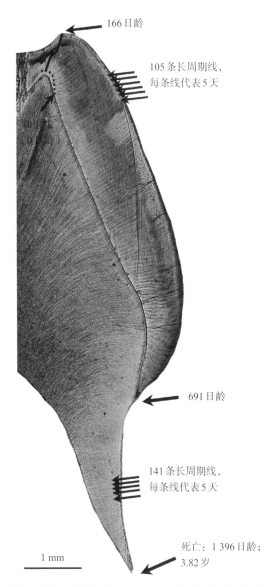

166 日龄

105 条长周期线，
每条线代表 5 天

691 日龄

141 条长周期线，
每条线代表 5 天

1 mm

死亡：1 396 日龄；
3.82 岁

图2-6　通过第一臼齿齿尖重建的死亡年龄。黑猩猩标本来自克里斯托夫·伯施

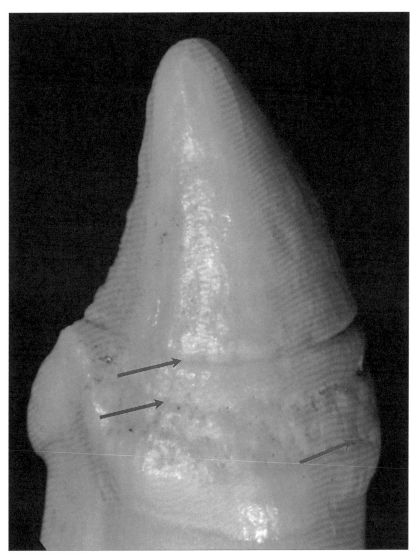

图3–1　犬齿齿冠表面出现的发育缺陷，被称为发育不全。最上的箭头指示的圆环，以及下面的两个箭头标示出的小坑，几乎环绕牙齿一圈。这枚黑猩猩标本来自克里斯托夫·伯施

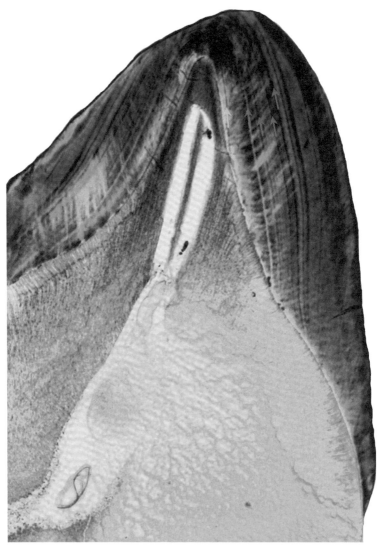

图3–2　人类第一臼齿上的早期生活压力。新生线（绿色箭头）后出现几条深色、对比明显的加重线（红色箭头），形成于出生的第一年内。此枚人类牙齿来自罗宾·菲尼

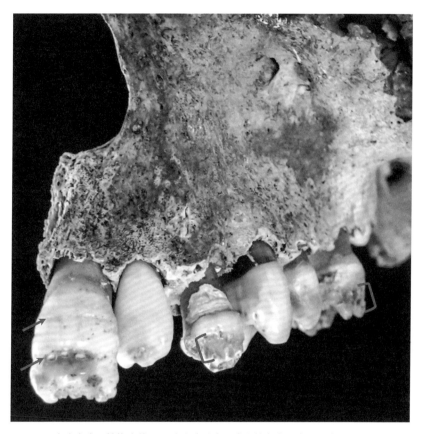

图3-3 一名患有先天性梅毒的8~10岁人类儿童牙齿上的发育不全。图中可以看到，在中央门齿、乳犬齿和第一臼齿（箭头和括号）上显示出水平的发育不全和小坑。这些区域都形成于生命最初几年。他被埋葬在墓园的"贫民区"，周围都是20世纪前从英国移民到澳大利亚的人。图片来源：斯泰拉·约安努

图3-5　臼齿齿冠（上）和齿根（下）中的龋齿。上图为一名现代人，而下图则是野生黑猩猩。黑猩猩齿冠下退化的骨骼说明它患有牙周疾病。人类颌骨来自菲比·A. 赫斯特人类学博物馆和加州大学董事会（标本号：12–6971B.2）。黑猩猩标本来自克里斯托夫·伯施

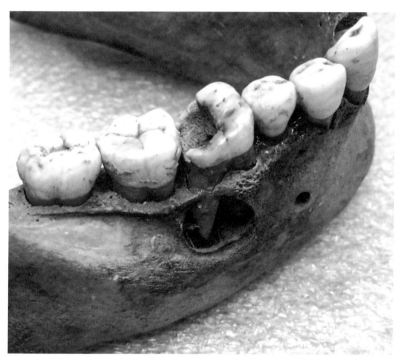

图3-6　一块现代人下颌上的骨骼感染（脓肿），很可能是龋齿所致（见图3-5）。齿冠下的骨骼重吸收还说明感染引起了牙周疾病或牙龈炎症。人类颌骨来自菲比·A. 赫斯特人类学博物馆和加州大学董事会（标本号：12-6971B.2）

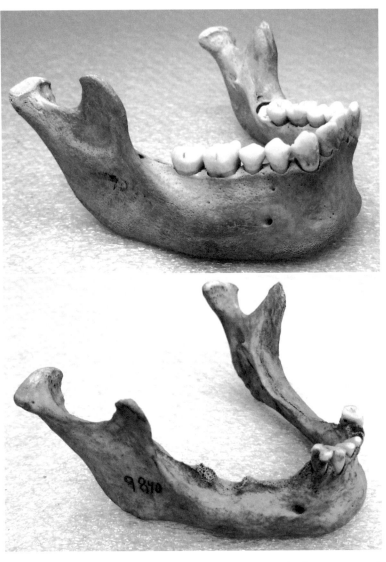

图3-7　健康人类青少年颌骨（上）和部分缺齿的老年人颌骨（下）对比。两枚人类颌骨均来自菲比·A. 赫斯特人类学博物馆和加州大学董事会（标本号：12–9042(0)、12–9840(0)）

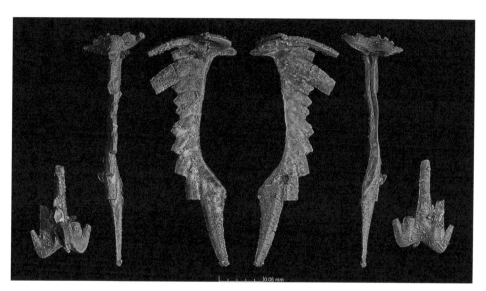

图4-1 中国化石埋藏点中的牙形石。图片来源：http://paleo.esrf.eu (Novispathodus_sp>TQ84C30_06_
plate1.jpg)。图片最初见于尼古拉斯·古德曼达、迈克尔·J. 奥查德、塞韦林·乌尔迪、雨果·比谢和保
罗·塔福罗发表的文章《牙形石进食器官的同步加速器辅助重建及其对最早脊椎动物口部的意义》。原
文发表于2011年《美国国家科学院院刊》第108卷：8720-8724

图4–3　海洋爬行动物楯齿龙的骨架。图片来源：维基百科，用户 Ghedoghedo (CC BY-SA 3.0; file: Placodus gigas 2.JPG)。化石来自位于德国斯图加特市的州立自然历史博物馆

图 4-6　在怀俄明州大分水岭盆地中发现的灵长类颌骨化石。图片来源：罗伯特·阿内莫内

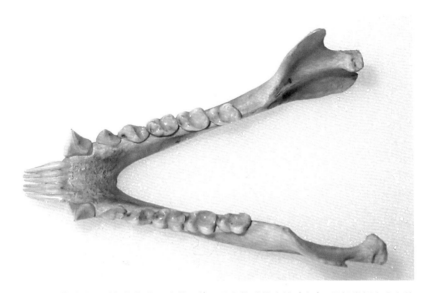

图4-7 一枚来自马达加斯加的狐猴的下颌，具有特殊的齿梳（左）。灵长类标本来自德国格赖夫斯瓦尔德大学的托马斯·科佩

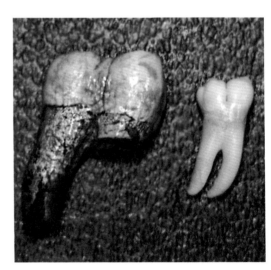

图4-8 巨猿（已知最大的化石猿类）下臼齿与现代人类臼齿（右）对比。巨猿化石来自德国法兰克福的森肯伯格博物馆

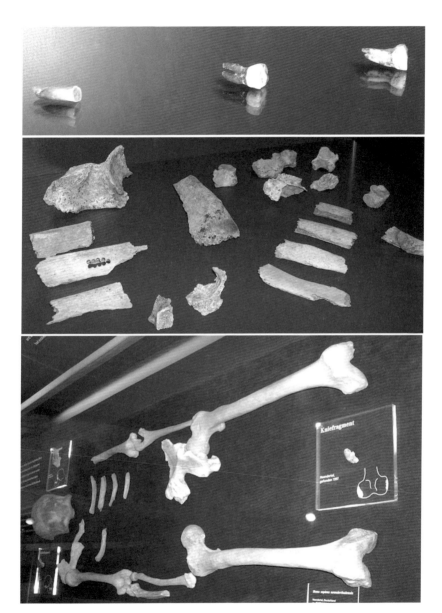

图5-1　德国尼安德特人的经典化石遗骸。骨骼碎片上的钻孔是在提取远古DNA时留下的。本图取自德国梅特曼的尼安德特人博物馆

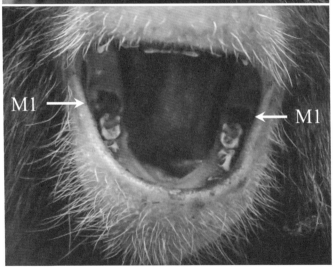

图6–1　长出第一恒臼齿（M1）的年轻雌性黑猩猩。本图修改自塔尼亚·M. 史密斯等人发表的文章《现生野生黑猩猩的第一臼齿发出、断奶和生活史》。原文于2013年发表于《美国国家科学院院刊》第110卷：2787–2791

图6–2　2014年，作者在乌干达观察雄性黑猩猩巴德。图片来源：扎林·马坎达

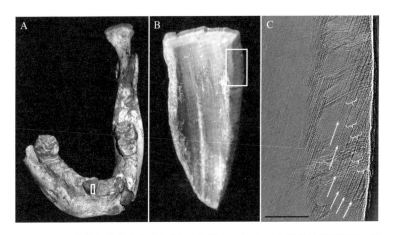

图6–3　30万年前智人儿童化石的颌骨和牙釉质。（A）同步影像拍摄的下颌，显示出门齿牙釉质的位置（白框）。（B）包含白框中重点区域（右侧）的牙釉质碎片。（C）同步影像，表现出长周期生长线（白色箭头），中间夹10条日生长线（白色括号）。图片比例尺为0.2毫米，修改自塔尼亚·M. 史密斯等人发表的文章《非洲北部早期智人具有现代人生活史的最早证据》。原文于2007年发表于《美国国家科学院院刊》第104卷：6128–6133

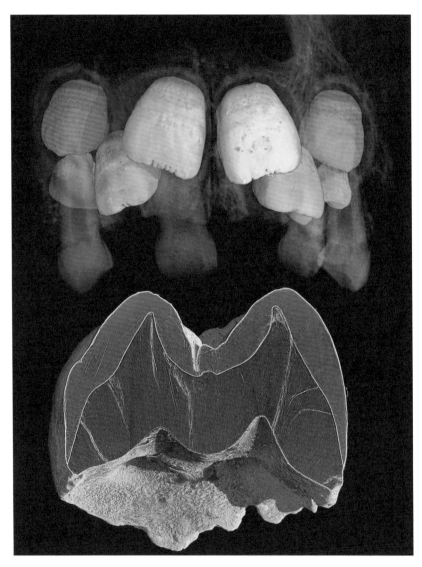

图6–4　在同步成像技术下，尼安德特婴儿的上颌骨图像显示了上颌骨内的牙齿发育情况
（上）以及恒臼齿（下）。可以与图引言–2的这个个体的图像比照来看。图片修改自塔尼
亚·M. 史密斯《现代人与尼安德特人个体发育区别的牙齿证据》，发表于《美国国家科学
院院刊》2010年第107卷：20923–20928

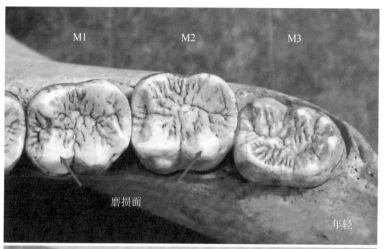

图7–1　年轻（上图）和年老（下图）猩猩齿系上的臼齿微小磨损。猩猩下颌来自德国慕尼黑的国家人类学收藏馆

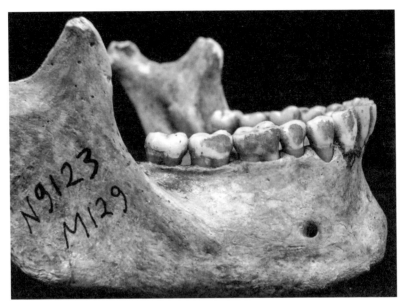

图7-2　一名前工业期成年人齿系上的牙结石（棕色斑点）。该人类下颌标本（968-10-40/N9123.0）来自皮博迪博物馆。版权归哈佛大学校董委员会所有，2018年

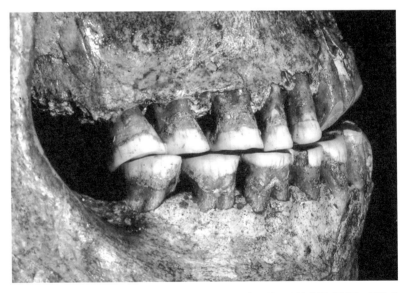

图8-1　尼安德特人"沙尼达尔1号"的牙齿，其门齿已被严重地磨损成斜面。图片来源：埃里克·特林考斯

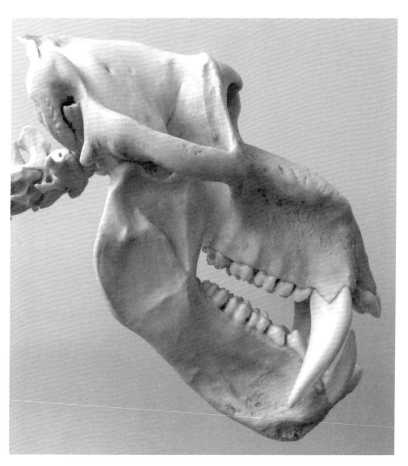

图 8-2　雄性山魈头骨上极长的犬齿

图8-3　火山灰中保存的足迹化石，来自两名体型不同的原始人类。本图修改自盖蒂保护研究所出版的《莱托利保护项目——图片集：坦桑尼亚文物局与盖蒂保护研究所合作项目（1993—1998）》（修订版）。原书于2011年由洛杉矶盖蒂保护研究所出版。图片来源：汤姆·穆恩

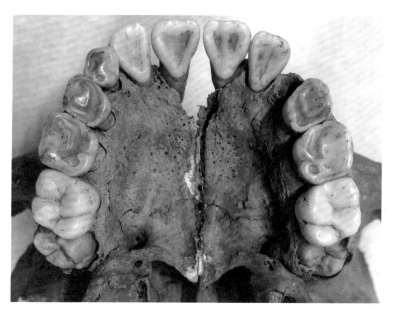

图8-4　一名年轻美洲原住民的铲形门齿（图顶端）。该人类下颌标本来自菲比·A.
赫斯特人类学博物馆和加州大学董事会（标本号：12-9499(0)）

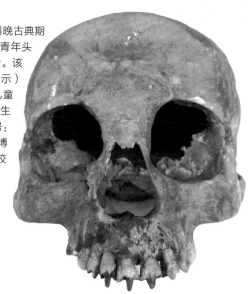

图9-1　一处墨西哥尤卡坦州晚古典期
玛雅文明遗址中出土的人类青年头
骨，具有锉削的门齿和犬齿。该
个体头骨的后侧（图中未显示）
具有一定的畸形，就像将儿童
习惯性地绑在摇篮板上所产生
的那样。人类头骨（标本号：
94-49-20/C2217.0）来自皮博
迪博物馆。版权归哈佛大学校
董委员会所有，2018年

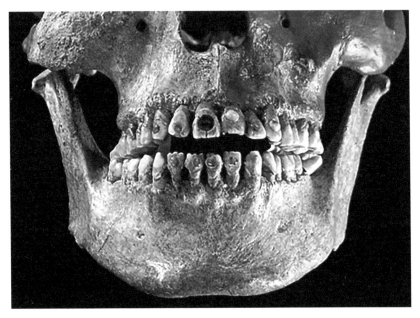

图9-2　来自中美洲一名人类齿列上的牙齿镶嵌。图片来自墨西哥国家人类学和历史研究所